Principles of Water Quality Management

the Primer to Professionals

수질관리학 원론

전문가로 가는 입문서

박 석 순 **지음**

어문학사

| 저자 서문 |

나의 연구와 강의 경력에 바탕을 둔 좀 더 실용적인 수질관리학 입문서를 오랜 기간 준비해왔다. 누구나 쉽게 배울 수 있고, 그 지식을 하천, 강, 호수, 저수지, 하구, 항만의 수질관리에 적용할 수 있는 책이 후학들을 위해 필요하다고 생각했다. 지금까지 수질관리학은 주로 모델 관련 이론 중심의 책으로 공부하기 때문에 내용도 어렵고 실용성도 떨어지는 것이 사실이었다. 특히 이 분야의 고전이라 불리는 Robert V. Thomann 교수의 'Water Quality Modeling and Control(1987년)'과 Steve C. Chapra 교수의 'Surface Water Quality Modeling(1997년)'이 국내에 번역되어 사용됨으로써 높은 난해도와 낮은 실용도는 계속될 수밖에 없었다.

Thomann 교수와 Chapra 교수의 책이 지금까지 나온 이 분야 최고의 명저임을 누구도 부인할 수 없으며, 나 또한 우리말 번역에 참여했고 오랜 기간 강의에 주 내용으로 사용해왔다. 하지만 이 두 책은 수질관리학을 처음 공부하려는 자들에게는 어려우며, 학부 수준에서 한 학기용 교과서로 사용하기에는 내용이 많고 이론에 치중해있다. 뿐만 아니라 수질관리에 필요한 오염물질, 자료 조사 및 분석, 반응기작, 모델원리, 수질통계, 정책결정 등에 관한 내용이 빠져있다. 이 책은 이러한 내용을 보충하여 수질관리학 전반을 포괄할 수 있도록 저술되었다.

책은 총 10장으로 구성되었다. 1장부터 5장까지는 수질관리 기초지식, 수질모델, 자료 조사 및 분석, 수질통계, 수질반응 등을 소개하고, 6장부터 8장까지는 하천, 강, 저수지, 호수, 하구, 항만 등 수체별 모델 및 관리 방법, 9장은 유역모델과 관리 방법, 그리고 10장은 정책결정에 필요한 시스템 최적화와 비용편익분석을 설명하고 있다. 각 장 끝에는 숙지해야 할 내용을 간단하게 정리했다. 부록으로 인류 역사와 수질관리, 수질모델의 역사와 전망, 그리고 지금까지 출제된 행정고시 환경기술직 수질오염관리 과목 문제를 수록했다.

이 책을 공부하고 보다 깊이 있는 내용을 원하면 앞서 소개한 Thomann 교수와 Chapra 교수의 저서를 번역한 ‘수질모형과 관리’와 ‘수질모델링’을 활용하길 권한다. 또한 두 역서에 나오는 관련 분야 연습문제를 풀어보면 보다 효과적인 학습이 될 것이다.

그동안 자료 정리를 도와준 제자 임정민, 김현숙, 김유흔, 구지윤, 그리고 항상 가까이에서 저술과 연구를 도와주는 이용석, 최정현, 이혜원, 차윤경 교수에게 고마움을 전한다. 또한 출판을 맡아주신 어문학사 윤석전 사장님, 멋진 편집과 디자인으로 책의 가치를 한층 높여준 최인노 과장님께 깊은 감사를 드린다.

끝으로 나에게 이 흥미롭고 시대가 요구하는 학문 분야를 전수하여 지금까지 즐겁고 보람된 교수 생활을 할 수 있게 해 준 미국 럿거스대학교 환경과학과 Christopher G. Uchrin 교수와 그동안 연구와 제자 양성에 많은 도움을 준 미국 프린스턴대학교 토목환경공학과 Peter R. Jaffe 교수에게 다시 한 번 존경과 감사의 뜻을 전한다.

2019년 7월

신촌 이화동산 신공학관 560호에서

박 석 순

| 차례 |

제1장

서론

제1장 서론

수질관리학을 공부하는데 필요한 기초지식을 소개한다. 물의 특성과 용도, 지구의 물 순환과 분포 등을 이해하고, 수질이란 무엇이며 수질오염과 오염원, 수질관리 기본 원리 및 제도, 정책 등을 설명한다.

인류가 처음 물을 관리하기 시작한 것은 정착생활을 시작한 신석기 시대라고 추정하고 있다. 이곳저곳 옮겨 다니며 살아가던 유목생활과는 달리 한곳에 머물러 살아가는 정착생활은 자신들이 필요로 하는 물을 관리하지 않고서는 유지될 수 없었다. 맑은 물을 쉽게 구할 수 있는 곳에 정착하여 생활용수를 관리했으며 농업용수를 마련하기 위하여 저수지를 만들었다. 기원전 7천년 경에 하수도를, 5천년 경에는 상수도를 만들었으며, 2천년 경에는 수로를 만들어 원하는 곳으로 물을 끌어오고, 우물을 파서 지하수를 얻고, 목탄(숯)을 이용하여 정수하기 시작했다.

오늘날과 같은 물 관리는 19세기 후반에 와서 시작됐다. 산업혁명으로 도시화와 인구증가는 가속화되었고 생활하수와 공장폐수로 인해 산업도시를 흐르는 강의 수질은 나빠졌다. 콜레라, 장티푸스 등과 같은 수인성 전염병이 발생하여 일시에 수천 명이 사망하는 대재난으로 이어지기도 했다. 이러한 사건들을 계기로 수질오염방지를 위한 법과 제도가 만들어지고 생활하수와 공장폐수를 처리하는 기술들이 개발되었다.

20세기 초에 염소소독 기술이 실용화되면서 먹는 물로 인한 수인성 전염병이 크게 감소했다. 특히 수인성 전염병에 대한 예방의학이 발달하고 수돗물 보급이 확대되면서 인류의 수명은 크게 늘어났다. 하지만 20세기 후반에 와서 세계 곳곳에서 도시화와 인구증가가 계속되면서 생활하수는 강에 넘쳐나고 급속한 산업화로 합성화학물질의 사용이 증가하면서 수질관리는 새로운 문제에 직면하게 되었다. 여기에 물 사용 급증과 기후변화로 인해 물 부족현상이 점점 심화되고 있다.

이제 맑고 깨끗한 물을 관리하는 것은 국가의 중차대한 책무가 되었으며, 지구 생명과 인류의 생존을 지키는 일이 되었다. 또한 물과 자연, 그리고 그곳에서 인류 문명이 어떻게 영위되는가를 이해하는 것은 모든 현대인의 기본 상식이 되어가고 있다.

1.1 물의 특성과 용도

물은 지구상에 존재하는 가장 풍부한 물질로서 수소와 산소의 공유 결합과 수소 결합으로 이루어져 있다. 물 분자의 일부는 H^+와 OH^-로 전리되고 극성을 띠고 있어 매우 좋은 용매다. 물은 극성 때문에 단위 분자로 존재하지 않고 여러 개의 분자가 모여 클러스터를 형성하고 있다. 또한 물이 가지는 뛰어난 용매성 때문에 O_2와 CO_2, 인이나 질소와 같은 영양물질, 그리고 각종 미네랄이 녹아있다. 물의 뛰어난 용매성은 식물이 뿌리에서부터 잎까지 영양물질을 전달하고, 동물도 혈관을 통하여 필요한 물질을 체내 모든 세포로 운반하여 생명현상을 유지할 수 있게 해준다.

순수한 물은 물 분자 이온 간의 당기는 힘 때문에 그 자체는 매우 불안정하며 인체에도 유해하다. 물은 인체에 필요한 각종 미네랄이 함유되었을 때 비로소 안정된 구조를 가지며 생명현상을 유지하는데 그 역할을 다한다. 우리 몸은 나이와 체질에 따라 차이가 있지만 보통 60~70%가 물로 구성되어 있고, 특히 뇌는 물이 85%나 차지한다. 인간은 체내 수분의 2%만 소실하여도 심한 갈증을 느끼고, 5%는 혼수상태, 12%는 사망에 이르며, 물을 먹지 않고는 열흘을 넘길 수 없다.

물은 상온에서 고체, 액체, 기체로 상태가 변화하며, 투명하여 빛이 투과할 수 있기 때문에 수중식물이 광합성을 할 수 있다. 빛은 최대 180m까지 투과하는데 대부분의 광합성은 수심 1~2m에서 이루어진다. 또한, 물은 비열(比熱, Specific Heat)이 다른 화학물질에 비해 매우 크기 때문에 자연 상태에서 급격한 온도 변화가 일어나지 않으며 생물은 효과적으로 체온 조절을 할 수 있다. 물은 다른 액체와 달리 4℃에서 최고의 밀도에 도달하며 0℃ 이하인 얼음이 수면 위로 떠오르게 된다. 이러한 물의 성질은 겨울에 얼음이 대기의 냉온에 대한 단열제 역할을 하여 수중 생물이 생명을 지탱할 수 있게 해준다. 물은 기화열과 융해열이 커서 급격한 지구 온도 변화를 방지해 준다. 물은 온도와 용존 물질에 따라 밀도를 달리하기 때문에 호수나 하구에서 수심에 따른 수층을 형성하게 된다. 이처럼 물은 지구상에 존재하는 다른 화학물질에 비해 매우 독특한 성질을 가지고 있다.

인간은 생명을 유지하기 위해 하루에 약 2ℓ 정도의 물을 마셔야 하며, 목욕이나 세탁 등에 필요한 생활용수까지 포함하면 하루 300ℓ 이상의 물이 필요하다. 뿐만 아니라 거의 모든 산업 활동도 많은 양의 물을 필요로 한다. 전력을 생산하고 공장을 가동하고 농작물을 경작하는데도 물은 반드시 필요하며, 운송과 위락, 폐수 정화에도 매우 중요한 역할을 한다.

1.2 물의 순환과 분포

물은 태양 에너지에 의해 지구 표면과 대기 사이를 끊임없이 순환하면서, 지구 곳곳에서 다양한 형태로 분포한다. 수체 표면의 물은 대기로 증발하고 증발된 물은 구름으로 응결되고 다시 비나 눈이 되어 지면에 내린다. 지면에 내린 물은 강과 호수를 형성하고 바다로 흘러가거나 토양에 침투하여 지하수가 된다[그림 1.1]. 지구의 물 순환 과정은 공기와 토양을 정화하고 곳곳에 생명체가 살아갈 수 있게 한다.

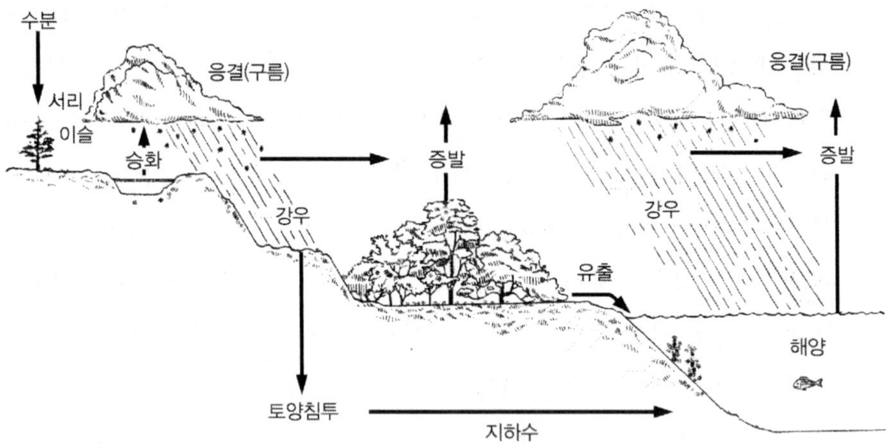

[그림 1.1] 물의 순환

지구상에 존재하는 물의 대부분은 인간이 직접 활용하기 어려운 염수이며 담수는 겨우 2.6%에 불과하다. 담수 중 약 97%는 빙하나 고산지대 만년설 또는 지하 깊은 곳에 존재하기 때문에 인간이 이용할 수 없는 자원이다. 인간이 현재 활용 가능한 물은 하천과 강, 저수지와 호수 그리고 지면에 가까이 위치한 지하수 중 일부로 지구 전체 양의 0.0027%(약 100만톤)에 불과하다. 지구상에 존재하는 물의 양과 비율은 저장 형태에 따라 대략 [표 1.1]에 제시한 것과 같다.

자연 수체는 지구상에 존재하는 형태에 따라 수리 및 수질 특성과 활용도 등에서 큰 차이를 보이기 때문에 관리 방법도 다르다. 자연 수체를 존재 형태에 따라 크게 하천, 강, 저수지, 호수, 지하수, 하구, 바다 등으로 나눈다. 또한 대기와 직접 접하고 있느냐에 따라 지표수(Surface Water)와 지하수(Ground Water)로 구분하기도 하고, 염분 함유량에 따라 담수(Fresh Water), 기수(Brackish Water), 염수(Salt Water)로 나누기도 한다.

[표 1.1] 지구의 수자원 분포

저장 형태	위 치	수 량(㎥)	비 율(%)
지 표	바다	1.3×10^{18}	97.2
	염수호와 내해	1.0×10^{14}	0.008
	만년설과 빙하	2.9×10^{16}	2.15
	담수호와 저수지	1.3×10^{14}	0.006
	하천과 강	1.3×10^{12}	0.0001
지 하	토양 수분	6.7×10^{13}	0.005
	지하수(<0.8㎞)	4.2×10^{15}	0.31
	심층지하수(>0.8㎞)	4.2×10^{15}	0.31
대 기	구름 및 수분	1.3×10^{13}	0.001
총 계		1.4×10^{18}	100.0

하천과 강은 물의 순환과정에서 육상에서 바다로 흘러가는 경로 중 하나다. 하천이나 강의 물은 지하수나 호소수보다 양은 적지만 인간에게 가장 유용한 수자원으로 생활용수나 공업용수 그리고 농업용수로 사용될 뿐만 아니라 수력발전과 운송수단으로도 주요한 기능을 한다. 하천과 강의 수량과 수질은 유역의 강우량, 토양, 지형, 식생, 인간의 토지 이용도 등에 따라 달라지며, 물의 흐름에 의해 침식과 퇴적작용이 일어난다. 하천과 강에 관해서는 제6장에 보다 자세히 설명되어 있다.

화산이나 빙하 또는 융기나 침강 등의 지형 변화나 인위적인 댐을 축조하여 물의 흐름이 차단되어 형성된 것이 호수다. 지구상에는 호수의 물이 강물보다 양이 많지만 활용도는 다소 떨어진다. 보통 수심이 15m 이상인 호수는 수온차로 인하여 수직 혼합이 용이하지 않기 때문에 층을 형성하게 된다. 표수층(Epilimnion)은 광합성이 이루어지고 용존산소가 비교적 풍부하나 심수층(Hypolimnion)은 반대 현상이 나타나고 인과 질소와 같은 영양물질이 비교적 풍부하다. 계절변화에 따라 호수는 심수층과 표수층의 물이 교환는 전도현상(Turn-Over)이 나타난다. 호수는 일반적으로 외부에서 유입되는 물질보다 내부에서 생성되는 물질이 수질에 더 큰 영향을 준다. 호수에 관해서는 제8장에 보다 자세히 설명되어있다.

강우현상으로 지면에 떨어진 물은 증발하거나 강으로 유출되고 나머지는 땅속으로 스며들어 지하수를 이루게 된다. 지하수는 토양에 수분으로 존재하거나(통기대) 암석층 위에 고여 있다(대수대). 통기대와 대수대의 경계를 지하수위라 하며 보통 지표에서 30m 이내에 있으며 보통 지표면과 평행선을 이루게 된다. 대수대는 상부에 불투수 암석층의 존재 유무에 따라 폐쇄대수대(Confined Aquifer)와 개방대수대(Unconfined Aquifer)로 나누어진다.

지하수는 산소가 부족하고 미생물 활동이 활발하지 못하기 때문에 한번 오염되면 쉽게 정화되지 않는다. 또한 지하수는 유속이 1년에 몇 미터 정도로 매우 느리기 때문에 오염물질이 씻겨 내려가는데 수십년 또는 수백년이 걸리며 지표수에 비해 접근이 어려워 오염도 측정이나 인위적 정화가 매우 힘들다. 지하수의 수질관리는 일반적으로 지하수 오염학(Groundwater Pollution, 또는 토양지하수학, 토양오염학)에서 다룬다.

하구는 하천이나 강을 따라 흘러온 담수와 바닷물이 만나는 곳으로 담수생태계와 해수생태계가 공존하는 점이지대(Ecotone)이다. 해수와 담수는 밀도차로 인하여 수층을 형성하기도 하며 동일 지점에서 관측할 경우 조석현상에 따라 하루 동안 수질이 크게 변화한다. 또한 강에서 흘러온 담수가 해수에 의해 차단되기 때문에 대부분의 오염물질이 바다로 나가지 못하며, 특히 비중이 높은 부유물질은 하구에서 바닥으로 가라앉는다. 바닥에 가라앉은 부유물질은 조석과 수체순환 현상으로 재부유를 반복하는 현상이 나타난다. 하구는 다양한 생물종이 서식하고 많은 해양 생물이 유생기를 보내기 때문에 특별한 보호가 필요하다.

바다는 지구상에서 가장 많은 양의 물이 저장된 곳이며 육상에서 발생한 많은 오염물질이 마지막으로 가는 곳이다. 염분도가 높아 직접 음용수나 관개용수 등으로 사용될 수 없으나 지구의 물순환이나 온도 조절, 물질순환 등에서 여러 가지 주요한 역할을 담당하고 있다. 바닷물을 담수화하는 기술이 발전을 거듭하여 현재 물이 부족한 중동과 같은 곳에서는 많은 량의 수자원을 공급하고 있다. 바다는 풍부한 수산물뿐만 아니라 석유나 주요 광물자원의 공급원이 되기도 한다.

바다오염은 대부분의 경우 육상에서 유입되는 물질에 의해 발생하며 연안개발이나 선박폐수 그리고 기름유출과 같이 바다에서 비롯되는 경우도 있다. 또한 적조와 같이 육상에서 유입된 영양물질로 인해 해수 내에서 유독성 조류가 과잉 성장하는 현상이 발생하여 심각한 바다오염을 유발하기도 한다. 오염에 비교적 민감한 하구와 항만의 수질관리는 제7장에서 다룬다.

1.3 수질오염

자연 수체에는 수많은 이물질이 용존 또는 부유하고 있다. 물속에 존재하는 이러한 물질은 경우에 따라 수생태계나 인간에게 유익하기도 하고, 또는 유해하기도 한다. 수질(Water Quality)이란 물의 성질을 말하는 것으로 물속에 존재하는 이물질에 의해 결정된다. 이렇게 결정된 물의 성질에 따라 물은 생명의 샘이 될 수도 있고 죽음의 독이 될 수도 있다. 그리고 이물질이 인간이 물을 사용하는데 방해가 될 만큼 충분한 농도로 존재할 때 우리는 이것을 수질오염(Water Pollution)이라 정의한다.

오염(Pollution)을 정의할 때 주목해야 할 점은 사용하는 용도다. 예를 들어, 만약 암모니아가 적당량 녹아있는 물을 먹는 물로 사용할 경우 이는 오염된 것이 된다. 하지만 만약 이 물을 화분에 식물을 키우는데 사용할 경우는 오염된 것이 아니라 좋은 비료성분이 들어있는 물에 해당된다. 같은 물도 사용하는 용도에 따라 전혀 다르게 평가된다. 또한 인간의 물 사용에 방해되지 않을 정도에 해당하는 미량의 이물질이 들어있을 경우 이는 오염된 것이라 할 수 없다. 이러한 이유로 대부분의 경우 이물질이 포함되어 있더라도 기준치 내에는 오염된 것으로 평가하지 않는다.

수질을 오염시키는 물질은 수없이 많다. 특히 끊임없이 새로운 화학물질이 만들어지고 사용되는 오늘날 산업사회에서는 종류와 양은 점점 더 늘어나고 있다. 이렇게 오염시키는 물질로 인해 나타나는 물의 성질을 수질관리 측면에서 크게 다섯 가지로 나누어 볼 수 있다.

(1) 부수성

부수성(腐水性 Saprobity)은 물이 부패하면서 산소를 소모하는 성질을 말하며, 이를 유발하는 물질을 부수성 물질(Saprobic Matter)이라고 한다. 부수성 물질은 수중의 유기물을 말하지만 모든 유기물이 부수성 물질에 해당되는 것은 아니다. 부패 박테리아(Saprobic Bacteria)나 곰팡이에 의해 물과 이산화탄소로 쉽게 분해되는 유기물이 여기에 해당한다. 일부 난분해성 유기물은 부수성을 나타내기 보다는 유독성을 보이는 경우가 많다. 부패과정에서 용존산소를 소모하기 때문에 부수성이 높은 물은 어패류와 같이 산소호흡으로 살아가는 수중생물은 생존이 어렵다.

물이 얼마나 부패했는지 보여주는 부수도(Degree of Saprobity)를 파악하기 위해 수중 용존산소(DO: Dissolved Oxygen)를 측정한다. 또한 얼마나 많은 부패 가능한 물질이 수중에 있는지를 보여주는 것이 생물화학적 산소요구량(BOD : Biochemical Oxygen Demand)이다. 다시 말하면 DO는 현재 그 물이 얼마나 부패했는지를 보여주는 것이고 BOD는 앞으로 얼마나 부패할 것인지를 보여주는 부수 잠재력(Saprobic Potential) 지표(Indicator)가 된다.

호수와 같이 정체된 수체에서는 퇴적물에 함유된 유기물이 물의 부수성에 중요한 영향을 미친다. 이를 측정하기 위해 사용하는 지표가 퇴적물 산소요구량(SOD: Sediment Oxygen Demand)이다. 즉, 퇴적물에 함유된 부수성 물질이 수중 산소를 소모하는 정도를 나타내는 것이다.

물의 부수 정도를 크게 빈부수성(Oligosaprobic), 중부수성(Mesosaprobic), 강부수성(Polysaprobic)으로 나누며 이는 서식하는 수중 생물상을 결정하는 중요한 요소가 된다. 빈부수성은 부수성 물질 함량이 매우 낮고 용존산소가 풍부하며, 강부수성은 그 반대에, 중부수성은 중간에 해당한다.

(2) 부영양성

부영양성(富營養性, Eutrophy)은 수중 식물이 성장하는데 필요한 인이나 질소와 같은 영양물질(Nutrients)이 풍부한 상태를 말하는 것으로 진행 과정이나 현상을 부영양화(Eutrophication)라 부른다. 부수성이 유기물에 관한 것이라면 부영양성은 식물 성장에 필요한 무기물로 인한 물의 성질이다. 자연 수체에 존재하는 유기물과 무기물은 광합성과 호흡(분해) 과정을 통해 상호 순환되고 있다. 영양물질은 수중 식물이 광합성을 하기 위해 반드시 필요하지만 수중에 너무 많을 경우 식물이 과잉 성장하여 수질을 악화시키고 수생태계의 건강성을 해치게 된다. 물은 영양상태에 따라 빈영양(Oligotrophic), 중영양(Mesotrophic), 부영양(Eutrophic), 과영양(Hypereutrophic) 등으로 구분한다. 빈영양은 영양물질의 농도가 매우 낮고 수질이 양호한 상태를 말하는 것이며 부영양은 그 반대에 해당한다. 과영양은 영양물질이 아주 과도하게 많은 경우를 말하며 오히려 식물성 플랑크톤 성장을 저해하기도 한다.

부영양화된 물은 적당한 빛(광도)과 온도(25~35°C)가 주어질 경우(고온수기)에는 식물성 플랑크톤(조류, Algae)이 과잉 성장하게 되는 물꽃현상(또는 조화현상, Algal Bloom)이 나타나게 된다. 고온수기에 물꽃현상을 일으키는 식물성 플랑크톤은 남조류(Blue Green Algae, Cyanobacteria)에 해당된다. 강이나 호수와 같은 담수에서 나타나는 물꽃현상은 대부분 녹색을 띄게 되기 때문에 우리나라에서는 특별히 녹조현상이라 부르기도 한다. 학문적으로는 남조류가 독성물질(Algal Toxin)을 분비하기 때문에 보통 유해조류 대발생(HAB: Harmful

Algal Bloom)이라는 용어가 사용된다. 부영화된 물이라도 광도와 온도가 낮을 경우(저온수기)에는 물꽃현상이 나타나지 않는다. 저온수기에 서식하는 식물성 플랑크톤은 규조류(Diatom)나 녹조류(Green Algae)로 유해조류 대발생(HAB)이 일어나지 않는다.

녹조현상과 부영양화를 동일한 의미로 잘못 표현하는 경우가 자주 있다. 부영양화는 영양물질이 풍부하다는 의미이고 녹조현상은 부영양화에 적당한 광도와 온도가 더해질 경우 유해물질을 분비하는 남조류가 과잉 성장하는 현상을 말한다. 달리 표현하면 부영양화는 녹조현상이 발생하기 위한 필요조건에 불과하지 충분조건은 될 수 없다.

물의 정체가 녹조 발생에 좋은 조건을 제공하는 것으로 알려져 여러 가지 오해를 불러일으키고 있다. 녹조현상은 물의 흐름 속도에 따라 발생하는 것이 아니라 적당한 온도와 광도, 그리고 풍부한 영양물질이 주어져야 발생한다. 특히 적정 수온(25~35°C)이 되어야 우점종이 규조류나 녹조류에서 남조류로 변하게 된다. 정체된 물이 녹조 발생에 좋은 조건을 제공하는 것으로 알려진 이유는 물의 유속이 느려지면 퇴적물이 많이 쌓이고 여기서 다량의 영양물질(인) 용출이 일어나기 때문이다. 다시 말하면 정체된 물은 퇴적물 인 용출로 인해 부영양화를 유발하고 이것이 녹조현상으로 이어지게 된다. 또한 정체된 물은 흐르는 물에 비해 수온이 높은 경우가 많고 늘어난 녹조생물이 수표면에 그대로 머물러 있는 것도 오해의 원인이 되기도 한다. 유속이 녹조 발생의 원인이 아니라는 것은 온도가 낮은 겨울에는 흐름이 정체되고 영양물질이 풍부한 물에서도 녹조현상이 발생하지 않는 것을 보면 쉽게 이해할 수 있다.

녹조현상이 나타나면 수중 유기물이 급속히 증가하고 물에서 냄새가 나며 물맛이 나빠진다. 또한 증가된 유기물이 사멸할 때 용존산소를 소모하여 산소호흡을 하는 수중생물이 죽게 될 수 있다. 녹조현상을 보이는 물을 농업용수로 사용할 경우 비료성분이 풍부한 물이 될 수 있지만 가축이나 야생동물이 먹었을 경우에는 치사에 이를 수도 있다. 또한 수돗물 생산을 위한 상수 원수로는 적합하지 못하다. 따라서 정수장에서는 녹조현상이 발생하는 시기에 특별한 처리가 필요하다.

물꽃현상이 바다에서 나타나게 되면 성장하는 조류가 붉은 빛을 띠게 되는 경우가 많기 때문에 적조현상(Red Tide)이라 부른다. 적조현상이 발생하면 바닷물의 용존산소가 급격히 감소하고, 황화수소, 암모니아, 메탄가스 등과 같은 유해물질도 발생한다. 특히 적조생물은 어패류의 아가미에 들러붙어 산소호흡을 방해하여 집단 폐사에 이르게 하기 때문에 양식업에 큰 피해를 주게 된다.

(3) 독성

독성(毒性, Toxicity)은 중금속이나 유독성 화학물질과 같이 생물체에 병을 일으키거나 치사를 유발하는 성질을 말한다. 독성물질이 자연 수체에 유입되면 수중 생태계에 피해를 줄 뿐만 아니라 생활용수나 농업용수로 사용할 수 없다. 또 물고기나 식수를 통해 인체에 유입될 경우 치명적인 피해를 주게 된다. 수은과 카드뮴 그리고 납과 같은 중금속과 PCB, 페놀 그리고 농약 등이 여기에 속한다. 독성물질은 미량으로 존재하여도 생물체내에 높은 농도로 축적되는 생물농축(Bioaccumulation) 현상을 나타내기도 한다.

지금까지 발생한 환경재난의 원인물질은 대부분 독성물질이다. 최근 자주 거론되는 생물체의 내분비계 교란물질인 환경호르몬(Endocrine Disrupter)도 독성물질로 분류할 수 있다. 독성물질은 물리화학적으로 분석하여 농도를 측정하거나 생물시료를 이용하여 독성 정도(Degree of Toxicity)를 검사하기도 한다. 물의 독성을 검사하기 위해 여러 가지 방법이 개발되었지만 현재 자연 수체에 대해 가장 널리 사용되는 것은 물벼룩을 이용하는 방법이다. 독성에 민감하게 반응하는 물벼룩의 움직임을 영상 이미지로 분석하여 독성 유무와 정도를 자동 모니터링 한다.

독성 정도에 따라 무독(Non-Toxic), 만성독성(Chronic Toxic), 급성독성(Acute Toxic) 등으로 구분한다. 여기서 급성독성은 생명체를 즉시 치사에 이르게 하는 매우 높은 독성을 말하며 만성독성은 그 정도가 낮아 생명체를 서서히 병들게 하는 수준을 의미한다.

(4) 병원성

병원성(病原性, Pathogenicity)은 물에 병을 일으키는 바이러스나 박테리아, 원생동물, 기생충 등이 포함된 경우를 말한다. 병원성을 나타내는 물은 사람에게 매우 큰 피해를 줄 수 있다. 특히 수인성 병균은 자체 증식이 가능하고 전염성이 강하기 때문에 피해가 발생할 경우 규모가 매우 크다. 대표적인 수인성 전염병으로는 콜레라, 장티푸스, 이질, 간염 등이 있다. 병균오염 여부를 판별하기 위하여 균을 배양하여 모든 수인성 전염병균을 검사하여야 하나 오랜 시간이 필요하고 많은 경비가 소모된다. 따라서 대장균(E. Coli)이나 분변성 세균(Fecal Coliform)과 같은 지표 미생물을 이용하여 병균이 존재할 가능성을 판단한다. 염소소독과 같은 살균 수처리 기술이 개발되기 전에는 병원성이 수질오염의 가장 중요한 과제였다.

(5) 혼탁성

혼탁성(混濁性, Turbidity)은 수중에 부유성 고형물질이나 콜로이드가 존재하여 물의 투명도를 감소시키는 현상을 말한다. 혼탁성이 높은 물은 미관상 불쾌감을 줄뿐만 아니라 물속에 빛이 투과하는 것을 방해하여 수중식물의 광합성을 억제하고 수생태계의 건강성을 해치게 된다. 또한, 물의 흐름이 느린 곳에서는 바닥에 퇴적되어 저서 생물에 피해를 주기도 한다.

혼탁성은 부유물질(Suspended Solids) 농도나 탁도(濁度)로 그 정도를 나타낸다. 탁도(NTU: Nephelometric Turbidity Unit)는 빛을 투과하여 혼탁입자에 의한 산란도를 측정하는 네펠로법을 주로 사용한다. 앞에서 설명한 독성물질이나 병원성물질 그리고 영양물질은 대부분 혼탁성 물질의 표면에 부착하고 있으며, 부수성 물질 또한 많은 부분이 부유 고형물질로 이루어져 있기 때문에 혼탁성은 물의 다른 성질과 함께하는 경향이 높다.

(6) 기타

물은 앞에서 설명한 다섯 가지 주요 성질 외에도 온도, 수소이온 농도(pH), 염분도, 산도, 알칼리도 등 다양한 성질을 보여주고 있다. 여기서 다루고자 하는 강이나 호수와 같은 자연 수체의 경우, 앞에서 설명한 부수성, 부영양성, 독성, 병원성, 혼탁성 등이 관리해야 할 주요 수질에 해당한다.

1.4 수질오염원

수질오염원으로는 크게 수체 외부에서 오염물질이 유입되는 외부원(Allochtonous Source)과 내부에서 생성되는 내부원(Autochtonous Source)으로 나누어진다. 내부원은 수중에서 성장한 식물이나 동물의 사체 그리고 퇴적물의 부유나 용출을 들 수 있다. 부영양화된 호수의 경우 수질오염은 내부원이 크게 작용한다. 외부원은 다시 오염물질의 유입이 지도에서 하나의 점으로 표시될 수 있는 점오염원(Point Source)과 그렇지 않는 비점오염원(Non-point Source)으로 구분된다[그림 1.2]. 또 대기권으로부터 수체에 침적되는 대기 유입원(Atmospheric Source)도 지역에 따라 주요 오염원이 될 수 있다.

대표적인 점오염원으로는 생활하수나 산업폐수를 들 수 있다. 생활하수는 가정에서 주방이나 세탁에 사용한 잡용수(Gray Water)와 화장실에서 배출하는 분뇨 등을 포함하고 있으며 많은 부분이 미생물에 의해 분해 가능한 유기물이다. 생활하수가 처리되지 않고 그대로 자연 수체에 유입될 경우 부수성과 부영양성을 유발하게 되고 병원성을 야기할 가능성도 높다. 특히 가정에서 사용하는 세제에는 인이 다량 포함되어 있어 부영양화의 주요 원인이 된다. 산업폐수는 산업의 종류에 따라 배출하는 폐수에 포함된 오염물질이 다르다. 금속공장이나 피혁공장 그리고 섬유공장이나 석유화학공장 등에 배출하는 폐

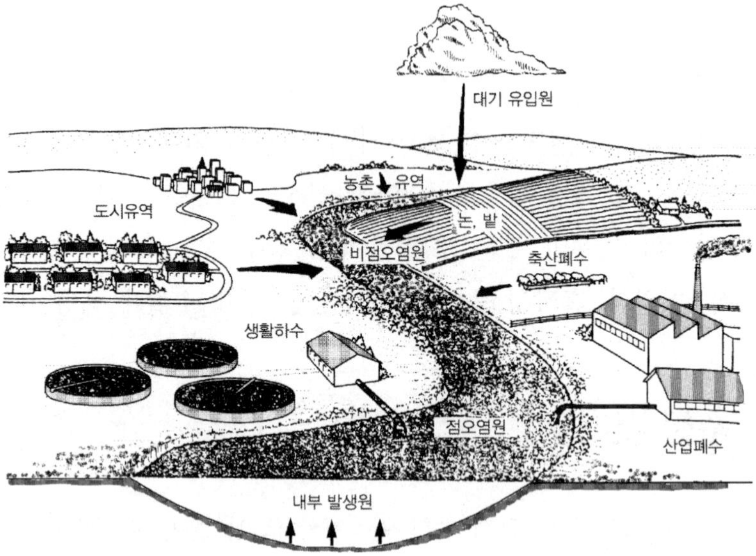

[그림 1.2] 수질 오염원

수는 중금속이나 유독성 화학물질을 포함하고 있기 때문에 특별한 관리가 요구된다. 식품공장폐수나 축산폐수에는 생활하수와 같이 유기물이나 영양물질 그리고 병원성 미생물 등이 다량 포함되어 있다.

비점오염원은 지면에 있던 오염물질이 강우현상에 씻겨 자연 수체로 유입되는 것을 의미하며 도시, 농촌, 농경지, 초지, 산림 등 토지이용도에 따라 배출되는 오염물질의 종류와 양은 상당한 차이를 보인다. 도시의 경우 마모된 자동차 타이어, 대기로부터 떨어진 먼지, 그 외 도시 지면의 쓰레기 등이 주요 오염물질인 반면 농촌은 농경지에 뿌려진 농약과 비료 그리고 토양유실과 야생동물의 배설물 등이 주를 이룬다. 비점오염원은 점오염원에 비하여 관리가 비교적 어렵다. 이유는 점오염원의 경우 폐수처리기술을 이용하여 오염물질을 제거하는 것이 가능하지만, 비점오염원은 강우 시에만 일시적으로 배출이 이루어지고 오염물질을 포함한 수량이 많으며, 오염물질의 농도가 매우 낮아 처

도시의 땅속 물길

도시는 땅속에 세 개의 물이 지나가는 관이 있다. 하나는 먹는 물이 수송되는 수도관이며, 다른 하나는 하수를 배수하는 오수관(Sanitary Sewer), 그리고 나머지 하나는 빗물을 위한 우수관(Storm Sewer)이다. 오래된 도시는 보통 오수관과 우수관은 하나의 관으로 이루어져 있으며, 이 경우를 합류식 관거시스템(Combined Sewer System)이라 한다. 합류식 관거시스템은 강우 시 하수와 우수가 함께 하수처리장으로 들어가기 때문에 처리용량을 초과하게 되어 수질관리가 어려워진다. 그래서 최근에 만들어지는 신도시는 이 둘을 분리하는 분류식 관거시스템(Separated Sewer System)을 도입하고 있다. 아래 그림은 분류식과 합류식 과거시스템이 공존하는 도시를 보여준다. 그림처럼 많은 도시가 오래된 도심은 합류식이지만 교외 신도시는 분류식으로 이루어져 있다.

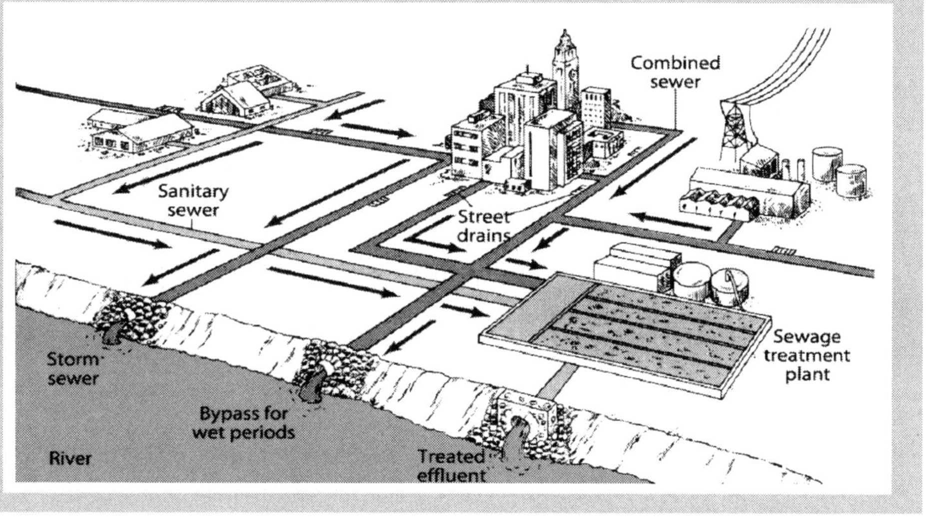

리가 어렵기 때문이다. 비점오염물질과 관리에 관해서는 제9장 유역관리에 보다 자세히 설명되어 있다.

대기 유입원이 주요하게 작용하는 수체는 수면이 비교적 넓은 호수나 바다를 들 수 있다. 또한 대기 유입원이 주요 오염원이 되는 물질은 대기에 오래 머무를 수 있으며 장거리 이동이 가능한 물질이다. 그 대표적인 물질로는 산성비의 원인 물질이 되는 질소산화물이나 황산화물과 난분해성 유기물(PCB, PAH 등)을 들 수 있다. 대기 유입원을 주요 수질오염원으로 관리하고 있는 수체와 오염물질로는 미국 오대호의 PCB와 많은 바다에서 적조현상의 원인이 되는 질산성 질소를 들 수 있다. 육지에서 멀리 떨어진 대양을 오염시키는 가장 큰 오염원이 대기 유입원이라는 사실에 주목할 필요가 있다. 전체 바다를 오염시키는 오염원을 크게 연안으로부터 유입되는 육지오염원과 대기오염원으로 나누면 대기가 80~90%를 차지하는 것으로 알려져 있다.

1.5 수질관리 기본원리 및 정책

(1) 관리체계와 방법

물은 포함하고 있는 물질에 따라 죽음의 독이 되기도 하고 생명의 샘이 되기도 한다. 뿐만 아니라 홍수가 범람하여 수마가 덮치기도 하고, 가뭄이 들어 옥토가 불모지로 변하기도 한다. 어떤 이들은 '자연은 건드리지 말아야 한다.', 또는 '강은 내버려 두어야 한다.' 등의 주장을 하고 있지만 자연은 항상 인간에게 우호적인 것만은 아니다. 자연의 물이란 관리되지 않을 때 언제 어떤 모습으로 인간에게 다가올지 알 수 없는 것이다.

물 관리는 크게 가뭄과 홍수를 막는 수량관리와 항상 맑고 깨끗한 물이 가득하게 하는 수질관리, 그리고 건강한 생태계가 유지되도록 하는 수생태계 관리로 나눌 수 있다. 이 세 가지는 상호 보완적이기 때문에 함께 추구되어야 한다. 다시 말하면, 물이 없는 강과 호수에 맑고 깨끗한 수질이나 건강한 수생태계가 있을 수 없다는 것이다. 이 책은 이 세 가지 물 관리 중에서 수질에 초점을 두고 있다.

최적의 수질관리는 자연 수체를 오염으로부터 보호하여 우리가 필요로 하는 맑고 깨끗한 물을 얻고 그곳에 건강한 생태계가 유지될 수 있도록 하는 것이다. 이를 위해서는 먼저 관리 대상 수체가 현재 어떤 용도로 사용되며 그곳에 어떤 생태계가 유지되고 있는지, 그리고 미래에는 어떻게 될 것인지 예측해야 한다. 수체의 용도와 생태계의 특성이 파악된 후에는 그곳에 적합한 과학적 수질기준치(Water Quality Criteria, 일명 준거치)를 과학적으로 설정하고 이를 달성하기 위한 경제적 여건과 기술적 가능성을 고려한 후 법적 수질기준치(Water Quality Standards)를 설정한다[그림 1.3].

자연 수체가 유지해야할 법적 수질기준치가 주어지면 유입오염원에서 허용되어질 수 있는 배출기준치(Effluent Standards)가 결정된다. 배출기준치를 달성하기 위하여 각 배출원은 수질오염 방지대책을 세우게 된다. 생활하수나 산업폐수와 같은 점오염원은 하·폐수처리장을 통해 오염물질을 정화하여 하천에 방류하거나 처리수를 토양에 침투하는 방법, 또는 오염원을 다른 곳으로 이전하는 방법 등이 사용된다.

비점오염원은 매우 다양한 방법을 통해 관리되고 있다. 비점오염원에서 배출되는 오염물질은 유역의 토지이용도에 의해 좌우되기 때문에 이를 관리하기 위해서는 유역의 토지이용규제가 가장 주요한 방법이 될 수 있다. 산림이나 초지의 개발을 억제하거나 유역에 살포하는 농약과 비료 사용량을 규제하고, 토양유실을 방지하고 체류지를 설치하는 방법도 수질관리를 위하여 필요한 방법이 된다.

내부 발생원 관리를 위해 오염된 퇴적물 준설이나 녹조 제거 등이 널리 사용된다. 퇴적물 준설에는 오염물질 배출을 최소화하기 위해 준설 지점 주변에 오탁방지막을 설치하고 펌프로 퇴적물을 흡입하는 방법이 사용된다. 또한 녹조 발생량이 많을 경우 선박을 이용하여 비료로 만들어 사용하기도 한다. 수면으로 떠오른 녹조를 물과 함께 빨아들여 여과·건조하는 녹조 제거선이라는 특수 선박이 현재 국내에서도 선보이고 있다. 최근에는 녹조를 바이오플라스틱, 바이오에너지, 화장품 원료 등으로 활용하는 연구도 활발히 이루어지고 있다. 초식성 어류의 서식을 촉진시켜 녹조를 먹어치우게 하는 생물조절

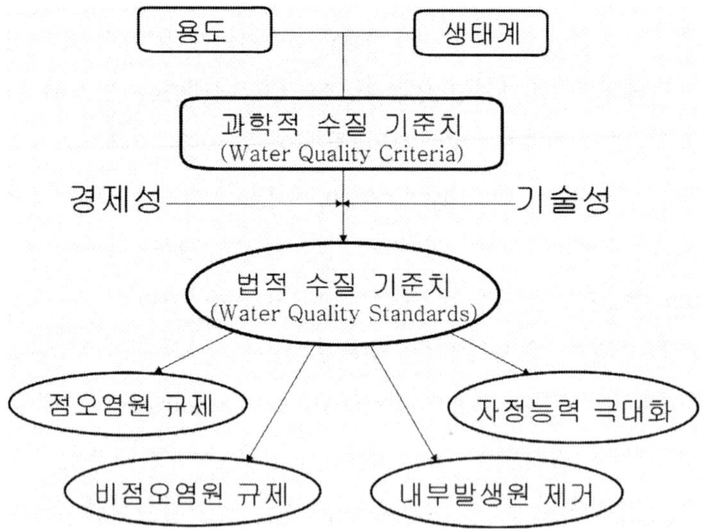

[그림 1.3] 수질관리의 일반적 체계

법(Biomanipulation)도 제거 방법 중 하나다. 녹조 발생을 줄이기 위해 유입수를 인공습지에 일정기간 체류시켜 수생식물을 이용하여 영양물질을 저감시키거나 수변에 갈대숲을 조성하여 수변 정화력을 향상시키는 것도 내부 발생원 관리 방안이 된다.

자정능력을 높이는 방법으로는 정체된 수역에 산소를 공급하는 현장 포기(*In-Situ* Aeration), 맑은 물을 공급하는 유량 보충(Flow Augmentation) 등이 있다. 유럽이나 미국에서는 강에 보를 설치하여 쓰레기를 수거하고 부유물질을 침강시키는 방법으로 수질개선 효과를 높이기도 한다. 최근에는 수면에 태양광 발전 시설을 설치하고 생산되는 전력으로 기계식 포기 장치를 가동하는 방법이 국내에도 도입되어 활용되고 있다. 유량 보충으로 자정능력을 향상시키기 위해서는 공간적으로 가까운 곳에서 적은 비용으로 맑은 물을 취수하여 공급할 수 있어야 한다. 보통 지하수, 강변여과수, 하수고도처리수, 유역변경 등을 통한 유량 보충이 활용된다.

(2) 수질모델

효과적인 수질관리를 위해서는 오염방지대책에 따른 수용수체의 수질개선효과를 정량적으로 규명해야 한다. 그래서 목표 수질을 달성하는데 필요한 최적의 대책을 강구하는 것이다. 이를 가능하게 하는 것이 수질모델이다. 수질모델은 대상수체에서 일어나는 수리현상과 수질반응기작을 수식화하여 유입 오염물질에 따른 수질변화를 예측할 수 있도록 하는 것이다. 강이나 호수 그리고 하구·항만 등에 이르기까지 다양한 수질모델을 개발하여 관리대상 수체의 자정능력과 허용배출량을 정량적으로 규명하고 있다.

수질모델은 관리대책에 따른 수질개선효과를 예측할 수 있기 때문에 대상 수체의 용도와 수중 생태계 보호에 부합되는 수질을 유지하기 위한 최적 방안을 도출하는데 유용하게 사용된다. 유역에 위치한 비점오염원으로부터 강우 시 수용수체에 유입되는 오염물질량을 예측하는 유역모델도 활용 가능하다. 유역모델은 지형, 토양, 토지이용도, 강우현상 등에 따른 비점오염물질 변화를 예측할 수 있다. 유역의 지형적 특성과 모든 오염원을 전산 정보화하는 지리정보시스템(GIS)과 데이터베이스, 유역모델, 수용수체모델 등을 연계하여 유역의 모든 오염원을 통합하고 여기에 따른 수용수체의 수질변화를 예측하는 유역관리시스템 기술이 개발되고 있다.

(3) 모니터링과 통계

수질관리를 위해 반드시 필요한 것이 모니터링이다. 모니터링이란 오염물질 배출원에서부터 관리 대상 수체에 이르기까지 수질을 측정하여 현황을 파악하는 것이다. 이를 통하여 배출기준치 준수 여부와 강이나 호수에 적용하는 환경기준치 달성 여부를 점검·확인한다. 만약 기준치를 초과하거나 이상 현상이 발생하였을 경우 원인을 분석하고 적절한 대책을 강구해야 한다.

정부는 수계별로 국가 수질측정망을 설정해두고 주요 항목을 지속적으로 모니터링하고 있다. 그 결과 수많은 수질 자료가 시공간을 달리하며 기록되고 있다. 최근에는 분석기술과 나노기술, 그리고 정보통신기술 등의 발달로 많은 수질항목을 자동으로 현장에서 측정하여 송수신하는 것이 가능해졌다.

모니터링 자료를 통해 대상 수체의 수질 현황을 파악하기 위해서는 통계 처리가 필요하다. 뿐만 아니라 시공간적으로 변화하는 수질의 경향성과 계절성을 계량화하기 위해서도 적절한 통계 처리가 요구된다. 또한 수질 정책의 효과를 검증하기 위해 시행 전과 후에 관측된 수질을 비교하는 과정에도 자료의 특성에 부합하는 통계 처리가 이루어져야 한다.

강이나 호수와 같은 자연 수체에서 관측된 수질 자료는 많은 경우 이상치(Outlier)를 포함하고 비정규 분포(Non-Normal Distribution)를 보인다. 또 대부분의 수질이 계절에 따른 변화(계절성)와 하루 일변화(일주성)를 보인다. 자연 수체의 수질 자료가 갖는 이러한 특성 때문에 수질 통계에는 독특한 통계 기법이 사용되기도 한다. 대표적인 예로 일반적인 모수통계(Parametric Statistics) 대신 적용되는 비모수통계(Non-Parametric Statistics)를 들 수 있다. 수질 자료의 특성과 통계 기법에 관해서는 제4장에서 설명된다.

(4) 관리 제도와 정책

수질관리를 위해 지금까지 여러 제도와 정책이 시행되고 있다. 가장 널리 활용되어 온 것으로 배출수 규제를 들 수 있다. 생활하수나 산업폐수 등과 같은 점오염원에 배출허용기준을 정해두고 배출자가 이를 준수하도록 하는 제도다. 배출허용기준은 오염물질 농도로 주어지는 농도 규제가 대부분이지만, 농도와 배출 수량을 함께 고려한 배출량 규제가 시행되기도 한다.

이와 함께 사용되는 것이 토지이용규제다. 주로 상수원과 같이 수질관리가 매우 중요한 곳에 점오염원과 비점오염원의 입지를 원천적으로 차단하기 위해 사용된다. 현재 우리나라 상수원에 적용하고 있는 상수원 보호구역, 특별대책지역, 자연보전권역, 수변지구 등이 대표적 토지이용규제다. 이

제도는 토지 사용을 제한하기 때문에 지역 주민들의 반발이 심한 것이 단점이다. 이를 보완하기 위한 제도가 토지매수제도다. 국가가 수질관리에 필요한 지역을 중심으로 토지를 사들여 녹지로 전환하는 것으로 현재 상수원 수변구역을 대상으로 시행하고 있다.

그 외에도 정부가 수질관리를 위해 재정적 지원을 하거나 오염물질 배출 부과금을 물리는 제도가 활용되기도 한다. 지방자치단체가 하수처리장을 건설하거나 하천정화사업을 할 때 중앙정부가 보조금을 지원하거나 금융혜택을 주는 재정지원제도, 그리고 산업폐수나 축산폐수 등이 배출기준을 초과할 때 부과금을 내도록 하는 배출부과금제도 등이 여기에 속한다. 배출수 규제나 토지이용규제가 강제적 명령을 통한 직접규제인 반면 재정지원제도나 부과금제도는 경제적 수단을 통한 간접규제에 해당된다. 관리 제도와 정책에 관해서는 "환경정책법규 원론(박석순, 2016)"에 자세히 설명되어 있다.

보다 효율적인 수질관리를 위해 새롭게 도입된 제도가 수질오염총량관리제도이다. 이 제도는 지금까지 규제 일변도의 수질관리에서 벗어나 지역주민의 자발적이고 적극적인 참여를 유도하며, 동시에 지역개발과 수질보전이라는 두 가지 목표를 동시에 달성하려는 의도로 시도되었다. 제도의 기본 개념은 대상 수계에서 관리되어야 할 목표수질을 정해두고 허용 부하량을 할당해 주는 것이다. 배출오염원에 대한 농도 규제나 배출량 규제와는 달리 수계 전체의 점오염원과 비점오염원에서 배출되는 오염물질총량을 관리하며 자연이 갖는 자정용량을 최대로 활용하는 제도다.

이 제도는 대상 수계에 수질모델을 적용함으로써 시행할 수 있으며, 지금까지 나온 수질관리제도로는 가장 과학적인 제도다. 그러나 이 제도가 효과적으로 시행되기 위해서는 유역의 점오염원과 비점오염원을 비롯하여 수리·수문 및 수질 자료 등 많은 자료가 체계적으로 관리되어야 하며 주어진 수계에 적절한 수질관리 모델이 적용되어야 한다. 제도 시행을 위해서는 대상 수계의 목표 수질을 결정하는 문제에서부터 규제 항목을 결정하는 것, 그리고 수계

내에서 일어나는 현상 규명에 이르기까지 수질관리 과학화를 위한 많은 기초 작업이 선행되어야 한다.

강과 호수의 수질은 유역에서 일어나는 산업 활동과 토지 이용도에 직접적인 영향을 받기 때문에 이를 함께 관리하려는 통합유역관리제도(Integrated Watershed Management)가 시도되고 있다. 유역 내 수자원 계획, 치수대책, 수질개선, 생태계 보전, 주민의 경제활동과 생활방식 등 모든 물 문제를 현재뿐만 아니라 미래까지 고려하여 관리하는 제도다. 수질관리뿐만 아니라 수량, 생태계, 산업 등 유역에서 일어나는 물 관련 모든 사항이 통합관리되기 때문에 보다 많은 자료가 요구되고 특히 기상·수문 현상을 고려한 유역관리모델 적용이 요구된다. 유역관리모델에 관해서는 제9장에 설명하고 있다.

(5) 경제성 분석

수질정책을 수립하는데 중요한 부분을 차지하는 것이 선택 가능한 방법 중 '무엇이 가장 효율적인가'를 찾아내는 것이다. 여기에는 기술적인 사항과 함께 투자되는 비용 대비 나타나는 효과에 관련된 경제성 분석이 포함된다. 법에 정해진 수질기준치를 만족하면서 비용을 최소화하는 것이 수질정책의 첫 번째 목적이다. 이러한 접근에 사용되는 방법이 시스템 최적화(System Optimization)다. 관련 요소의 집합체를 정량적으로 분석하여 주어진 수질기준치를 만족하는 최적 안을 도출하는 방법이다.

두 번째로는 법적 기준치를 만족시키는 정도에 그치지 않고 적은 비용으로 더 좋은 수질을 얻는 것이다. 즉, 투자 대비 효과를 극대화하는 것이다. 미래에 나타날 수 있는 오염부하량 증가나 가뭄과 같은 자연현상의 악조건에 대비하여 여분의 안정도(Margin of Safety)를 확보할 수 있는 방법이다. 따라서 투자되는 비용에 따라 나타나는 효과를 검토하는 비용편익분석(CBA: Cost Benefit Analysis)이나 비용효과분석(CEA: Cost Effectiveness Analysis)이 정책결정에 필요하다. 경제성 분석은 제10장에 설명된다.

>>> 내용정리

1. 물의 화학적 특성을 고찰해보고 지구 생태계에서 각 특성이 갖는 중요성을 설명해보자.
2. 지구의 물 분포와 순환과정을 설명해보자.
3. 자연 수체가 갖는 특성을 비교해보고 수체에 따른 적절한 수질관리 대책을 알아보자.
4. 다섯 가지 주요 수질을 설명하고 인간의 물 사용에 어떤 영향을 주는지 알아보자.
5. 점오염원과 비점오염원의 차이를 설명해보자.
6. 도시의 합류식과 분류식 하수관거 시스템을 수질관리 측면에서 비교해보자.
7. 수질기준치가 결정되는 과정을 알아보고 수질관리의 기본 원리를 설명해보자.
8. 수질관리에서 모델, 모니터링, 통계의 역할을 설명해보자.
9. 수질오염총량제가 농도규제와 배출량규제 등과는 어떤 차이가 있는지 알아보자.
10. 수질 정책 결정에 시스템 최적화, 비용편익분석, 비용효과분석 등이 필요한 이유를 설명해보자.

제2장

수질모델

제2장 수질모델

수질모델의 정의와 특성, 용도, 개발과정 등을 공부한다. 수질모델에 필요한 물질수지원리와 확산이론을 소개하고, 자연 수체에 적용하는 기본 시스템과 이에 적합한 모델식을 유도하는 과정을 설명한다.

수질모델은 강이나 호수와 같은 자연 수체에서 일어나는 수질변화를 수식으로 정량화한 것으로 수질관리에 중요한 도구가 되고 있다. 1925년 Streeter와 Phelps가 미국 미시시피 강의 지류인 오하이오 강에서 생물화학적 산소요구량(BOD)과 용존산소(DO) 변화를 수식으로 표현한 것을 시작으로 지금까지 하천, 강, 저수지, 호수, 하구, 항만, 지하수 등 다양한 수체를 대상으로 모델이 개발되어 사용되고 있다. 특히 1980년대 이후 컴퓨터와 전산기법의 발달로 수질모델은 복잡한 자연현상을 보다 정밀하고 정확하게 표현할 수 있게 되었다. 또한 그래픽, 데이터베이스, 지리정보시스템이 결합되면서 점점 편리하고 활용도가 높은 모델로 발전하고 있다.

수질모델은 대상 수체의 수리 및 수질 특성과 요구되는 정밀도에 따라 구성이 달라진다. 또한 관리하고자 하는 수질 항목과 활용 목적에 따라 동일한 수체에 대하여 다른 유형의 모델이 개발될 수도 있다. 대상 수체에 적합한 수질모델이 개발되면 수체에서 일어나는 수질변화 과정을 정량적으로 설명할 수 있으며, 새로운 오염물질 유입으로 인한 장래의 변화를 예측하고, 자정능력을 산출하여 배출허용량을 결정함으로써 합리적인 수질관리 대책을 수립할 수 있다. 뿐만 아니라 어떤 인자가 대상 수체의 수질변화에 주요한 영향을 미치는가를 정량적으로 산출할 수 있을 뿐만 아니라 새로운 영향 인자를 찾아낼 수 있다.

수질오염총량관리제의 시행, 그리고 환경정보화 확대와 환경영향평가의 강화 등으로 인해 수질모델의 필요성은 크게 증가하고 있다. 보다 과학적이고 체계적인 수질관리가 이루어지기 위해서는 대상 수체를 적절히 표현할 수 있는 수질모델과 이를 활용할 수 있는 지식이 요구된다.

2.1 모델 기초지식

(1) 정의와 특성

수질모델은 자연 수체에서 일어나는 물리, 화학, 생물학적 현상을 분석적으로 요약(Analytical Abstraction)한 것으로 정의할 수 있다. 여기서 분석적인 요약이란 자연 현상의 모든 것을 그대로 재현하는 것이 아니라 현상 중에서 주요 부분을 체계적으로 단순화하는 것을 의미한다. 이러한 정의는 수질모델을 비롯한 모든 환경모델에 적용될 수 있다.

모델은 일반적으로 구조적인 형태를 가지는 것(Structural Model)도 있고, 개념적인 설명에 지나지 않는 경우(Conceptual Model)도 있다. 또한, 현상을 정량적으로 표현하기 위해 수식을 사용하는 경우(Mathematical Model)도 있으며 계산을 용이하게 하기 위하여 컴퓨터 프로그램으로 표현(Computer Model)하기도 한다. 수질모델은 자연 수체에서 나타나는 현상을 정량적으로 표현하는 것이 주목적이기 때문에 수식모델이나 이를 프로그램한 컴퓨터 모델의 형태를 갖는다.

수질모델의 최종 형태는 비록 수식이나 컴퓨터 프로그램 형태를 갖는다 하더라도 개발과정에는 개념적이고 구조적인 모델을 거친 후에 만들어지게 된다. [그림 2.1]에서와 같이 원형(Prototype) 또는 실체(Real System)라 부르는 자연 수체로부터 수질모델을 개발하기 위해서는 수계 구조와 수질반응을 요약화하는 구조적이고 개념적 모델과정을 거치게 된다.

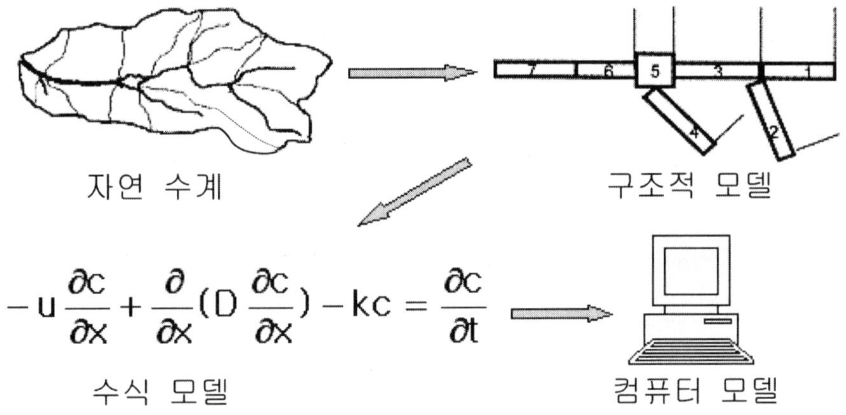

$$-u\frac{\partial c}{\partial x}+\frac{\partial}{\partial x}\left(D\frac{\partial c}{\partial x}\right)-kc=\frac{\partial c}{\partial t}$$

[그림 2.1] 수질모델의 개발과정

수질모델은 앞에서 설명하였듯이 현상을 정량적으로 표현하는 특성을 가지며(Quantification), 복잡한 자연 현상을 요약하며(Abstraction) 동시에 요약된 현상만 표현하는 선택적 재현성(Selected Representation)을 가진다. 이러한 정량성과 요약성 그리고 선택적 재현성은 수질모델 뿐만 아니라 모든 환경모델이 가지는 특성이다. 수질모델을 포함한 대부분의 환경모델은 재현하고자 하는 대상과 인자에 따라 구성이 달라지며 요구되는 정밀도와 전산능력에 따라 요약이나 재현 정도가 달라진다.

(2) 개발 원리와 용도

수질모델은 자연 수체에서 일어나는 현상을 재현하는 원리에 따라 크게 두 가지 형태로 나눈다.

하나는 일반적인 자연현상 법칙에 기초하여 모델을 개발하는 이론적인 모델(Theoretical Model)이다. 물질수지(Mass Balance)나 에너지수지(Energy Balance) 또는 운동량수지(Momentum Balance) 원리 등을 자연 수체에 적용하여 수식모델을 개발하는 것으로 결정론적 모델(Deterministic Model)이라 부르기도 한다. 대부분의 수질모델은 여기에 속하며 개발된 모델은 여러 수체에 적용할 수 있는 장점이 있다. 결정론적인 모델은 수식이 복잡한 단점이 있으며, 적용 대상 수체에서 측정한 자료로 보정하고 검증하는 단계를 거쳐야 한다.

다른 하나는 특정 수체에서 일어나는 현상을 분석하여 이를 수식으로 표현하는 경험적 모델(Empirical Model)이다. 측정 자료에 통계기법을 적용하는 것으로 수식이 간단한 장점이 있으나, 대상 수체 외에는 적용할 수 없는 단점이 있다. 이러한 방법은 수질모델에 널리 사용되지는 않으며 측정 자료에 기초하기 때문에 현상학적 모델(Phenomenological Model)이라 부르기도 한다. [그림 2.2]는 두 형태의 모델이 갖는 차이를 보여주고 있다.

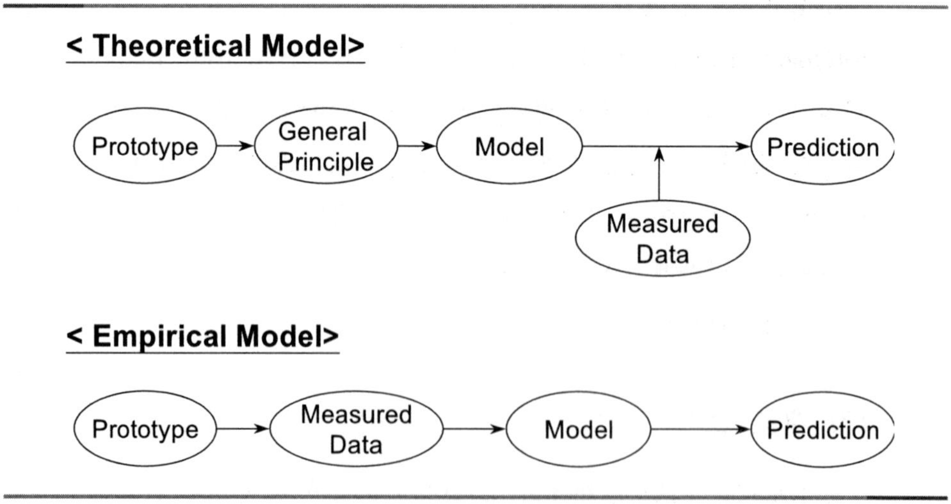

[그림 2.2] 수질모델 개발 원리

대상 수체에서 일어나는 수질변화에 적합하게 개발된 수질모델은 여러 가지 방법으로 수질관리에 활용된다. 주어진 수체의 수질변화 과정을 과학적으로 설명하고, 이를 결정하는 주요 원인을 정량적으로 규명하는 시스템 분석(System Analysis)을 할 수 있을 뿐만 아니라 미지의 영향 인자를 밝혀낼 수 있다. 또한, 오염물질 유입으로 인한 수질변화를 예측하고 자정능력을 산출하여 배출허용량 할당(Waste Load Allocation Analysis)을 할 수 있다.

(3) 개발 과정

수질모델을 개발하기 위해서는 먼저 대상 수체의 규격(Control Volume)를 결정해야 한다. 하천이나 호수에서 모델을 적용할 수역을 결정하고 체적과 형태 등을 먼저 파악한다. 다음으로는 모델에 포함될 주요 변수들을 선정하게 된다. BOD나 DO와 같은 수질뿐만 아니라 유속이나 수량과 같은 모델에 포함될 수리적 변수도 선정하게 된다. 그리고 이들을 바탕으로 수식을 유도하게 된다. 이때 수질모델의 경우 일반적으로 물질수지나 에너지수지의 원리 등이 사용된다. 다음으로 수질변화를 결정하는 수식의 해를 구하게 된다. 많은 경우 해를 쉽게 구할 수 없기 때문에 중요하지 않는 항을 무시할 수도 있으며 수치해(Numerical Solution)를 사용하기도 한다.

해를 구하게 되면 모델의 기본 골격은 이루어지게 된다. 여기에 대상 수체에서 측정된 오염원과 수질 등과 같은 자료를 이용하여 모델의 보정(Model Calibration)이 이루어진다. 보정 과정은 대상 수체에 적합한 수질반응계수 값을 찾는 것으로 대부분 시행오차를 반복하여 최적의 값을 결정하게 된다.

다음은 보정이 완료된 모델이 대상 수체의 수질변화를 적절히 예측할 수 있는지를 검증하는 과정(Model Verification)이 이루어지게 된다. 검증 과정에서는 보정에서 사용된 실측자료와는 다른 자료가 필요하다. 보정과 검증에서 사용되는 자료는 수온이나 수량 조건이 크게 다른 시기에 관측된 자료일수록 재현성이 높은 모델이 만들어진다. 보정과 검증이 완료된 모델은 시스템 분석

(System Analysis)이나 허용부하량 할당(Waste Load Allocation Analysis) 등에 사용된다. [그림 2.3]은 수질모델의 개발과 적용 순서를 제시하고 있다.

대상수체에 최적의 모델을 개발하기 위해서는 이러한 과정을 거치게 되나, 현재 일반적으로 널리 사용되는 컴퓨터 모델들은 여러 수체에 범용될 수 있는 해를 구하여 프로그램한 것이다. 이 모델들은 대상 수체의 측정자료를 이용하여 보정과 검증과정만 거친 후에 사용이 가능하게 되어 있다. 이처럼 보정 및 검증 후에 사용하는 자를 모델사용자(Model User)라 하고, 전체과정을 거치는 경우를 모델개발자(Modeler)라고 한다. 지금은 여러 가지 범용 모델이 일반화되어 개발 능력이 없는 자들도 모델을 사용하고 있다. 범용 모델을 사용하는 경우도 실제 모델이 어떠한 수식으로 구성되어 있으며 어떤 특성을 가졌는지 정확하게 파악하고 있어야 한다.

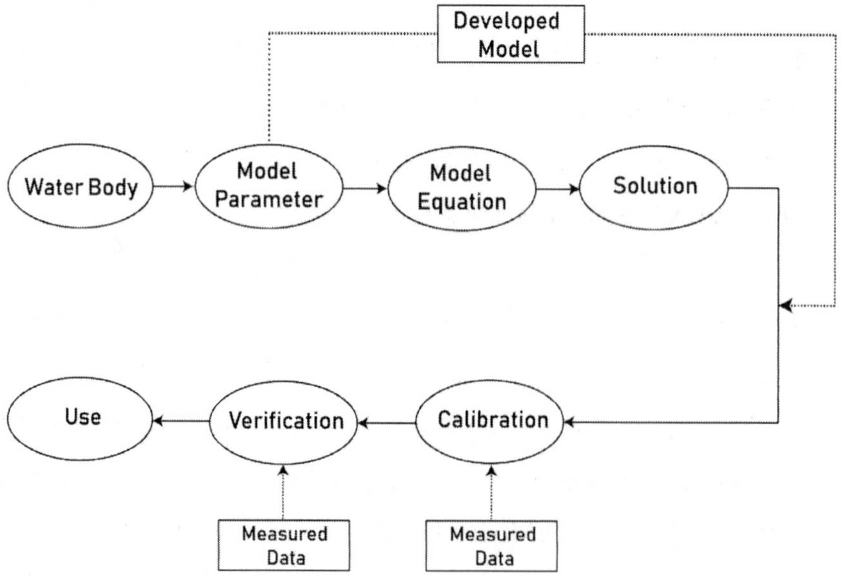

[그림 2.3] 수질모델의 개발과 적용

2.2 모델 원리

수질모델은 수체 내에서 일어나고 있는 물질 거동을 정량적으로 표현하는 이론에 기초를 두고 있다. 수체 내 물질 거동은 크게 운반(Advection)와 확산(Dispersion), 그리고 수질반응(Water Quality Reaction)으로 표현된다. 이러한 거동들은 수체의 수리 및 수질 특성에 따라 표현 방법을 달리하며 무시되기도 한다. 이를 수식으로 표현하기 위해서는 많은 경우 물질수지원리(Mass Balance Principle)를 이용하게 된다. 여기서 확산과 수질반응기작 그리고 물질수지원리와 기본 이론을 설명하고 다음 절(2.3)에서 수체 특성에 따라 이를 수식으로 표현하는 과정을 설명한다.

(1) 물질수지원리

물질수지원리는 수질모델에서 오염물질 거동에 관한 가장 기본이 되는 개념이다. [그림 2.4]에서 제시한 것과 같이 주어진 공간에 물질이 유입(Massin)되고 또한 유출($Mass_{out}$)된다고 가정하자. 공간 내에서 물질이 생물화학적으로 변화될 경우, 공간 내에서 물질의 농도는 그림에 제시한 물질 수지식으로 표현된다.

즉, 유입되는 물질량에서 유출되는 양을 빼고 공간 내에서 변화되는 양을 가감하게 되면 그곳에 남아 있는 양이 된다. 자연 수체에서 이러한 현상은 항상 시간의 함수로 나타나기 때문에 여기에 시간의 개념을 포함하게 되면 이식은 다음과 같이 간단하게 표현된다.

$$I - O \pm \Delta = A \tag{2.1}$$

여기서 I는 유입속도, O는 유출속도, △는 변화속도, 그리고 A는 시스템 내 축적되는 속도다. 이 물질수지식은 수질모델에서 가장 기본적으로 사용되는 식이다.

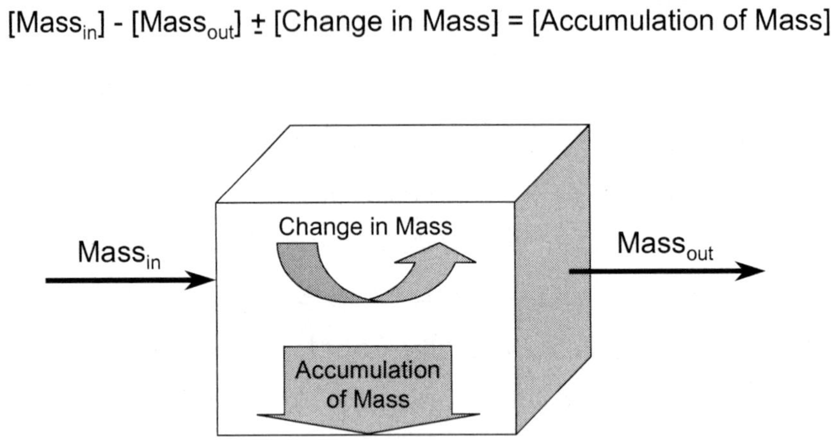

[그림 2.4] 주어진 공간의 물질수지원리

(2) 확산 현상

고요한 물 위에 잉크를 한 방울 떨어뜨렸을 경우 잉크 입자는 퍼져 나가게 된다. 잉크 입자의 이동을 브라운 운동(Brownian Movement)이라 하며 퍼져 나가는 현상을 분자확산(Molecular Diffusion)이라고 한다. 자연 수체에서는 분자확산 뿐만 아니라 수체 흐름에 의한 확산도 함께 나타나며 이를 와류확산(Turbulent Diffusion)이라고 한다. 유체의 흐름은 [그림 2.5]에서와 같이 크게 두 가지 형태로 분류할 수가 있다. 입자들이 동일한 속도로 흐를 경우 이를 라미나 흐름(Laminar Flow)이라 하고, 입자들의 속도가 각각 다를 경우 와류 흐름(Turbulent Flow)이라고 한다. 자연 수체에서는 라마나 흐름은 찾아보기 힘들며 대부분 와류 흐름이 이루어지기 때문에 확산현상은 와류에 의해서도 이루어진다. 와류흐름에 의한 확산을 와류확산이라고 한다. 자연 수체내에서는 분자확산과 와류확산이 동시에 일어나며 이를 합하여 확산(Dispersion : Diffusion과 비교)이라 한다.

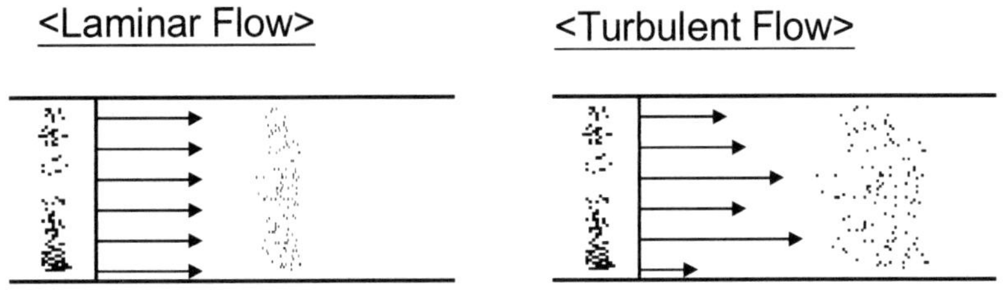

[그림 2.5] 분자확산과 와류확산

확산현상을 처음 수식으로 표현한 사람은 1855년 독일의 생리학자 Adolf Fick으로 다음과 같이 표현했다. "확산 속도는 농도구배에 비례한다(The mass of a solute crossing a unit area per unit time in a given direction is proportional to the gradient of solute in that direction)." 이를 수식으로 표현하면 다음과 같이 표현되며 이를 픽의 법칙(Fick's Law)이라 부른다. 수질모델에서는 분자확산과 와류확산을 합한 확산을 픽의 법칙으로 표현한다.

$$E = -D\frac{dC}{dx} \tag{2.2}$$

여기서 E는 확산속도(M/L^2T), D는 확산계수(L^2/T), C는 농도(M/L^3) 그리고 x는 거리(L)다. 픽의 법칙은 현재 확산이 고려되는 모든 수질모델에서 적용되고 있다.

(3) 수질반응

수질반응은 크게 물리적, 화학적, 생물학적 반응으로 분류된다. 물리적 반응은 물질 자체는 변화가 없으며 단지 위치만 변하는 것을 말하며, 휘발(Volatilization)이나 침강(Sedimentation) 등이 여기에 속한다. 이러한 물리적 반응이 일어날 경우 오염물질 자체는 다른 물질로 변화하지 않더라도 수체에서 농도가 변화하기 때문에 수질변화에서는 주요하게 고려된다. 화학적 반응은 오염물질이 다른 물질로 바뀌는 것으로 광분해(Photolysis), 가수분해(Hydrolysis), 침전(Precipitation) 등이 여기에 속한다. 생물학적 반응은 박테리아나 곰팡이 등과 같이 미생물이 물질을 변화시키는 것으로 생분해(Biolysis) 현상이 여기에 속한다. 수질반응에서 주목할 사항은 앞에서 설명한 대부분의 반응이 일차반응으로 설명된다는 점이다. 다시 말하면 반응속도가 물질의 농도에 비례한다. 수질모델에 포함된 많은 수질반응들이 일차반응으로 표현되어 있다. 주요 수질반응에 관해서는 제5장에서 설명한다.

2.3 기본 시스템

수질모델은 일반적으로 다음 세 가지 기본 시스템에 기초하고 있다. 이들 기본 시스템은 물질의 유입과 유출 그리고 혼합 과정은 각각 다르지만 수질반응기작은 모두 동일하다. 세 가지 기본 시스템은 자연 수체에서 나타나는 수질변화를 가장 간단하게 표현하고 있다.

(1) 회분반응계

회분반응계(Batch System)는 [그림 2.6 왼쪽]과 같이 유입과 유출이 없으며

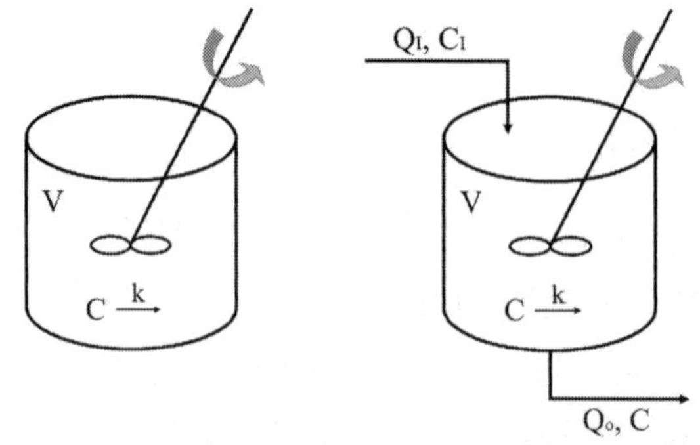

[그림 2.6] 회분반응계와 완전혼합계

시스템 내에 물질변화만 일어나는 것이다. 또한, 시스템 내에서 완전혼합이 이루어지는 것을 가정하기 때문에 모든 공간에서 동일한 농도를 나타낸다. 회분반응계에 물질수지식을 적용하면 다음 식으로 표현된다.

$$-kVC = V\frac{dC}{dt} \tag{2.3}$$

여기서 C는 반응계의 물질농도, V는 부피, k는 반응속도 그리고 t는 시간이다. 이 식은 반응계의 초기농도가 C_o일 때 다음과 같은 해를 갖는다.

$$C = C_o e^{-kt} \tag{2.4}$$

회분반응계는 유입수와 유출수가 없는 연못에서 시간에 따라 나타나는 수질변화나 수조 실험에서 일어나는 현상 등을 표현할 때 적용할 수 있다. 그 외에도 BOD 병에서 유기물이 분해되는 과정이나 퇴적물 산소요구량(SOD) 측정 챔버(Chamber) 내에서 용존산소 변화 과정을 표현하는 등 가장 간단한 시스템이나 여러 가지 자연현상에 적용할 수 있다. 반응차수가 다를 때는 아래 표와 같이 해를 달리하며 실측값을 이용하여 반응계수를 구할 때 [표 2.1]에 제시된 선형식을 이용하게 된다.

[표 2.1] 반응차수에 따른 식과 해

반응차수	기본식	해	선형식
0차 반응	$\frac{dC}{dt} = -k$	$C = C_o - kt$	$C = C_o - kt$
1차 반응	$\frac{dC}{dt} = -kC$	$C = C_o e^{-kt}$	$\ln C = \ln C_o - kt$
2차 반응	$\frac{dC}{dt} = -kC^2$	$C = \frac{C_o}{1 + C_o kt}$	$\frac{1}{C} = \frac{1}{C_o} + kt$
n차 반응 (n≠1)	$\frac{dC}{dt} = -kC^n$	$C = \frac{C_o}{[1+(n-1)kC_o^{n-1}t]^{1/(n-1)}}$	$\frac{1}{C^{n-1}} = \frac{1}{C_o^{n-1}} + (n-1)kt$

(2) 완전혼합계

완전혼합계(CMF System : Completely Mixed Flow 또는 CSTR : Completely Stirred Tank Reactor)는 회분반응계에 유입과 유출이 첨가된 경우다[그림 2.6 오른쪽].

완전혼합계에 물질수지식을 적용하면 다음 식으로 표현된다.

$$C_I Q_I - C Q_o - kVC = V\frac{dC}{dt} \tag{2.5}$$

여기서 Q_I은 유입수량, Q_o는 유출수량 그리고 C_I는 유입농도다. 유입수량과 유출수량이 Q와 같다고 가정하고 체류시간을 t_d(=V/Q)라고 하면, 위의 식은 다음과 같이 풀이된다.

$$C = (C_o - \frac{1}{1+kt_d} C_I) e^{-(\frac{1}{t_d}+k)t} + \frac{1}{1+kt_d} C_I \tag{2.6}$$

완전혼합계에서 항상 같은 농도를 가진 일정한 양의 물이 유입될 경우 시스템내의 수질은 시간에 관계없이 정상상태(Steady-State)를 유지하게 된다. 이때 식의 해는 다음과 같다.

$$C = \frac{1}{1+kt_d} C_I \tag{2.7}$$

완전혼합계는 유입 유출이 있는 호수나 저수지의 수질변화 현상을 표현할 수 있으며 이와 유사한 물질 이동이 예상되는 수체에 적용될 수 있다.

시스템 내에 동일한 수질이 가정되기 때문에 비교적 작은 체적을 가진 수체에 적용되나 강이나 흐름축이 긴 호수에서도 여러 개의 혼합계로 나누어 적용할 수 있다. 예를 들어 [그림 2.7]과 같이 동일한 체적을 갖는 완전혼합계가 연결되고 정상상태가 유지되는 것으로 가정할 경우 각 혼합계에서 나타나는 수질은 다음과 같이 표현된다.

$$C_1 = \frac{1}{1+kt_d} C_I\ ,\ C_2 = \frac{1}{1+kt_d} C_1 = (\frac{1}{1+kt_d})^2 C_I\ ,$$

$$\cdots,\quad C_n = (\frac{1}{1+kt_d})^n C_I \qquad (2.8)$$

이처럼 흐름이 있는 하천이나 호수를 같은 크기의 혼합조가 연결된 것으로 모델을 구성하는 방법을 반응조 나열법(CIS : Cell-In-Series)이라 한다.

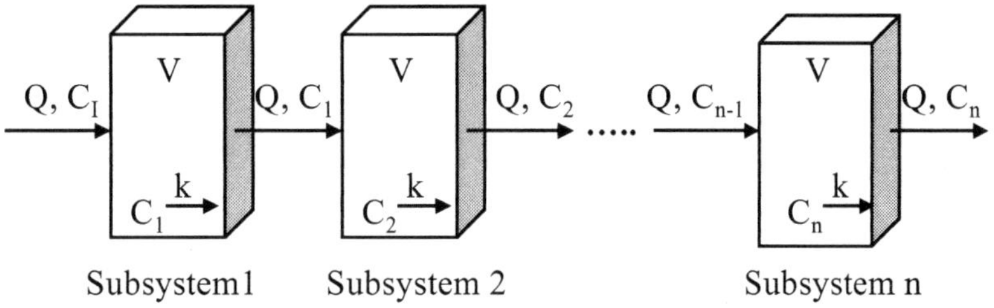

[그림 2.7] 반응조 나열법

미분방정식 해 구하기(Heuristic Solution)

유입유량과 유출유량이 동일한 Q이면, 식 2.5는 다음과 같이 표현된다.

$$QC_I - QC - kVC = V\frac{dC}{dt}$$

이 식은 아래와 같이 미분방정식 일반 형태로 정리된다.

$$\frac{dC}{dt} + (\frac{Q}{V} + k)C = \frac{Q}{V}C_I$$

$$\frac{dy}{dt}+\alpha y=\beta \qquad (\frac{Q}{V}+k=\alpha,\ \frac{Q}{V}C_I=\beta,\ C=y)$$

위와 같은 형태의 미분방정식의 해를 다음과 같은 해를 갖는다.

$$C = C_h\ (\text{homogeneous})\ +\ C_c\ (\text{complementary})$$

이 중 C_h는 다음과 아래와 같은 해를 가지며

$C_h = Ae^{-mt}$, 이는 $\frac{dC}{dt}+\alpha C=0$ 조건을 만족시키며 C_c는 상수이다.

$$\therefore\ -mAe^{-mt}+\alpha Ae^{-mt}=0,\ (\alpha-m)Ae^{-mt}=0$$

$\alpha=m,\quad C_h = Ae^{-\alpha t}\quad C_c$=B 라 두면

$$\frac{dC}{dt}+\alpha C=\beta,\ \frac{dC}{dt}=0,\ \alpha B=\beta \qquad C=C_h+C_c=Ae^{-\alpha t}+\frac{\beta}{\alpha}$$

초기조건 : C = C_0, t=0

$$C_0 = A+\frac{\beta}{\alpha}\ ,\quad A=C_0-\frac{\beta}{\alpha}$$

따라서 $C=(C_0-\frac{\beta}{\alpha})e^{-\alpha t}+\frac{\beta}{\alpha}$

최종 해는 다음과 같다.

$$C=\left(C_0-\frac{(Q/V)}{(Q/V)+k}\times C_I\right)e^{-(\frac{Q}{V}+k)t}+\frac{(Q/V)C_I}{(Q/V)+k}$$

$$=\left(C_0-\frac{1}{(\frac{1}{t_d}+k)td}C_I\right)e^{-(\frac{1}{t_d}+k)t}+\frac{\frac{1}{t_d}\times C_I}{(\frac{1}{t_d}+k)}$$

$$=(C_0-\frac{1}{1+kt_d}C_I)e^{-(\frac{1}{t_d}+k)t}+\frac{1}{1+kt_d}C_I$$

(3) 플럭흐름계

플럭흐름계(PF System : Plug Flow)는 앞에서 설명한 두 시스템과는 달리 시스템 내에서 완전혼합이 이루어지지 않는다. [그림 2.8]에서와 같이 물이 흘러가면서 반응이 일어나기 때문에 거리에 따라 수질이 변화한다.

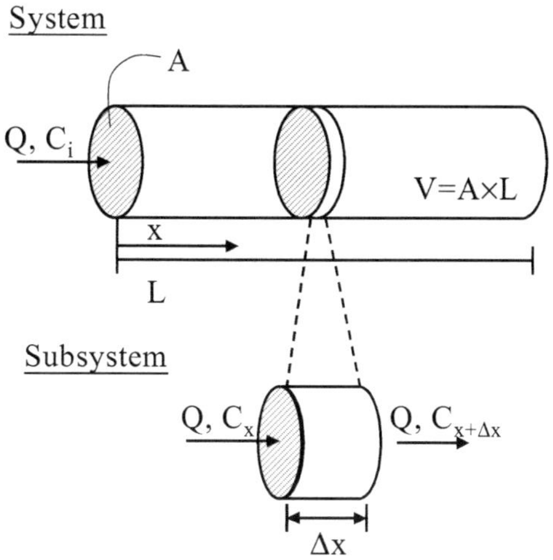

[그림 2.8] 플럭흐름계

플럭흐름계에 물질수지식을 적용하기 위해서는 [그림 2.8]와 같이 동일한 수질을 갖는 작은 조각(Subsystem)을 가정하고 물질수지를 고려하면 다음과 같은 식이 유도된다.

$$QC_x - QC_{x+\Delta x} - kC_x \Delta V = \Delta V \frac{dC}{dt} \tag{2.9}$$

$$-\frac{Q}{A}\left(\frac{C_{x+\Delta x} - C_x}{\Delta x}\right) - kC_x = \frac{dC}{dt} \tag{2.10}$$

양변에 $\lim\limits_{\Delta x \to 0}$을 취하고, $u = \frac{Q}{A}$을 적용하면,

$$-u\frac{\partial C}{\partial x} - kC = \frac{\partial C}{\partial t} \tag{2.11}$$

이식에서 정상상태를 가정하고 풀이하면 다음 해가 유도된다.

$$C = C_0 e^{-k\frac{x}{u}} = C_0 e^{-kt^*} \tag{2.12}$$

여기서 C_0는 x=0일 때의 농도, t^*는 유하시간(Travel Time)이다.

지금까지 설명한 플럭흐름계는 확산현상이 무시된 것으로 정상상태일 경우 하천 상류에서 연속적으로 유입되는 물질이 유하과정에서 변화되는 수질을 예측할 때 사용될 수 있다. 플럭흐름계에서 확산현상을 고려하여 물질수지원리를 적용하면 [그림 2.9]와 같이 수체 조각에서 다음과 같은 식이 유도된다.

$$QC_x - QC_{x+\Delta x} + E_x A - E_{x+\Delta x} A - kC_x V = V\frac{dC}{dt} \tag{2.13}$$

$$-\frac{Q}{A}\left(\frac{C_{x+\Delta x} - C_x}{\Delta x}\right) - \frac{E_{x+\Delta x} - E_x}{\Delta x} - kC_x = \frac{dC}{dt} \tag{2.14}$$

$\lim_{\Delta x \to 0}$ 을 취하고, $u = \dfrac{Q}{A}$ 을 적용하면,

$$-u\frac{\partial C}{\partial x} - \frac{\partial E}{\partial x} - kC = \frac{\partial C}{\partial t} \tag{2.15}$$

여기에 다시 픽의 법칙을 적용하면 다음과 같은 식이 된다.

$$-u\frac{\partial C}{\partial x} + \frac{\partial}{\partial x}\left(D\frac{\partial C}{\partial x}\right) - kC = \frac{\partial C}{\partial t} \tag{2.16}$$

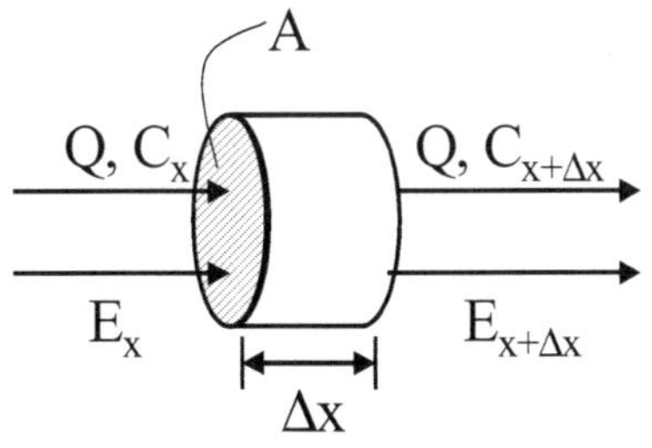

[그림 2.9] 확산이 있는 플럭흐름계

이는 1차원 운반확산식(One Dimensional Advection Dispersion Equation)이며 3차원으로 확대하면 다음 식으로 표현된다.

$$\begin{aligned} &-u\frac{\partial C}{\partial x} - v\frac{\partial C}{\partial y} - w\frac{\partial C}{\partial z} + \frac{\partial}{\partial x}\left(D_x\frac{\partial C}{\partial x}\right) \\ &+ \frac{\partial}{\partial y}\left(D_y\frac{\partial C}{\partial y}\right) + \frac{\partial}{\partial z}\left(D_z\frac{\partial C}{\partial z}\right) - kC = \frac{\partial C}{\partial t} \end{aligned} \tag{2.17}$$

3차원 운반확산식은 수질모델에서 기본이 되는 식으로 수체특성에 따라 구성을 달리하여 사용된다. 1차원 운반확산식은 하폭이 좁은 하천에서 유하거리에 따른 수질변화를 예측하는데 사용될 수 있다.

O'Connor(1960)는 식 2.16의 정상상태의 해를 다음과 같이 구하여 하천에 유입되는 하수처리장 방류수의 수질을 예측하였다.

$$\text{if} \quad x \leqq 0, \quad C = \frac{Q_w C_w}{Q_r \sqrt{1 + \frac{4kD}{u^2}}} exp[\frac{u}{2D}(1 + \sqrt{1 + \frac{4kD}{u^2}})] \qquad (2.18)$$

$$\text{if} \quad x \geqq 0, \quad C = \frac{Q_w C_w}{Q_r \sqrt{1 + \frac{4kD}{u^2}}} exp[\frac{u}{2D}(1 - \sqrt{1 + \frac{4kD}{u^2}})] \qquad (2.19)$$

시변화 상태일 경우 다음과 같은 해를 갖는다.

$$\text{if} \quad k \neq 0, \quad C = \frac{M}{2A\sqrt{\pi Dt}} exp[\frac{-(x-ut)^2}{4Dt} - kt] \qquad (2.20)$$

$$\text{if} \quad k = 0, \quad C = \frac{M}{2A\sqrt{\pi Dt}} exp[\frac{-(x-ut)^2}{4Dt}] \qquad (2.21)$$

미분방적식 해 구하기(Heuristic Solution)

식 2.16에서 정상 상태를 가정하고 정리하면 다음과 같다.

$$\frac{d^2C}{dx^2} - \frac{u}{D}\frac{dC}{dx} - \frac{kC}{D} = 0$$

이 식의 해는 다음과 같은 형태의 해를 갖는다.

$$C = Ae^{mx}$$

경계조건은 다음과 같으며

$$x = 0 \quad \rightarrow \quad C = C_0, \quad A = C_0$$

위의 해를 미분하면 다음과 같다.

$$\frac{dC}{dx} = Ame^{mx}, \qquad \frac{d^2C}{dx^2} = Am^2e^{mx}$$

따라서 위의 미분방정식은 다음과 같이 정리된다.

$$Am^2e^{mx} - \frac{u}{D}Ame^{mx} - \frac{k}{D}Ae^{mx} = 0$$

$$Ae^{mx}(m^2 - \frac{u}{D}m - \frac{k}{D}) = 0$$

$$m^2 - \alpha m - \beta = 0, \quad m = \frac{\alpha \pm \sqrt{\alpha^2 + 4\beta}}{2}$$

여기서 m을 구하여 대입하면 다음과 같다.

$$m_1 = \frac{\frac{u}{D} + \sqrt{\frac{u^2}{D^2} + 4\frac{k}{D}}}{2} = \frac{\frac{u}{D} + \sqrt{\frac{u^2 + 4kD}{D^2}}}{2} = \frac{u}{2D}\left(1 + \sqrt{\frac{1 + 4kD}{u^2}}\right)$$

$$m_2 = \frac{\frac{u}{D} - \sqrt{\frac{u^2}{D^2} - 4\frac{k}{D}}}{2} = \frac{\frac{u}{D} - \sqrt{\frac{u^2 + 4kD}{D^2}}}{2} = \frac{u}{2D}\left(1 - \sqrt{\frac{1 + 4kD}{u^2}}\right)$$

2.4 시공간적 차원

수질모델의 공간적 차원은 종방향(Longitudinal), 횡방향(Lateral), 그리고 연직방향(Vertical)으로 구분된다. 일반적으로 하천은 하폭이 좁을 경우 종방향 1차원 모델, 폭이 넓고 양안으로부터 유입원이 있는 강의 경우 종방향과 횡방향을 고려한 2차원 모델, 여기에 수심까지 깊을 경우 연직방향을 고려한 3차원 모델을 적용한다. 호수는 수심에 따른 수질변화가 크기 때문에 대부분 연직방향을 고려하고 있으며, 연직 1차원 모델에서부터 3차원에 이르기까지 수체 크기와 모양에 따라 다양하다[그림 2.10].

시간에 따른 수질변화의 유무에 따라 정상상태(Steady-State)와 시변화 상태(Time Variable, Dynamic, Temporal) 모델로 나누어진다. 하천이나 강은 강우현상이나 사고에 의한 오염물질의 일시적 유입과 같은 경우를 제외하면 대부분 정상상태 모델이 적용되고, 호수는 수체가 크지 않은 경우 대부분 공간적 수질변화가 없고 연중 수질변화가 크기 때문에 무차원 시변화 모델이 주로 적용된다. 하구와 항만 등에서는 조석현상으로 인하여 주로 2차원 또는 3차원 시변화 모델이 적용된다. 보다 자세한 내용은 제6장, 제7장, 제8장에 기술된 하천과 강, 하구와 항만, 호수와 저수지 모델을 참고하길 바란다.

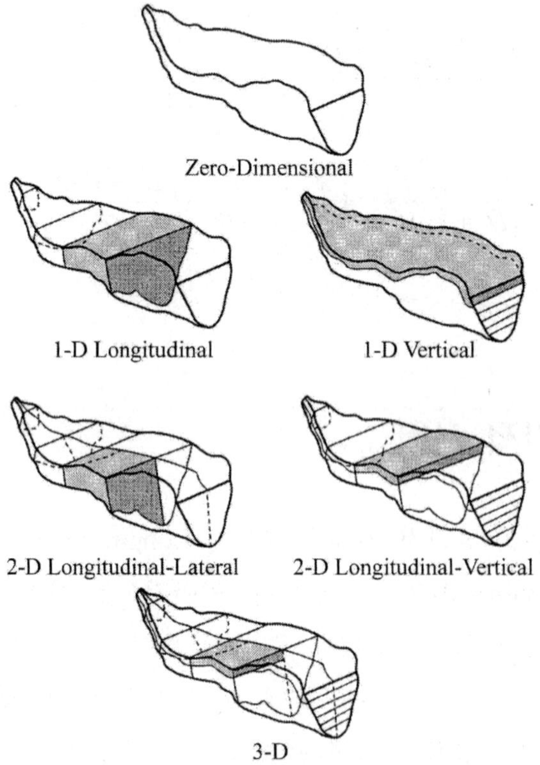

[그림 2.10] 모델의 시공간적 차원

>>> 내용정리

1. 수질모델의 특성을 고찰해 보고 원형(Prototype)와 모델(Model)의 차이점을 설명해 보자.
2. 이론적인 모델과 경험적인 모델의 개발 원리를 비교해 보고 사용시 나타나는 장점과 단점을 고찰해 보자.
3. 물질수지원리를 설명하고 수질모델에 어떻게 활용되는지 알아보자.
4. 수질모델이 개발되어 사용되는 과정을 순서대로 설명해 보자.
5. 분자확산과 와류확산의 차이점과 자연 수체에서 나타나는 확산현상을 비교 설명해 보자.
6. Fick's Law를 설명하고 수식으로 표현해 보자.
7. 회분반응계와 완전혼합계의 차이점을 설명해 보자.
8. 확산을 고려한 플럭흐름계에서 물질수지식을 유도해 보자.
9. 기본 시스템을 적용할 수 있는 자연 수체를 열거하고 특성을 비교해 보자.
10. 모델의 시공간적 차원을 적용 대상 수체를 예로 들어 설명해보자.

제3장

자료 조사 및 분석

제3장 자료 조사 및 분석

자연 수체에서 일어나는 현상을 보다 정확하게 관측할 수 있는 현장 조사 및 자료 분석 방법을 공부한다. 여기서 다루는 주요 자료는 수질관리와 모델적용에 필요한 지형자료, 수리수문자료, 수질자료 등이다.

자연 수체의 수질을 관리하고 모델을 적용하기 위해서는 수심, 하폭, 유하거리, 수표면적, 유역면적 등과 같은 지형자료와 유속, 유량, 저수량, 체류시간 등과 같은 물의 흐름과 양에 관한 수리·수문 자료가 필요하다. 또한 대상 수계의 수질과 유역의 오염원 등 수질현상에 관련된 자료들이 모델 보정과 검증 과정에 필요하다.

지형자료 중에서 유역면적이나 하천의 최장 길이처럼 항상 일정한 값을 갖는 것도 있지만, 하폭, 수심, 통수 단면적 등과 같이 상류에서 하류로 가면서 계속 변하는 것도 있다. 변하는 지형자료는 보통 유사한 구간으로 나누어 구갈별 평균 자료를 사용하게 된다. 시공간적으로 변화무쌍한 자연을 모델하기 위해서는 보다 상세하고 정확한 현장 자료가 뒷받침 되어야 한다.

수리·수문 자료 또한 지형자료의 변화와 함께 시공간적으로 계속 변하기 때문에 유사한 구간으로 나누어 평균 자료를 사용한다. 일반적으로 수리·수문 자료는 홍수 방지와 가뭄 극복을 위하여 국가 기관에서 오래전부터 조사 기록해 오고 있는 것으로 수질관리에도 요긴하게 활용될 수 있다. 수질관리에는 주로 저수기나 갈수기와 같이 수량이 적고 수질이 좋지 않은 시기에 나타나는 자료를 사용하게 된다.

수질관리와 모델 적용에 가장 중요한 것이 수질자료다. 과거에 측정된 자료를 이용하기도 하지만 모델을 보다 정확하게 보정하고 검증하기 위해서는 앞서 논의된 지형이나 수리수문자료와 같은 시기에 관측된 수질자료를 필요로 한다. 뿐만 아니라 수질자료에서 무엇보다 중요한 것은 대상 수계를 대표할 수 있는 지점과 적절한 시기에 관측하는 것이다. 수질은 항목에 따라 현장에서 관측이 이루어지기도 하고 물을 채취해 실험실에서 분석해야 하는 것도 있다. 최근에는 분석기술이 발달하여 현장에서 실시간으로 매우 정확하게 측정할 수 있는 항목이 늘어남에 따라 수질관리와 모델의 정확성을 더욱 향상시켜 주고 있다.

수질관리에 필요한 대부분의 자료들은 국가기관에서 정기적으로 조사해 두고 있으나 경우에 따라서는 현장에서 직접 조사해야 한다. 또 기존에 조사된 자료를 활용할 때에도 관련 기초이론을 숙지하고 있어야 한다. 따라서 자료조사 및 분석을 이해하는 것은 수질관리와 모델 적용에 반드시 필요하다.

3.1 지형 자료

하천이나 강과 같이 물살의 힘이 가해지는 자연 수체는 침식과 퇴적으로 지형변화는 끊임없이 일어나기 마련이다. 또한, 교량이나 도로 건설, 수변 매립이나 준설 등과 같은 인공적인 토목공사에 의해서도 지형 변화가 일어나기도 한다. 수계에서 일어나는 수량과 수질 변화를 보다 잘 이해하고 관리하기 위해서는 이러한 지형변화를 정기적으로 조사하여 기록해둬야 한다.

(1) 하폭과 수심

소형 하천의 경우 하폭을 측정하기 위해서는 줄자를 이용하는 것이 일반적이다. 하지만 하폭이 수십 미터를 넘는 경우는 삼각법(Triangular Method)을 이용하여 구하게 된다. 현장에서 각도(Θ)와 거리(X)를 측정하여 다음 식을 이용하여 하폭(W)을 구한다[그림 3.1]. 그러나 한강 하구와 같이 삼각법도 적용하기 어려울 만큼 폭이 넓은 경우는 항공사진이나 위성사진을 분석하는 원격탐사기술(Remote Sensing Technique)을 사용하기도 한다.

$$W = X \cdot \tan\theta \tag{3.1}$$

얕은 하천은 막대자를 이용하여 수심을 측정할 수 있으나 사람이 들어갈 수 없을 만큼 깊은 강이나 호수는 보트를 타고 추를 단 줄자로 측정이 가능하다. 하지만 줄자의 경우 유속 흐름이나 보트가 일정한 곳에 머무르지 않기 때문에 많은 오차가 발생할 수 있다. 이러한 문제점을 보완해 줄 수 있는 것이 수중 음파탐지기(Sonar)를 이용하는 방법이다[그림 3.1]. 이 방법은 음파탐지기의 센서를 수면에 접하면 발생한 음파가 강이나 호수 바닥에서 반사되어 올 때까지 걸리는 시간을 거리로 환산하는 것으로 비교적 정확한 수심을 구할 수 있다.

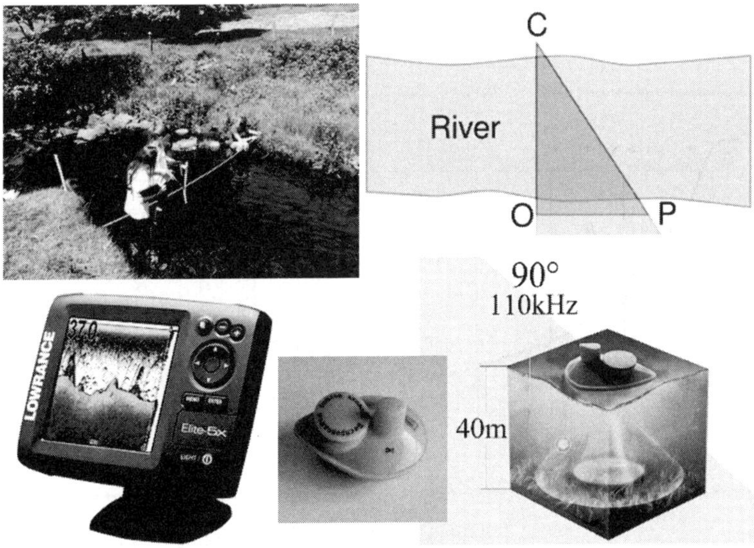

[그림 3.1] 하폭(줄자 및 삼각법) 및 수심(음파탐지기) 측정

(2) 평균 수심과 단면적

하천이나 강의 횡폭 방향 평균 수심을 구하기 위하여 측정 수심을 산술 평균하는 경우가 간혹 있다. 하지만 이는 잘못된 방법으로 주어진 폭의 수심을 대표하는 평균 수심이 될 수 없다. 수로 단면적을 먼저 구한 다음 이를 횡폭의 너비로 나누어 계산해야 한다. 단면적은 아래 그림과 같이 하천을 하폭 방향으로 나누어 각 조각의 단면적을 합하여 구하게 된다. 이때 가능하여 하상의 불규칙한 지형을 고려하여 조각을 나누는 것이 필요하다.

$$A = \Sigma A_i \tag{3.2}$$

평균 수심(H)은 측정한 여러 수심을 산술 평균하는 것이 아니라, 다음 식3.3과 같이 먼저 구한 단면적을 하폭(W)으로 나눔으로써 보다 정확한 값이 얻어진다.

$$H = \frac{A}{W} \tag{3.3}$$

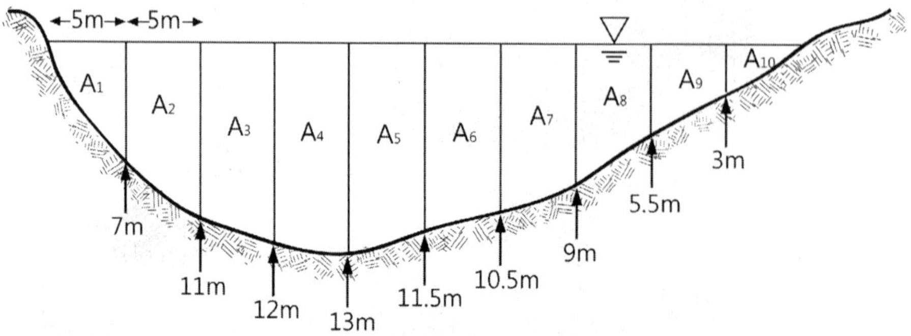

[그림 3.2] 하천 단면적 구하는 방법

(3) 유역 및 수표 면적

유역 면적(Drainage Area)은 대상 수계의 수문 현상을 파악하고 비점오염물질 발생량을 산출하는데 필요한 자료다. 유역을 [그림 3.3]과 같이 소유역으로 구분하기도 하고 산림, 농지, 도시 지역과 같이 토지 이용도별로 나누어 면적을 구하기도 한다. 과거에는 유역 면적을 구할 때 일반적으로 지도의 등고선을 이용하여 유역경계를 구분하고 구적계(Planimeter)를 이용하기도 했다. 최근에는 대부분의 경우 디지털 지도(DEM : Digital Elevation Model)가 구축되어 있기 때문에 DEM 자료를 통하여 쉽게 유역 면적을 구하고 표고분석이나 경사 분석이 가능하다. 또한 위성사진을 이용하여 유역의 토지 이용도나 계절에 따른 토지 피복 변화를 구할 수 있다. 수면이 넓은 하천이나 호수의 수표면적을 구할 때에도 이와 유사한 방법이 사용될 수 있다.

일정 구간의 하천 거리는 현장에서 직접 거리 측정기(Trail Distance Gage)를 이용하거나 지도상에서 이와 유사한 측정기로 구하기도 한다[그림 3.3]. 또

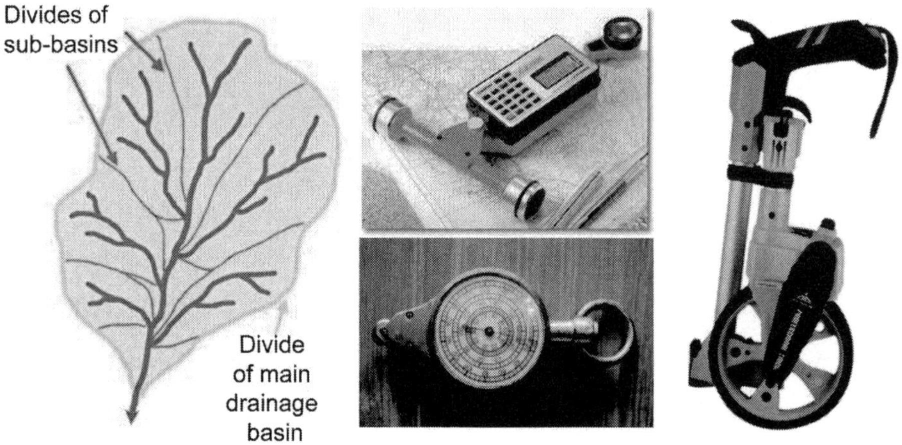

[그림 3.3] 유역 구분과 측량 도구(구적계와 거리 측정기)

한 호수의 호안도 동일한 방법으로 구할 수 있다. 보다 정확한 방법은 항공사진이나 위성사진을 측량하거나 DEM(Digital Elevation Map) 자료를 분석하여 구하는 것이다.

3.2 수리·수문자료

(1) 유속과 유량

유속을 구하기 위해서는 여러 가지 방법이 사용될 수 있다. 첫 번째는 유속계로 직접 측정하는 방법이다. 유속계는 프로펠러를 이용하는 방법과 초음파나 자석을 이용하는 방법이 있다. 유속이 미약할 경우는 프로펠러가 움직이지 않는 경우가 많고 오차가 크기 때문에 최근에는 자석이나 초음파를 주로 사용한다. 자연 수체의 경우 바닥이나 대기와의 마찰로 인하여 유속은 수심에 따라 다르게 나타난다. 일반적으로 수심이 30cm 이내인 경우는 수심의 60% 깊이에서 측정한 값이 수직평균 유속을 나타내고, 그 이상인 경우 수심의 20%와 80%되는 지점에서 유속을 측정하여 평균하여 수직평균 유속을 구한다[그림 3.4].

실측하지 않고 다음 Manning 식을 이용하여 유속을 구할 수도 있다. 이때 구한 유속은 수로의 평균 유속을 나타낸다.

$$V = \frac{1}{n} R_h^{2/3} S_o^{1/2} \tag{3.4}$$

여기서 n은 Manning의 조도계수이고, R_h는 수리반경(Hydraulic Radius, =A/p)이다. 또 A는 단면적이며 p는 습윤장(Wetted Perimeter: 물이 차 있는 하천 바닥 폭과 측면 높이를 합한 거리)이다.

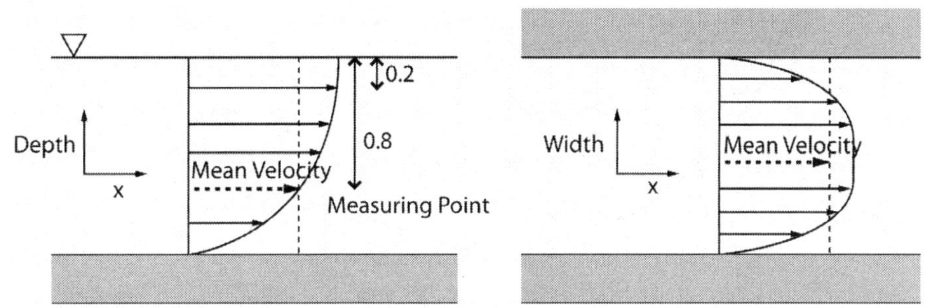

[그림 3.4] 하천에서 유속 분포와 수직 평균유속 산출 측정 지점

수심이 얕은 수로의 평균 유속은 부자(Floating Material)를 이용하여 구할 수도 있다. 흐르는 물에 부자를 띄워 놓고 주어진 지점까지 흘러간 시간을 측정하여 다음 식으로 구한다.

$$V = \frac{d}{(1.2t)} \tag{3.5}$$

여기서 d는 거리, t는 유하시간, 이때 1.2 t로 하는 이유는 부자는 수로에서 빠른 속도로 움직이는 수체와 함께 이동하기 때문에 경험적으로 이 값을 적용한다.

유량은 일반적으로 [그림 3.5]와 같이 하천을 여러 개의 흐름 조각(Stream Tube)으로 나누고 각 흐름 조각의 유량을 단면적과 유속을 곱하여 구한 다음 모두 합하여 전체 유량을 구한다.

$$Q = \Sigma A_i \cdot V_i \tag{3.6}$$

여기서 A_i와 V_i는 각각 i번째 조각의 단면적과 유속이다.

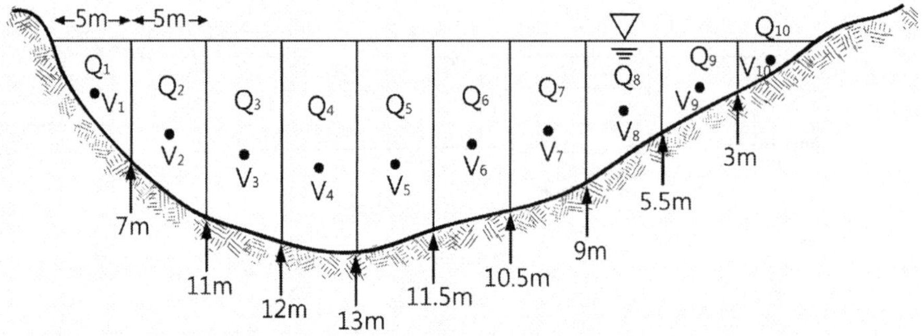

[그림 3.5] 유속과 지형을 이용한 유량 계산법

그 외 하천에 보(Weir)가 위치하고 있을 경우 [그림 3.6]와 같이 보를 넘는 수위를 측정하여 유량을 환산할 수 있으며, 수위를 자동으로 연속 기록하여 실시간 유량 변화를 구할 수도 있다.

[그림 3.6] 보를 이용한 하천 유량 측정

또 아래 식을 이용한 하천 지형자료 사다리꼴 방법(Trapezoidal Method)으로 구할 수 있다.

$$Q = \frac{1}{n} \frac{[(B_0 + sy)y]^{5/3}}{(B_0 + 2y\sqrt{s^2+1})^{2/3}} S_o^{1/2} \tag{3.7}$$

여기서 B_o는 하천 바닥 폭, s는 측면 기울기, y는 수심, 나머지는 Manning 식의 항과 동일하다.

하천에서 평균 유속(V)을 구하기 위하여 측정 유속을 산술 평균하는 경우가 있으나 이는 잘못된 방법으로 대상 수체를 대표하는 평균 유속이 될 수 없다. 유량을 먼저 구한 다음 이를 단면적으로 나누면 평균 유속이 된다.

$$V = \frac{Q}{A} \tag{3.8}$$

(2) 유하시간과 체류시간

주어진 하천 구간에서 유하시간(Travel Time : T_r)은 일반적으로 추적자(Tracer)를 이용하여 구한다. 이때 추적자는 생태계에 독성을 나타내지 말아야 하며 현장 조사기간 동안 분해되어서는 안 된다. 또한 낮은 농도도 쉽게 측정이 가능하여야 하기 때문에 형광이 있는 염료를 사용한다. 주로 사용되는 물질은 Rhodamine-A, Cl^-, 전기전도도 등이다.

구간 평균 유속(u)과 유량은 다음 식으로 구한다.

$$u = \frac{d}{T_r} \tag{3.9}$$

$$Q_{av} = u\frac{(A_1 + A_2)}{2} \tag{3.10}$$

여기서 Q_{av}는 하천 구간 내 평균 유량, A_1과 A_1는 구간 시작과 끝 지점의 통수 단면적이다.

호수의 경우 하천과는 달리 수체 내에 머물러 있는 시간을 체류시간(T_d : Detention Time 또는 Retention Time)이라 부르며 항상 일정량의 유입과 유출 수량이 있을 경우 다음과 같은 식으로 정의된다.

$$T_d = \frac{V}{Q} \tag{3.11}$$

여기서 V는 호수 체적, Q는 유입 또는 유출 수량이다.

(3) 확산계수

수체 내에서 오염물질이 확산되는 과정은 현장에서 염료 실험을 통하여 구할 수 있다. 상류에서 투입한 염료는 하류로 흘러가면서 [그림 3.7]에서와 같이 확산된다. 현장의 농도 분포를 측정하고 두 지점의 분산을 이용하여 다음과 같은 식으로 구할 수 있다.

$$D = \frac{u^2}{2}\left(\frac{\sigma_{t_2}^2 - \sigma_{t_1}^2}{t_2 - t_1}\right) \tag{3.12}$$

여기서 D는 확산계수, σ^2는 주어진 지점에서 관측된 자료의 표준편차, t_1과 t_2는 유하시간이다.

이러한 현장 실험은 비용과 시간이 많이 들기 때문에 일반적으로 각 수체의 유속과 수심 그리고 하폭 등을 이용한 아래와 같은 경험식을 이용한다.

$$D_x = \frac{0.011u^2 \cdot w^2}{HU^*} \tag{3.13}$$

$$D_y = 0.06HU^* \tag{3.14}$$

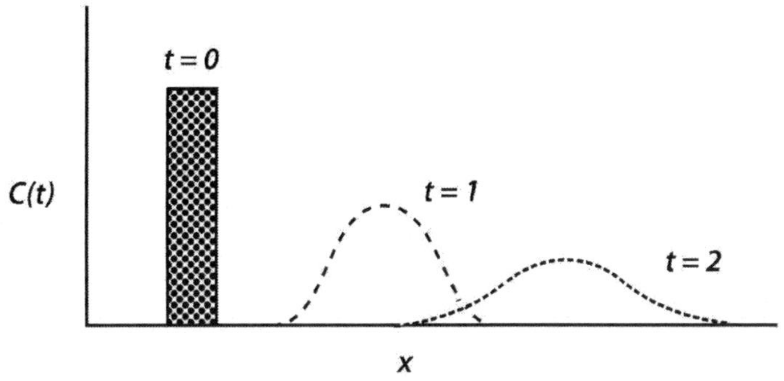

[그림 3.7] 하천거리에 따른 확산

식 3.13은 유하방향으로의 확산계수 계산식이며, 식 3.14는 하폭방향의 확산계수 식이다. 여기서 U*는 전단유속($U^* = \sqrt{gHS}$, g: 중력가속도, H: 평균수심, S : 하천경사도)이다.

(4) 하상 및 수리계수

하천 유량은 계절에 따라 변한다. 특히, 우리나라와 같이 계절에 따른 강우량 변화가 심한 산지형 하천은 유량 변이가 더욱 크다. 하천이나 강의 어느 지점에서 수년간의 최대 유량(Q_h)과 최소 유량(Q_l)과의 비율을 하상계수(河狀係數, C_{rr} : Coefficient of River Regime)라고 하며, 하황(河況)계수라고도 한다.

$$C_{rr} = \frac{Q_h}{Q_l} \tag{3.15}$$

유량의 변화는 곧 수심과 유속 그리고 하폭의 변화를 의미한다. 이들 값은 수로의 특성에 따라 유량과 일정한 관계를 갖는다. 이 관계는 Leopold and Maddox(1953)에 의해 처음 시도되었으며, 이들이 제안한 다음 식을 통해 변화하는 유량을 입력하여 평균 유속, 수심, 하폭을 구할 수 있다.

$$V = a \cdot Q^b \tag{3.16}$$

$$D = c \cdot Q^d \tag{3.17}$$

$$W = e \cdot Q^f \tag{3.18}$$

여기서 V, D, W는 각각 수로 평균 유속, 수심, 하폭이며, a, b, c, d, e, f는 대상수로의 수리계수(Hydraulic Coefficient) 또는 하천(유량)계수(Stream Coefficient)라 부른다.

(5) 저수량 결정

하천의 유량은 계절과 강우 현상에 따라 항상 변화하며, 이것은 수질 결정에 매우 중요한 역할을 한다. 수량이 풍부하면 희석과 자정능력이 크기 때문에 수질은 좋아지고 수량이 감소하면 그 반대 현상이 나타난다. 일반적으로 수질관리에 기준이 되는 것은 수량이 적을 경우다. 다시 말하면 최악조건을 가정하여 일정 수준 이상의 수질이 유지되면 나머지 기간에서는 좋은 수질을 보이게 된다.

그래서 하천에 허용가능한 오염부하량을 결정하기 위해서는 최악조건을 가정해야 하며, 이는 곧 최저 유량과 최고 수온을 의미한다. 이러한 조건에 사용되는 것은 10년 동안 7일간 연속적으로 나타날 수 있는 저수량($_7Q_{10}$)이다. 우리나라의 경우 하천에 연중 흐르는 유량을 크게 갈수량(Q_{355}), 저수량(Q_{275}), 평수량(Q_{185}), 풍수량(Q_{75})으로 나누고 갈수량이나 저수량을 기준으로 수질관리 방안을 마련하기도 하지만, 하천 생태계의 건강성을 고려한다면 미국에서 사용하는 $_7Q_{10}$이 보다 적합하며 앞으로 개선해 나가야 한다.

수질관리에 필요한 저수량을 결정하기 위해서는 과거 대상 하천에서 기록된 유황을 분석해야 한다. 유황분석을 위하여 먼저 수문곡선(Hydrograph)을 이해해야 한다. 수문곡선은 크게 단위 수문곡선(Unit Hydrograph)과 연중 수문곡선(Annual Hydrograph)로 나누는데 단위 수문곡선은 [그림 3.8]처럼 1회의

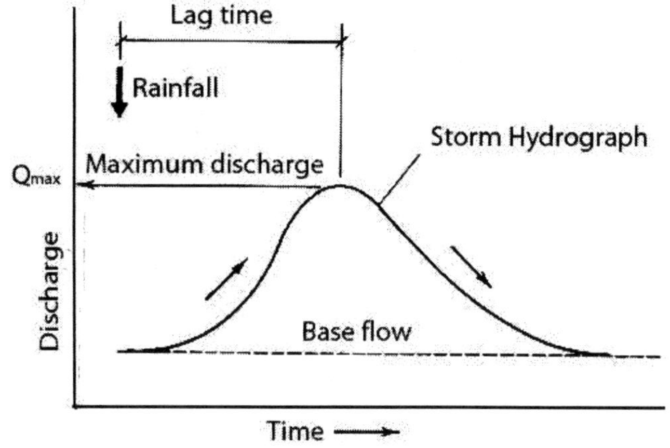

[그림 3.8] 단위 수문곡선

강우현상으로 나타나는 하천의 유량 곡선이다. 단위 수문곡선이 1년 동안 계속 연결된 것을 연중 수문곡선이라 한다[그림 3.9].

매년 연중 수문곡선에서 7일간 연속적으로 나타난 최저 유량을 구하고 이를 값이 적은 순서대로 나열한다. 만약 N개의 자료가 있다면 m번째 순위의 유량이 나타날 확률(p)은 다음과 같다.

$$p = \frac{m}{N+1} \tag{3.19}$$

또한 특정유량이 다시 나타나는 재현기간은 다음 식으로 구해진다.

$$T = \frac{1}{p} \tag{3.20}$$

유량과 확률은 일반적으로 로그 - 노말(Log - Normal) 그래프 상에서 선형을 보이기 때문에 특정 확률의 유량을 구하기 위해서는 그래프를 이용하게 된다. 실제 적용 사례는 Thoman and Mueller(1987)를 참고하라.

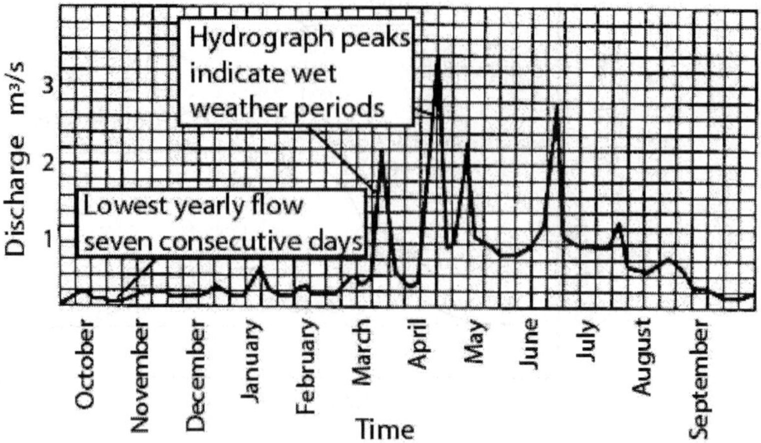

[그림 3.9] 연중 수문곡선

3.3 수질 자료

(1) 조사 지점

대상 수계의 수질 현황을 파악하고 모델을 보정 및 검증하기 위해 현장 조사를 해야 한다. 수질 조사를 위해서는 먼저 최적 지점을 선정해야 한다. 오염원과 지류 등을 고려하여 지도상에 최적 지점을 선정하게 되나 일반적으로 사전에 현장을 방문하여 직접 확인하는 것이 좋다.

[그림 3.10]과 같이 대상 하천이 처음 시작하는 지점과 끝 지점 그리고 지류 및 점오염원을 조사 지점으로 선정하는 것이 좋다. 또한 지류나 점오염원이 유입되기 전과 비점오염원 시작과 끝난 후도 조사 지점으로 선정하는 것이 일반적이다. 조사 지점은 수계 대표성, 오염원, 현장 접근 가능성 등을 고려하여 최적화해야 한다. 최적 수질 측정망 설계 방법은 유전자 알고리즘을 이용한 Park et al(2006)을 참고하라.

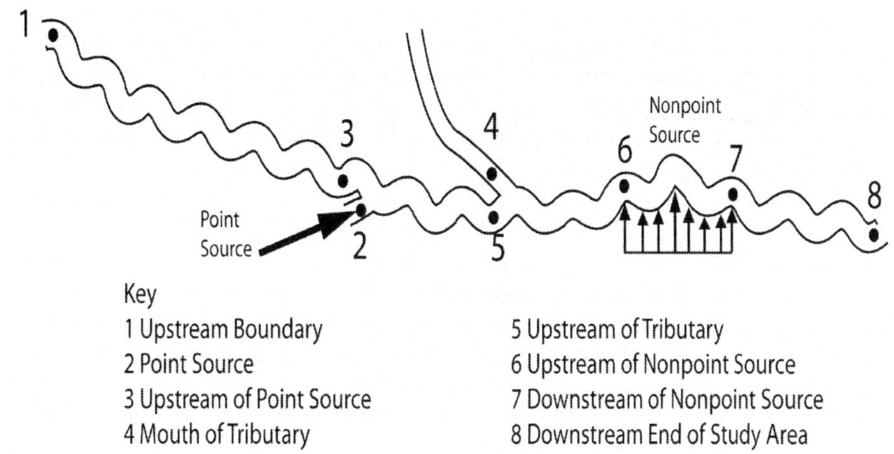

[그림 3.10] 수질 측정지점 선정

하천이나 강은 하폭에 따라 시료 채취 지점 수를 달리하게 된다. 작은 하천에서는 가운데 한 점에서 시료를 채취하게 되나 한강 본류와 같이 큰 강에서는 여러 지점에서 시료를 채취하게 된다. 일반적으로 하폭이 300미터 이상인 경우는 5개 지점, 30~300미터는 3개 지점, 그리고 15~30미터 2개 지점, 15미터 이하일 경우는 1개 지점에서 시료를 채취하게 된다. 또한 하폭 방향으로 시료 채취 지점을 정할 때 일정한 간격으로 나누어 정하는 것이 아니라 [그림 3.11]과 같이 동일한 유량을 갖도록 지점을 정한다. 많은 경우 수면 가까이에서 채수를 하게 되나 대상 수계의 수질을 대표하는 물을 채취하기 위해서는 수심의 60% 되는 지점에서 채수하는 것이 좋다.

(2) 조사 방법

수질 시료 채취는 크게 세 가지 형태, 즉, 그랩 샘플(Grab Sample), 혼합 샘플(Composite Sample), 그리고 연속 샘플(Continuous Sample)로 나누며 요구되는 정도에 따라 적절한 샘플 형태를 취한다. 그랩 샘플은 한번 채수하여

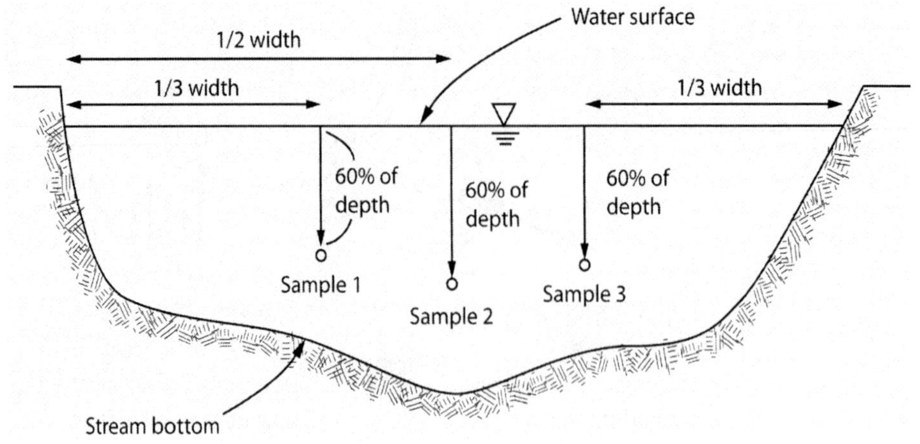

[그림 3.11] 하폭과 수심에 따른 수질측정지점 선정(Nemerow, 1974)

수질을 분석하는 것으로 대부분의 시료 채취가 이 방법에 의한다. [그림 3.12]는 가장 널리 이용되는 그랩 샘플기로 왼쪽 그림은 수질의 수직 변화가 없는 경우에 사용되는 방법이며, 오른쪽 그림은 수심이 깊은 호수나 강, 하구, 항만 등에서 수심별 채수를 할 때 이용되는 채수기를 보여준다. 먼저 양쪽 마개가 열린 상태로 Kemmer와 Van Dorn 채수기를 적정 깊이에 넣어두고 배 위에서 무거운 메신저를 수면 아래로 떨어지게 하여 마개가 닫히도록 하는 원리다.

수심이 깊은 호수나 강, 하구, 항만 등에서 채수할 때 항상 사용되는 것이 [그림 3.13]에 제시한 세키 디스크(Secchi Disk)다. 이것은 1865년 이탈리아 안젤로 세키(Angelo Secchi)가 처음 지름 30센티미터의 백색 원판을 지중해에서 눈에 보이지 않을 때까지 내려 보내 깊이를 측정하여 빛의 투명도를 추정한 것에서 시작된 방법이다. 미국의 조지 위플(George Whipple)은 1899년 지금과 같이 지름 20센티미터로 줄이고 흑백으로 착색하여 사용하게 되었다. 사용이 간편하여 지금까지 이 방법이 널리 사용되고 있다.

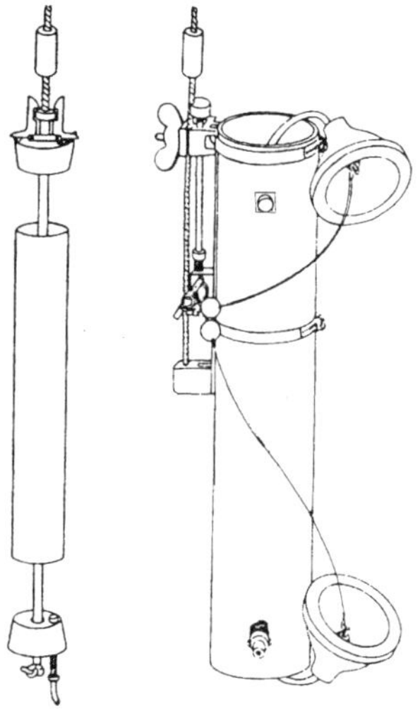

[그림 3.12] 그랩 샘플(표수 채수기, 수심별 채수기: Kemmer와 Van Dorn)

하루 동안 농도 변화가 심한 수체를 그랩 샘플하면 그 변화의 정도를 알 수 없다. 시간에 따른 수질변화가 심한 수체에 적용하는 방법이 연속 샘플이다. 그러나 연속 샘플은 동일 지점에서 시료를 여러 번 분석해야 하기 때문에 노력과 경비가 많이 든다. 시간에 따른 변화를 고려하고 동일 지점에서 여러 개의 시료를 분석해야 하는 단점을 극복하기 위해 시행하는 것이 혼합 샘플(Composite Sample)이다. 이것은 여러 개의 시료를 채취하여 함께 혼합하여 한번 분석하는 것으로 각 시료를 모두 동일량으로 혼합하기도 하며 시간에 따라 유량이 변할 경우 유량의 비에 따라 시료 혼합량을 달리하는 경우도 있다. 이 경우를 유량 가중 혼합 샘플(Flow Weighted Composite Sample)이라고 한다. 혼합 샘플은 하수처리장 방류수의 수질검사에 주로 이용되며 일정한 시간 간격을 두고 시료를 채취하여 냉장고에 시료를 보관하는 자동시료 채취기가 널리 사용되고 있다[그림 3.13]. 냉장 보관 자동 시료 채취기는 현재 상업용으로 제조되어 판매되고 있다.

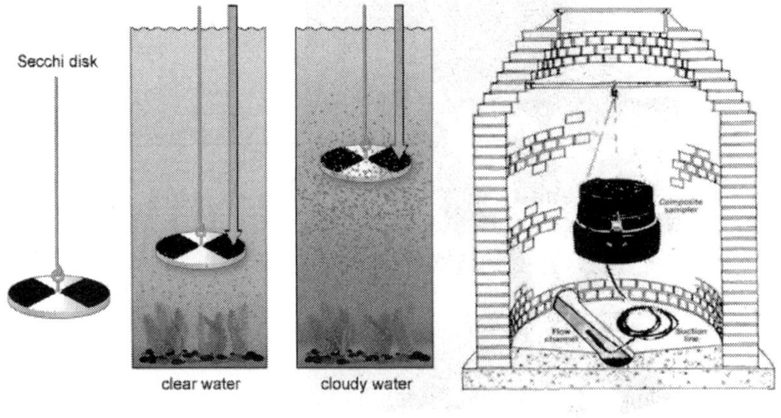

[그림 3.13] 세키 디스크와 자동 혼합샘플 장비

하루 동안 농도 변화가 심해 연속 샘플을 해야 하는 수질은 대부분 광합성과 관련이 있는 것으로 용존산소, 조류농도(클로로필-a), 암모니아성 질소, 질산성 질소, 용존 무기인, pH 등이다. 특히 수온은 용존산소와 조류농도에 영향을 주기 때문에 항상 기록해야 한다. 조류 성장이 왕성한 강이나 호수에서 연속 샘플을 할 수 없는 경우는 일반적으로 하루 동안 평균값이 나타나는 오전 9시부터 12시까지 시료를 채취한다. 또한 이러한 수질은 태양 광도에 따라 광합성이 달라지기 때문에 기상 상태(맑음, 구름, 비 등)를 기록해 두는 것이 필요하다.

자연 수계를 이해하고 수질모델을 적용하기 위해서는 수질과 수량 그리고 강우량 등이 동시에 관측되어야 한다. 또한 시간에 따라 변화가 심한 수질은 일정한 기간 연속적으로 관측되어야 그 자료로서 가치가 있다. 특히 강우현상으로 인해 지면으로부터 유출되는 오염부하량을 예측하는 유역모델은 시변화 상태를 고려한 자동측정이 매우 중요하다. [그림 3.14]은 수질과 수량, 강우량 등을 동시에 관측하는 개념도를 보여주고 있다.

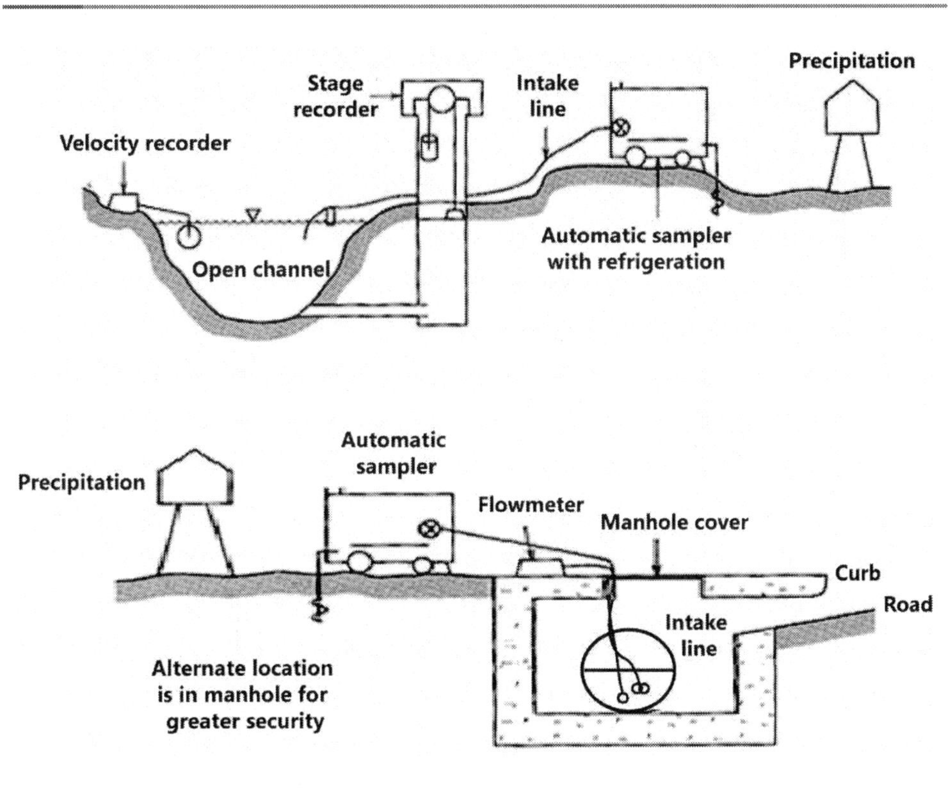

[그림 3.14] 수량과 수질 조사 개념도(상: 하천, 하: 도시 관로)

(3) 통계 분석

조사된 수질 자료는 대상 수계에서 극히 일부의 물을 채수하여 실험실에서 분석하거나 현장에서 관측한 것이다. 대상 수계의 물을 모집단(Population)이라 하면 실제로 조사한 것은 샘플(Sample)이다. 따라서 샘플 자료는 통계 분석해야 모집단을 추정할 수 있다. 수질 샘플이 갖는 특징은 통계학에서 널리 사용되는 무작위 샘플(Random Sample)이 아니라는 점이다. 수질뿐만 아니라 대기, 토양 등 다른 환경시료도 무작위가 아닌 체계적 샘플(Systematic Sample)을 하는 것이 보다 모집단을 잘 파악할 수 있기 때문이다.

자연수계에서 조사된 수질 자료는 매우 독특한 특성을 나타낸다. 많은 경우 정규분포를 하지 않으며, 분포에서 크게 벗어난 이상치(outlier)를 갖고 있다. 모든 값이 시간과 공간의 함수로 이루어져 있으며, 시간에 따라 경향성, 주기성 등을 나타낸다. 이러한 자료의 특성으로 인하여 수질 통계분석에는 일반 통계학에서는 거의 볼 수 없는 독특한 방법이 사용된다. 다음 장에 수질관리에 사용되는 기본적인 통계 이론과 방법이 소개된다.

>>> 내용정리

1. 수질관리와 모델적용을 위해 필요한 현장 조사 자료는 어떤 것이 있는지 설명해보자.
2. 하천의 평균 수심과 단면적을 구하는 방법을 정리해보자.
3. 하천에서 유량을 구하는 몇 가지 방법들을 설명해보자.
4. 하천의 유하시간과 호수의 체류시간을 설명해보자.
5. 확산계수와 수리계수를 구하는 방법을 설명해보자.
6. 단위 수문곡선과 연중 수문곡선이 수질관리에 어떻게 활용되는지 검토해보자.
7. 하천의 저수량을 결정하는 방법을 설명해보자.
8. 점오염원, 비점오염원, 지류 등이 유입되는 하천에서 수질조사 지점을 선정해보자.
9. 깊은 강이나 호수에서 사용되는 세키 디스크와 수심별 채수기의 원리를 설명해보자.
10. 수질시료 채취방법(Grab, Composite, Continuous)을 설명해보자.

제4장

수질 통계

제4장 수질 통계

수질통계학의 기초지식, 자료 비교, 상관과 회귀, 시계열 분석 등을 공부한다. 수질 표본자료 특성, 수질 비교, 정규성 검정, 모수 및 비모수 통계, 경향성 분석, 그래프 활용 등을 설명한다.

통계학은 강이나 호수와 같은 자연 수체를 다루는 수질관리뿐만 아니라 대기, 토양 등을 포함하는 환경 전반에 걸쳐 매우 중요한 도구가 되고 있다. 이유는 모든 환경 매체는 시공간적 범위가 방대하여 극히 일부만 관측하여 전체를 파악해야하기 때문이다. 통계학의 관점에서 보면 환경은 하나의 거대한 모집단(Population)이고 관측 자료는 표본(Sample)에 해당된다. 표본자료는 적절한 통계방법으로 처리되어야만 모집단을 전체적으로 이해하고 과학적이고 합리적인 결론을 얻을 수 있다.

통계방법은 수질관리 분야에서 모집단과 표본의 관계를 추정하는 것 외에도 매우 다양한 분야에서 활용되고 있다. 주요 분야는, 첫째, 관측 수질자료를 일목요연하게 정리하고 이해하는데, 둘째, 관측 수질자료를 비교분석하여 모집단에서 일어나는 현상에 대한 과학적인 결론을 유도하는데, 셋째, 수질변화의 경향성을 파악하는데, 넷째, 제2장에서 설명한 경험적 수질모델을 개발하는데도 유용하게 활용된다.

현재 우리나라를 비롯한 대부분의 선진국에서는 수질 분석 및 측정 기술, 그리고 정보통신기술의 발달로 방대한 관측 자료들이 수집 공개되고 있다. 이러한 자료들은 적절한 통계방법을 통해 정리·분석되어야 수질관리를 위해 유용하게 활용될 수 있다. 특히, 강이나 호수 등과 같은 자연 수체에서 관측된 자료는 밤낮 일주변화, 기상현상, 계절변이 등 다양한 요인에 의해 매우 독특한 특성을 보이기 때문에 이에 적합한 통계방법이 요구된다.

이 장에서는 수질통계학 기초지식과 함께 수질관리에 기본적으로 필요한 수질비교, 상관과 회기, 시계열 분석 등을 소개한다. 보다 구체적인 방법은 수질통계학 책(Helsel and Hirsch, 2002)을 참고하기 바란다.

4.1 수질통계학 기초지식

강이나 호수에서 관측된 수질 자료는 매우 독특한 특성을 보일 뿐만 아니라 표본 조사 및 적용 통계 방법까지 일반 통계와는 상당한 차이를 보인다. 하지만 많은 경우 이러한 차이점은 무시되고 일반 통계 방법이 적용되는 것이 현실이다. 보다 과학적인 수질관리를 위해서는 수질자료가 갖는 특성을 이해하고 이에 부합하는 통계방법이 적용되어야 한다.

(1) 모집단과 표본

통계학은 표본(Sample)으로 모집단(Population)을 추정하는 것을 기초로 하는 학문이다. 수질관리에서 모집단이란 우리가 대상으로 하는 강이나 호수에 있는 물 전체를 말한다. 그리고 표본은 모집단의 극히 일부로 우리가 관측한 물에 해당한다. 우리는 모집단 전체를 관측할 수 없기 때문에 표본을 통해서 추정하게 된다. 실제로 우리가 강이나 호수로 현장 조사를 나갈 때 '샘플링(Sampling) 간다.'라는 말을 사용하는 것은 통계학에서 유래된 것이다. 하지만 많은 경우 샘플로 조사된 수질자료를 모집단 전체를 대표하는 것으로 사용하고 있다. 과학적인 수질관리를 위해 적절한 통계방법을 통하여 모집단의 상태를 파악하는 것이 필요하다.

표본의 수와 조사 방법은 모집단의 상태를 추정하기 위해 중요하게 고려해야 할 요소다. 표본의 수는 많을수록 보다 정확하게 모집단을 파악할 수 있지만 조사에 소모되는 시간과 비용에 관련되기 때문에 많은 경우 필요한 최소 표본 수를 크게 벗어나지 않는 것을 원한다. 또한, 조사 방법은 대상으로 하는 모집단의 특성에 최적화해야 한다.

통계학에서 일반적으로 사용되는 표본 조사 방법은 무작위 샘플(Random Sample)과 층화 샘플(Stratified Sample)이다. 무작위 샘플은 편향성(Bias)을 줄이기 위해 모집단에서 임의로 표본을 선택하는 것을 말한다. 이 때 난수표(Random Number Table)나 난수 발생 프로그램을 이용하기도 한다. 층화 샘플은 모집단의 계층을 먼저 구분하여 샘플을 하는 경우에 해당한다. 예를 들어, 여론 조사를 할 때 남녀 성별이나 지역을 구분하여 표본의 수를 할당하여 조사하는 것이 여기에 해당한다. 이는 층화 샘플과 무작위 샘플이 함께 사용되는 경우에 해당된다.

수질 샘플이 갖는 특징은 통계학에서 일반적으로 사용되는 무작위 샘플(Random Sample) 대신에 체계적 샘플(Systematic Sample)을 사용한다는 점이다. 예를 들어, 강의 수질은 앞장에서 설명했듯이 공간적으로는 상류와 하류, 유입되는 지류와 점오염원, 비점오염원 등을 구분하고, 시간적으로는 일정한 시간 간격을 두고 조사한다. 이러한 방법은 무작위 샘플과는 반대되는 개념으로 해석할 수 있다. 체계적인 샘플은 대기, 토양, 생태계 등 환경관리 전반에 걸쳐 널리 사용되는 방법이다.

환경 표본은 보통 시료 채취와 분석이라는 두 단계를 거치게 된다. 현장에 가서 물이나 대기, 토양 시료를 채취하고 다시 실험실에서 분석하여 대상 물질의 농도를 얻게 된다. 분석 비용을 줄이면서 보다 정확하게 모집단을 파악하려는 시도가 혼합 샘플(Composite Sample)이다. [그림 4.1]에서와 같이 여러 개의 시료를 현장에서 채취하여 혼합하여 하나의 시료로 분석함으로써 분석 비용과 시간, 그리고 시료 채취에서 발생하는 오차도 줄일 수 있는 장점이

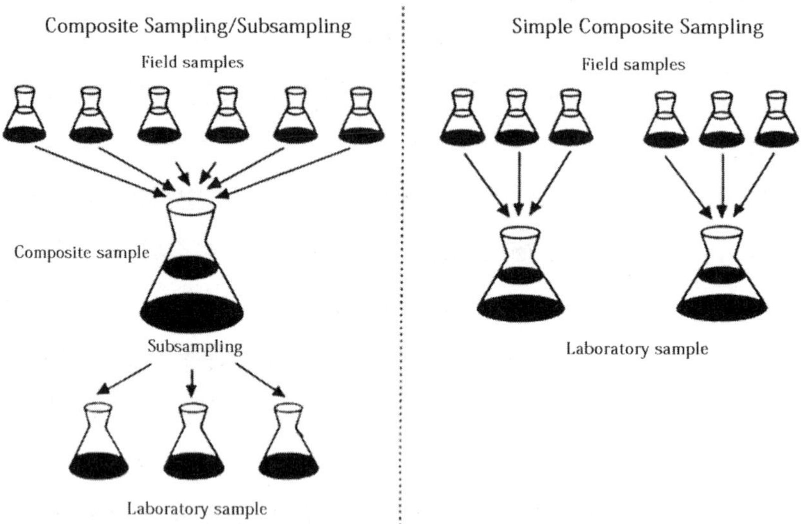

[그림 4.1] 혼합 샘플(Composite Sample)과 부샘플(Subsample)

있다. 분석하는 과정에서 발생할 수 있는 오차를 줄이기 위해 시료를 다시 몇 개의 부샘플(Subsample)로 나누어 분석하는 경우도 있다. 구체적인 샘플 방법은 앞 장에 보다 자세히 설명되어 있다.

(2) 수질 자료의 특성

강이나 호수에서 관측된 수질 자료는 다음과 같은 매우 독특한 특성을 보인다. 첫째, 수질은 -(Minus) 값을 갖지 않기 때문에 자료의 아래쪽 경계는 0(Zero)에 해당된다. 수질은 분석 방법의 검출 한계를 갖기 때문에 많은 경우 0(Zero) 보다 관측치의 유효 한계가 아래 쪽 경계가 된다. 둘째, 수질 자료는 변화무쌍한 자연현상으로 인해 분포에서 크게 벗어난 이상치(Outlier)를 갖는 경우가 많다. 셋째, 계절이나 밤낮 변화에 따라 반복되는 주기성을 갖고 있다. 넷째, 가뭄이나 홍수 등과 같은 극한 기상 상태에 따라 값이 크게 달라진다.

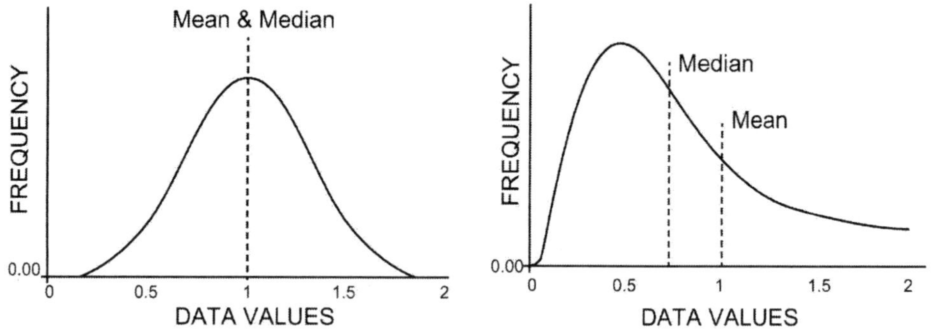

[그림 4.2] 정규분포와 비정규분포

다섯째, 독립된 항목이 서로 자동 상관(Autocorrelation)을 갖는 수치를 보인다. 다시 말하면 하나의 수질 항목이 나쁜 상태를 보일 때 다른 수질 항목도 유사한 경향을 보여준다는 것이다. 여섯째, 모든 값이 시간과 공간의 함수로 이루어져 있다는 것이다. 이는 수질 자료를 이해하려면 항상 관측된 값의 시간과 공간을 고려해야 함을 의미한다. 일곱째, 정해진 아래 쪽 경계와 이상치 등의 영향으로 대부분의 표본 자료는 비정규 분포(Non-Normal Distribution)를 보이게 된다[그림 4.2].

수질 자료가 갖는 이러한 특징은 대기나 토양 등과 같은 다른 환경 매체 관측 자료에도 매우 유사하게 나타나고 있다. 자료가 갖는 이러한 특징 때문에 수질을 비롯한 대부분의 환경 자료는 비모수 통계 방법(Non-Parametric Statistical Methods)를 이용하게 된다. 수질 자료는 그 외에도 계절성이 뚜렷하고, 온도와 강우량에 민감하게 반응하는 특징이 있다. 여기에 수량에 따른 변이가 크며 독립된 항목이 서로 연관을 갖는 값이 나타난다. 예를 들어, BOD가 높을 경우 용존산소는 부족하고 인이나 질소도 높은 값을 갖는 등, 수질 관측치는 서로 관련성을 갖는 것이 일반적인 현상이다.

(3) 자료 정리

관측된 자료는 숫자의 모임(Law Data)에 불과하기 때문에 이를 이해하고 설명하려면 자료의 정리가 필요하다. 다시 말하면, 자료를 표(Table)나 그래프, 또는 몇 개의 대표 수치 등으로 표현하는 과정이 필요하다.

가장 먼저 표나 그래프로 나타내는 자료 정리가 요구된다. 표나 그래프로 나타내기 위해서는 관찰치(Observation)를 분류하는 작업(Grouping)을 수행해야 한다. 자연 수체에서 관측된 수질 자료는 일반적으로 시간과 공간에 따라 분류한다. 각 그룹으로 분류된 관찰치의 수를 빈도(Frequency)라 하고 이를 표로 나타냈을 경우 빈도 분포표(Frequency Table)라 한다.

수질 자료 역시 막대그래프(Bar Graph), 선 그래프(Line Graph), 파이그래프(Pie Graph), 히스토그램(Histogram) 등과 같이 일반적으로 널리 사용되는 그래프로 표현한다. 그 외에도 박스 플롯(Box Plots), 스템앤리프 다이아그램(Stem and Leaf Diagram), 스티프 다이아그램(Stiff Diagram), 프로파일 플롯(Profile Plots) 등과 같이 수질 자료의 특성을 일목요연하게 표현할 수 있는 독특한 그래프가 사용되기도 한다.

(4) 통계치와 모수

관측치 전체를 이해하고 설명하기 위해 표나 그래프로 정리할 수도 있지만 몇 개의 대표 수치로 표현할 수도 있다. 널리 사용되는 대표 수치가 평균, 분산, 표준편차 등이다. 평균은 모든 수치를 하나로 표현할 때 우리가 일상적으로 사용하고 있는 값이다. 분산이나 표준편차는 자료의 분포를 보여주는 값이다. 수질자료는 대부분 정규분포를 보이지 않기 때문에 평균이나 분산 보다는 중앙값(Median)이나 IQR(Inter Quartile Range) 등을 사용하기도 한다. 표본자료의 평균이나 분산, 중앙값, 표준편차 등을 통계치(Statistics)라 하고 모집단의 값을 모수(Population Parameters)라 한다.

모수는 모집단의 특성을 보여주는 값으로 모집단 전체를 조사하기 전에는 모수의 값을 알 수 없다. 따라서 통계치를 통해서 모수를 추정하게 된다. 전통적으로 모수는 그리스 문자(α, β, γ, …)로, 통계치는 로마 문자(a, b, c, …)로 표현한다.

(5) 정규성 검정

수질을 비롯한 대부분의 환경 자료는 비정규 분포 특성으로 인해 통계 분석을 시작할 때 가장 먼저 거쳐야 하는 것이 정규성 검정(Normality Test)이다. 모수통계 방법은 표본 자료가 비정규 분포를 나타낼 경우 모집단 추정에 오류를 범할 수 있기 때문에 사용하지 말아야 한다. 반면 비모수 통계 방법은 정규분포하는 표본 자료에도 사용할 수 있는 장점이 있지만 모집단 추정 능력이 떨어진다. 그래서 먼저 정규성 검정을 하여 표본 자료의 분포를 확인한 후에 환경 자료라도 정규 분포를 보이면 모수 통계 방법을 사용하는 것이 좋다.

정규성 검정을 위해, Pearson's chi-squared test, Chi-square goodness of fit test, Anderson-Darling test, Lilliefors test, Shapiro-Wilk test, Kolmogorov-Smirov test 등 약 40여 가지 방법이 사용되는 것으로 알려져 있다(Dufour et al., 1998; Razali and Wah, 2011; Lee et al., 2019). 관측 자료의 숫자에 따라 적합한 방법을 선택하여 사용하는 것이 좋다.

4.2 수질 비교

수질 비교에 통계 방법이 자주 활용된다. 예를 들어 수질 개선 대책 전과 후, 서로 다른 강이나 호수의 수질 비교 등과 같이 시간적 또는 공간적 차이를 두고 수질을 비교할 때 통계 방법을 적용하게 된다. 또한 현장에서 관측된 수질이 법적 기준치에 적합한지 여부를 결정하는 것도 통계적 비교를 통해 가능하다. 현장에서 관측한 수질 자료를 표본으로 비교하기 때문에 자료 특성에 적합한 통계 방법을 적용해야 대상으로 하는 수체의 수질(모집단)에 대한 통계적 의미를 갖게 된다. 표본 자료가 갖는 정규성에 따라 다음과 같은 방법을 적용할 수 있다.

(1) 모수 통계 비교

자료 비교에서 일반적으로 사용되는 것은 평균이다. 평균을 비교하는 것은 자료가 정규 분포할 경우 적용 가능한 방법으로 쉽고 간편하다는 장점이 있다. 하지만 평균 비교는 모집단에서 구한 표본 자료를 비교할 경우 통계적 유의성은 없다. 이유는 표본 자료의 비교 결과가 모집단과 동일할 것이라는 보장이 없기 때문이다. 예를 들어, 표본 A의 평균이 표본 B의 평균보다 클 경우 우연히 그러한 결과가 나온 것인지, 아니면 실제로 모집단 A의 평균이 모집단 B의 평균보다 크기 때문인지 표본의 평균값만으로는 알 수 없다.

이러한 이유 때문에 정규 분포하는 표본 자료를 비교할 때 사용하여 모집단을 추정하는 방법이 t 검정(t-Test)이다. t 검정은 표본의 자료로부터 t 값을 산정하여 t-분포 표에 주어진 값과 비교하여 두 모집단을 비교한다. 두 표본의 자료가 공간적 또는 시간적으로 짝을 이루고 있을 경우 또는 짝을 이루지 않을 경우 등 다양한 경우에 적용 가능하다. 예를 들어, 대상 하천에 수질개선 대책을 적용하기 전과 후에 나타나는 관측지점의 수질 비교(짝을 이룬 경우), 서로 다른 두 하천의 수질 비교(짝을 이루지 않은 경우), 또는 관측 수질과 기준치를 비교하는 경우 등을 구분하여 적용할 수 있다. 정규 분포하는 두 개 이상의 표본을 동시에 비교할 경우에는 ANOVA(ANalysis Of VAriance) 검정을 사용한다. 보다 자세한 내용은 통계학 책을 참고하라.

(2) 비모수 통계 비교

자료에 이상치가 있고 정규 분포하지 않을 경우에는 평균(Mean) 비교는 잘못된 결론에 도달할 수 있다. 이 경우 사용하는 방법이 평균 대신 중앙값

(Median)을 비교하는 것이다. 중앙값 비교 역시 쉽고 간편하지만 모수통계의 평균 비교와 동일한 이유로 모집단에서 나온 표본자료를 비교할 경우 통계적 유의성이 없다.

비정규 분포하는 표본 자료를 비교할 때 사용하는 방법이 부호 검정(Sign Test)이다. Sign Test는 짝으로 된 관찰치를 비교하여 + 또는 - 부호로 표시하고 개수를 헤아려 결론을 유도하는 방법이다. 크고 작음의 비교는 가능하지만 차이 정도는 알 수 없다. 짝을 이루지 않을 경우에는 값의 크기에 따라 순위를 정하고 순위의 합을 서로 비교하는 Wilcoxon Rank-Sum Test를 사용할 수 있다.

(3) 대각선 그래프

관측된 자료(Raw Data)를 이해하고 설명하는데 가장 효과적인 것은 그래프를 이용하는 방법이다. 그래프는 일반적으로 통계분석 초기 단계에서 사용하여 자료의 특성을 파악하고 적용해야할 통계방법을 찾아내는데 유용하다. 뿐만 아니라 통계분석이 끝난 후에는 효과적인 결과 설명을 위해서도 좋은 도구가 된다.

그래프는 서로 다른 두 표본 자료의 비교, 관측치의 시공간적인 변화, 예측 값과 관측치의 비교 등 다양한 용도로 사용된다. 수질관리에서는 용도에 따라 선그래프, 막대그래프 등과 같은 일반적인 것을 비롯하여 박스플롯(Box Plots), 스템앤리프 다이아그램 (Stem and Leaf Diagram) 등과 같은 특별한 형태의 그래프도 사용되고 있다.

수질관리에서는 자료의 비교를 위해 그래프가 가장 많이 사용된다. 이 경우 흔히 선그래프와 막대그래프가 자주 사용되지만 비교해야할 자료의 수가 많을 경우 시각적으로 쉽게 구분할 수 없다. 짝을 이루는 많은 자료를 시각으로 쉽게 비교할 수 있는 것이 Lee et al(2019)이 제안한 대각선 그래프다. [그림 4.3]에 제시한 바와 같이 수질개선 대책을 시행하기 전과 후에 관측된 수질을 비교할 경우 X축을 시행 전, 그리고 Y축을 시행 후 관측된 값으로 하여 (x, y)좌표로 표시하는 방법이다. 만약 대각선 부근에 좌표가 위치하면 x=y를 의미하는 것으로 수질변화가 없다는 것을 보여준다. 그리고 대각선 아래에 좌표가 위치하면 수질이 개선(x>y), 위쪽은 수질이 악화된 것(x<y)을 보여주게 된다. 또한 수질자료는 대부분 비정규 분포를 하기 때문에 평균 비교 보다 관측치의 짝이 대각선 또는 대각선 위(N_u)와 아래(N_l)에 얼마나 많이 위치해있는가에 따라 수질개선, 악화, 또는 불변을 구분할 수 있기 때문에 그래프 오른쪽 상단에 좌표의 수를 표시해 두면 쉽게 파악할 수 있다.

[그림 4.3]의 오른쪽 그래프는 제안한 대각선 그래프를 이용하여 실제 관측된 엽록소(Chl-a)의 농도를 표시한 것이다. X축은 수질개선 대책이 이루어지기 전(2009년)이고 Y축은 후(2013년)의 값이다. 그래프 상단 오른쪽의 박스(N_u<N_l)에서 수질개선 효과를 쉽게 확인할 수 있으며, X와 Y 값의 평균으로 된 좌표(O 마크)와 대각선 상하에 위치한 좌표로부터 분포에 관한 정보를 얻을 수 있다.

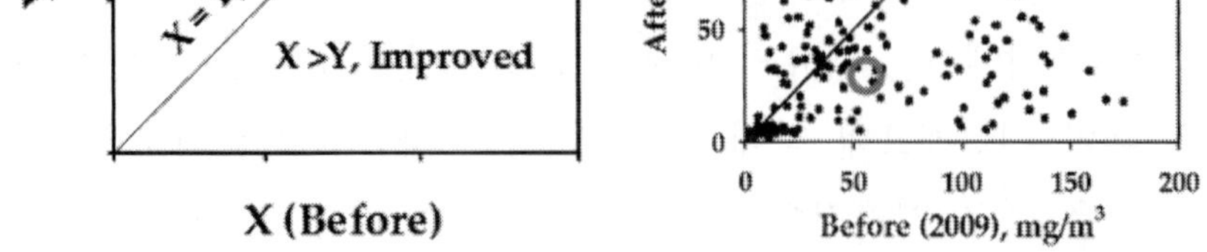

[그림 4.3] 대각선 그래프 개요와 실제 적용 사례(Lee et al, 2019)

4.3 상관과 회귀

상관(Correlation)과 회귀(Regression)는 수질관리에서 자주 활용되는 통계 방법이다. 서로 다른 수질, 또는 수질과 유속 및 강우량 등과 같은 수리수문 자료와의 관련성을 파악하는데 이용할 수 있다. 특히 비점오염원이 수질에 미치는 영향을 파악하기 위하여 토지 이용도와 수용 수체의 수질과의 상관관계를 자주 이용하고 있다. 또한 필요한 수질 관측치가 조사된 표본에 없을 경우 회귀식을 이용하여 추정할 수도 있다.

(1) 상관

상관(Correlation)은 변수 X와 Y가 서로 관련성이 있는지를 보여주는 것으로 상관계수(Correlation Coefficient)를 지표로 사용한다. 예를 들어, 어떤 강에서 관측된 수질자료에서 부유물질(Suspended Solids)과 생물화학적 산소요구량(BOD)의 상관관계를 구해 수질 상태를 파악할 수 있다. 만약 높은 상관관계를 갖게 된다면 부유물질은 대부분 유기물임을 의미하고 그렇지 않으면 부유물질은 토사와 같은 무기입자로 구성되었을 가능성이 높다.

상관관계에 있는 두 변수는 독립변수와 종속변수의 관계에 있는 것은 아니며, 동시에 원인과 결과의 관계도 아니다. 다시 말하면 X 변수와 Y 변수가 양의 상관관계(Positive Correlation)에 있다 하더라도 X가 Y를 증가시켰다고 할 수 없다는 것을 의미한다.

두 변수 간의 상관계수(r)는 다음과 같은 식으로 구해지며 +1(양의 상관관계)과 -1(음의 상관관계) 사이의 값을 보인다. 상관계수를 구한 관측치는 표본 자료이기 때문에 모집단을 추정할 때 신뢰성을 고려하여야 한다.

$$r = \frac{\Sigma xy - (\Sigma x\,\Sigma y/n)}{\sqrt{(\Sigma x^2 - [(\Sigma x)^2/n]\,)\,(\Sigma y^2 - [(\Sigma x)^2/n])}} \tag{4.1}$$

(2) 회귀

회귀(Regression)는 독립변수(X)에 대한 종속변수(Y)의 의존도(Degree of Dependency)를 보여준다. 상관이 두 변수 사이의 관련성을 보여주는 것이라면 회귀는 독립과 종속 변수의 의존도를 나타내는 것이다. 또한 회귀분석(Regression Analysis)으로 구한 회귀식을 이용하여 종속변수의 값을 예측할 수 있다. 두 변수의 관계를 규명하는 회귀식은 다음과 같이 표현되며, 회귀계수(Regression Coefficient) b와 상수 a는 관측 값의 최소 좌승법(Least Square Method)으로 구해진다.

$$Y = a - bX \tag{4.2}$$

$$a = \overline{Y} - b\overline{X} \tag{4.3}$$

$$b = \frac{n\Sigma xy - (\Sigma x)(\Sigma y)}{n\Sigma x^2 - (\Sigma x)^2} \tag{4.4}$$

회귀계수는 독립변수에 대한 종속변수의 의존도를 나타내는 것이며, 표본자료를 통해 구해진 값이기 때문에 모집단을 추정하기 위해서는 상관계수와 마찬가지로 신뢰성을 고려해야 한다.

두 변수가 직선 관계에 있지 않을 경우 선형관계(Linear Relationship)를 유도하여 가장 적합한(Best Fit) 회귀식을 구할 수 있다. 일반적으로 널리 사용되는 표준식과 선형유도식은 [표 4.1]과 같다. 수질관리에 사용되는 회귀식은 여러 변수(X_1, X_2, X_3,)에 의존하는 중회귀(Multiple Regression) 식 (4.5)으로도 표현될 수 있다. 다차원 회귀식과 중회귀식은 통계학 책을 참고하길 바란다.

$$Y = a + b_1X_1 + b_2X_2 + b_3X_3 \tag{4.5}$$

[표 4.1] 표준식과 선형유도식

함수	표준식	선형유도식
Exponential	$y = Ae^{nx}$	$[\ln y] = \ln A + n[x]$
Power Function	$y = Ax^{n}$	$[\ln y] = \ln A + n[\ln x]$
Hyperbola	$y = Ax/(B + x)$	$[\frac{x}{y}] = \frac{B}{A} + \frac{1}{A}[x]$
Exponential Saturation	$y = A(1 - e^{nx})$	$[\ln(A - y)] = \ln A + n[x]$
Sigmoid	$y = A/(1 + Bx^{n})$	$[\ln(\frac{A}{y} - 1)] = \ln B + n[\ln x]$
Exponential Sigmoid	$y = A/(1 + Be^{nx})$	$[\ln(\frac{A}{y} - 1)] = \ln B + n[x]$
Modified Inverse	$y = A/(B + x)$	$[\frac{1}{y}] = \frac{B}{A} + \frac{1}{A}[x]$
Modified Power Function	$y = Ax^{n} + B$	$[\ln(y - B)] = \ln A + n[\ln x]$
Maxima Function	$y = Ax \cdot e^{nx}$	$[\ln(\frac{y}{x})] = \ln A + n[x]$

4.4 시계열 분석

수질을 비롯한 대부분의 환경자료는 시간에 따른 변화로 이루어져있기 때문에 시계열 분석(Time Series Analysis)은 관측 자료를 이해하고 관련 정책을 세우는데 매우 중요하게 사용된다. 예를 들어, 강이나 호수의 수질이 지난 몇 년 동안 계속 좋아지고 있다면 현 시점에서 기준치를 벗어나 있다하더라도 예산을 들여 수질 개선책을 시행할 필요가 없다. 왜냐하면 추가 대책 없어도 개선이 계속된다면 조만간 기준치를 만족하게 될 가능성이 높기 때문이다. 반면에 계속 악화되고 있다면 현 시점에서 기준치 안에 있어도 수질 개선책을 시행하는 것이 바람직하다. 이처럼 시계열 분석은 과학적인 수질관리를 위해 중요하게 사용되는 통계 방법 중 하나다.

(1) 구성 요소

자연에서 관측된 자료는 크게 세 가지 구성 요소로 이루어져있다. 첫째, 시간에 따라 어떤 변화가 있는지를 보여주는 경향성(Trend Component)이다. 수질 자료는 개선, 악화, 또는 변화 없음을 보여주는 경향성이 수질 정책의 중요한 지표가 된다. 둘째, 시간에 따라 반복되는 주기성(Periodic 또는 Cyclic Component)이다. 수질에서 주기성을 유발하는 가장 원천적인 요인은 지구의 자전과 공전이다. 지구 자전과 공전으로 광도와 온도는 주기성을 갖게 되고, 이는 다시 오염물질의 생성과 분해에 영향을 미친다. 그래서 수질 주기성은 일반적으로 1년 12개월 주기로 이루어지는 계절성(Seasonal Component)과 하루 24시간이 주기가 되는 일주성(Diurnal Component)으로 구성된다. 마지막으로 모든 현장 실측 자료에서 무작위로 나타나는 임의성(Random Component)이다. 특히 자연 수체의 수질 자료는 자연에서 일어나는 현상이 그대로 관측되기 때문에 항상 임의성이 동반된다.

수질 자료의 시계열에는 각 구성 요소가 복합적으로 포함되어 있으며 다음 네 가지 형태로 나타난다. 첫째, 유역 개발이 진행되고 있는 하천에서 오랜 기간 관측된 수질과 같이 경향성, 주기성, 임의성이 함께 나타나는 경우다. 둘째 하천의 수온이나 하구의 조석현상과 같이 주기성이 주를 이루는 경우로, 수온이나 조석현상과 같은 물리적 현상은 경향성이나 임의성은 나타나지 않는다. 셋째, 강이나 하구에서 관측되는 용존산소와 같이 주기성과 임의성이 주가 되는 경우, 넷째, 하수처리장으로 유입되는 하수의 일일 평균 유량과 같이 완전히 임의성만 보이는 경우 등이 있다.

수질 자료를 우선 네 가지 경우로 구분하고, 여러 가지 요소가 함께 하는 자료, x(t)는 [그림 4.4]와 같이 시계열 분석 과정에서 각 요소를 분리하면 자료의 특성을 보다 쉽게 파악할 수 있다.

$$x(t) = x_{T(t)} + x_F(t) + x_R(t)$$

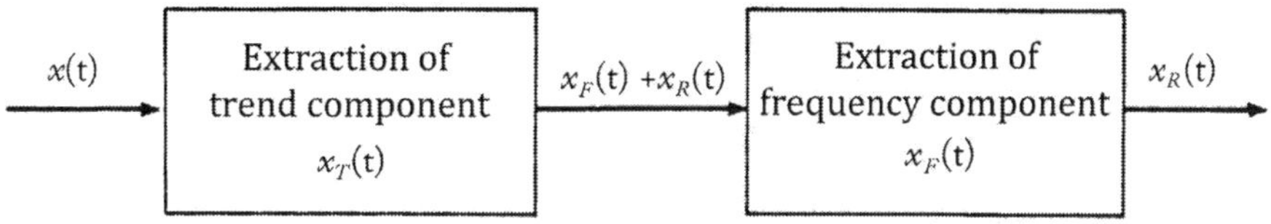

[그림 4.4] 시계열 자료에서 경향성과 주기성을 분리하는 과정

세 가지 구성 요소 중 수질관리에서 가장 널리 사용되는 것은 경향성이다. 경향성은 다음에 설명할 맨-켄달 선(Mann-Kendall Line)을 비롯한 여러 가지 방법들로 표현되고 있다. 주기성은 푸리에 시리즈(Fourier Series), 임의성은 몬테칼를로(Monte Carlo) 시뮬레이션으로 표현될 수 있다. 여기서는 활용도가 높은 경향성 분석을 설명한다. 필요할 경우 주기성과 임의성은 관련 통계학 책을 참고하길 바란다.

(2) 경향성 분석

경향성은 크게 두 가지, 선형(Linear Trends)과 비선형(Non-Linear Trends)로 구분되며, 여기서는 널리 사용되는 선형만 소개한다. 선형 경향성은 변수 x와 시간 t 사이에 다음과 같은 직선 관계가 있음을 가정하고, 관측치를 이용하여 상수 A와 B 값을 구한다.

$$x(t) = A + Bt \tag{4.6}$$

상수 A와 B 값을 구할 때 모수 통계에서는 일반적인 최소 좌승법(OLS: Ordinary Least Square)을 이용한다. 즉, 아래 식과 같이 관측치 X_i와 직선에서 산정된 X_i와 차이의 좌승의 합(Q)이 최소가 될 수 있도록 하는 A와 B 값을 구한다.

$$X_i(t) - x_i(t) = X_i(t) - (A + Bt_i) \tag{4.7}$$

$$Q = \sum_{i=0}^{n} (X_i(t) - A - Bt_i)^2 \tag{4.8}$$

Q 값이 최소가 되기 위해서는 다음을 만족시켜야 하고

$$\frac{\partial Q}{\partial A} = \frac{\partial Q}{\partial B} = 0 \tag{4.9}$$

$$A = \bar{x} - B\bar{t} \tag{4.10}$$

$$B = \frac{\sum_{i=1}^{n} x_i t_i - n\bar{x}\,\bar{t}}{\sum_{i=1}^{n} t_i^2 - n\overline{t^2}}, \quad \bar{x} = \frac{\sum_{i=1}^{n} x_i}{n}, \quad \bar{t} = \frac{\sum_{i=1}^{n} t_i}{t}$$

경향성 요소는 다음과 같이 표현된다.

$$x_T(t) = A + Bt = (\bar{x} - B\bar{t}) + Bt \tag{4.11}$$

$$x_T(t) = \bar{x} + B(t - \bar{t}) \tag{4.12}$$

최소 좌승법은 몇 개의 이상치(Outliers)가 있을 경우 실제 경향에서 크게 벗어나는 선을 만들어낼 수 있다. 따라서 자연 수체에서 관측되는 수질 자료는 다수의 이상치가 존재할 수 있기 때문에 이를 고려할 수 있는 비모수 통계법이 적합하다.

비모수 통계법의 경향성은 켄달 선(Kendall Line)으로 표현될 수 있다. 아래 켄달 선(일명 Kendall Theil Robust Line)에서는 관측치에서 얻어질 수 있는 모든 기울기를 구하고, 기울기의 중앙값을 찾아서 결정한다.

$$\hat{Y} = \hat{\beta}_0 + \hat{\beta}_1 \cdot X \tag{4.13}$$

$$\hat{\beta}_1 = median \frac{(Y_j - Y_i)}{(X_j - X_i)} for all \ i < j, \ i = 1,2,,,(n-1), \ j = 2,3,,,n$$

$$\hat{\beta}_0 = Y_{med} - \hat{\beta}_1 \cdot X_{med}$$

수질 경향성 분석에는 계절 맨-켄달 검정법(Seasonal Mann-Kendall Test)이나 LOWESS(Locally Weighted Scatter plot Smoother) 법이 주로 사용된다. 이러한 시계열 분석(Time Series Analysis)을 이용하여 시간에 따른 변화를 시뮬레이션하고 장래 변화를 예측하기도 한다.

(3) 공간 시계열 그래프

자연수계에서 관측된 모든 수질자료는 시간뿐만 아니라 공간에 따른 경향성도 함께 갖기 마련이다. 앞에서 설명한 경향성 분석은 같은 방법으로 공간의 함수로도 표현될 수 있다. 시공간에 따른 경향성을 비교적 쉽게 파악할 수 있는 방법이 3차원 그래프로 표현하는 것이다.

[그림 4.5]는 낙동강 상류부터 하류까지 1992년부터 2002년까지 관측된 수질(BOD) 자료(Y축)를 공간(X축)과 시간(Z축) 3차원 그래프로 제시한 것이다. 위쪽은 실측 자료(Law Data)이고 아래쪽은 시공간 경향성을 파악하기 위해 LOWESS법으로 변형한 것이다. 그림에서 보듯이 언제 어디에서 어느 정도의 수질변화가 일어났는지 쉽게 파악할 수 있다. 보다 자세한 설명과 용도는 Lee et al.(2010)을 참고하라.

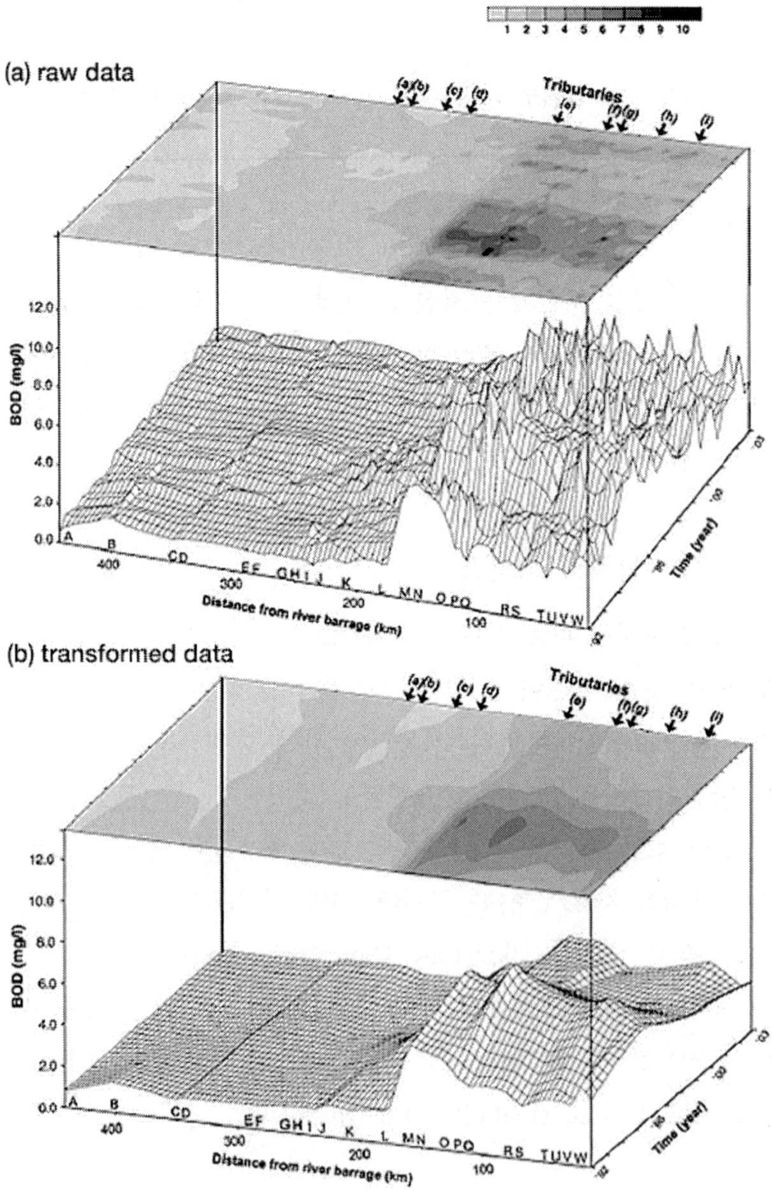

[그림 4.5] 수질자료의 시공간 그래프(Lee et al, 2010)

>>> 내용정리

1. 무작위 샘플, 층화 샘플, 그리고 체계적 샘플, 혼합 샘플 등을 비교 설명해보자.
2. 수질 표본자료가 비정규 분포하고 비모수 통계 방법을 적용해야하는 이유를 설명해보자.
3. 박스 플롯(Box Plots), 스템앤리프 다이아그램 (Stem and Leaf Diagram), 스티프 다이아그램(Stiff Diagram), 프로파일 플롯(Profile Plots) 등으로 그려진 수질자료 그래프를 찾아보자.
4. 통계치와 모수를 비교 설명해보자.
5. 수질 통계 분석에 정규성 검정이 필요한 이유를 설명하고 적용 가능한 방법을 알아보자.
6. t-Test, Sign-Test, ANOVA Test, Wilcoxon Rank-Sum Test 등을 비교 설명해 보자.
7. 상관과 회귀, 다차원 회귀, 중회귀 등을 비교 설명해보자.
8. [표 4.1]에 제시된 표준식과 선형유도식에 적합한 수질자료 예를 제시해보자.
9. 수질 자료의 경향성, 주기성, 임의성을 설명해보자.
10. 수질 경향성을 추정하기 위해 최소좌승법 보다 켄달 선을 적용하는 이유를 설명해보자.

제5장

수질 반응론

제5장 수질 반응론

자연 수체에서 일어나는 주요 수질 반응을 소개한다. 생물분해, 질산화, 재포기, 광합성과 호흡, 침강, 미생물 사멸 등과 같이 수질관리와 모델 적용을 위해 필요한 반응들을 수식 유도와 함께 설명한다.

자연 수체에는 여러 가지 이물질이 용해 또는 부유하고 있다. 이러한 물질은 매우 적은 량으로 수체에 존재하지만 수질에는 중요한 영향을 미친다. 결과적으로 수질은 물 분자 보다 물속에 있는 이물질에 의해 결정된다.

수중의 이물질은 존재 형태에 따라 부유 물질, 콜로이드 물질, 그리고 용존 물질로 나누어진다. 부유 물질 중에서 입자가 크고 중력에 의해 바닥으로 가라앉는 물질을 침강성 고형 물질로 분류하며 여과에 의해 제거될 수 있다. 콜로이드 물질은 침강이 일어나지 않고 보통 여과 방법으로는 제거될 수 없으며 원심분리나 미세여과(Ultrafilteration)과정에 의해 제거되어질 수 있다. 용존 물질은 수중에 분자상으로 분산되어 용액을 형성하며 여과로는 물과 분리되지 않는다.

물에 들어있는 이물질은 [그림 5.1]에 제시한 바와 같이 다양한 수질반응에 의해 변화한다. 이러한 반응들은 [표 5.1]과 같이 물리적, 화학적, 생물학적 반응으로 분류할 수 있다. 물리적 반응이란 성분은 변화하지 않고 중력이나 전기력 등으로 물질의 위치가 달라져 수질이 변하는 것을 말하며 침강, 흡착, 휘발 등과 같은 현상이 여기에 해당한다. 화학적 반응은 물질이 다른 물질과 반응하여 새로운 물질로 바뀌는 현상으로 가수분해, 광화학, 산화환원 등이 있다. 생물학적 반응은 물질변화 과정에 생물이 관여하는 것을 말한다. 미생물에 의해 유기물이 무기물로 변화되는 생물분해와 같이 물질의 성분이 변화되는 경우도 있고, 생물 농축과 같이 물질은 변하지 않고 위치만 바뀌는 경우도 여기에 속한다. 생물분해, 광합성과 호흡, 질산화 등이 대표적 생물학적 반응이다.

수질 반응에 대한 적절한 이해와 수식화는 수질관리와 모델 적용을 위해 없어서는 안 될 중요한 일부다. 이러한 이유 때문에 수질 반응식을 흔히 수질모델의 부모델(Submodel)로 부르기도 한다. 다양한 수질 반응이 자연 수체에서 일어나고 있으나 여기서는 기초적이고 일반적인 수질모델에서 필요로 하는 반응만 다룬다. 수질반응에 관한 상세한 기작은 수질화학이나 수질오염학 등에서 다루어진다.

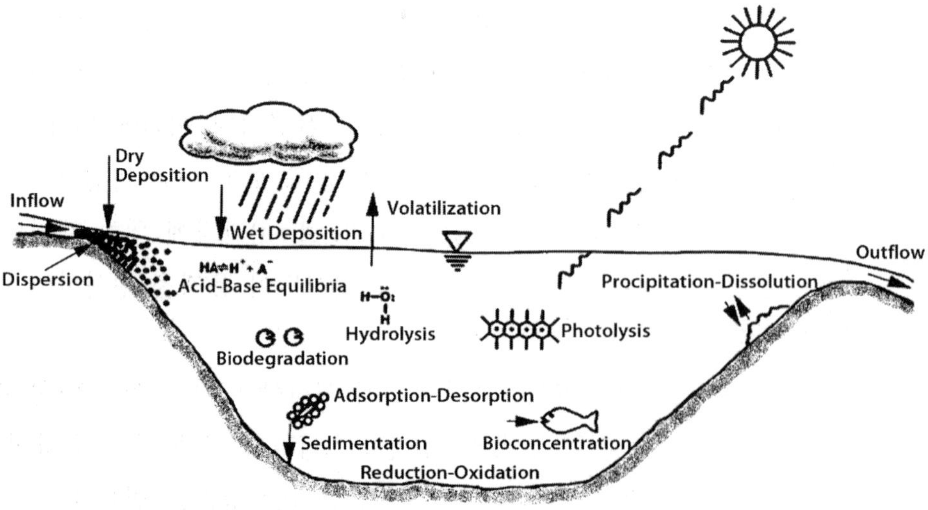

[그림 5.1] 자연 수체에서 일어나는 주요 수질 반응

[표 5.1] 주요 수질 반응의 형태

종류	변화 형태	주요 반응
물리적 반응	위치 이동	희석, 침강, 재부유, 응결, 여과, 흡착, 휘발, 증발, 용해, 열전달, 확산 등
화학적 반응	물질 변화	광분해, 가수분해, 침전, 이온화, 산화, 환원 등
생물학적 반응	위치 이동 또는 물질 변화	생물분해, 생물농축, 광합성 등

5.1 생물분해

자연 수체에서 일어나는 반응 중에서 수질에 가장 중요한 영향을 미치는 것은 유기물이 산소를 소모하며 무기물로 변하는 생물분해 반응이다. 수중에 사는 부패 박테리아(Saprobic Bacteria)를 비롯한 여러 종류의 미생물들이 참여하여 물을 맑게 정화하는 이 반응은 자연 수체에 생명력을 불어넣어 주는 반응이다. 생물학적 하수처리는 생물분해 반응을 극대화하기 위해 인공적으로 산소를 불어넣어 주고 미생물을 배양하는 공정이다.

(1) 수중 유기물

수중의 유기물은 아주 다양한 물질로 이루어져 있으며, 어떤 것은 쉽게 분해되기도 하지만 그렇지 않은 난분해성도 많이 있다. 또한 물에 용존되어 있거나 입자 또는 콜로이드 상태로 있을 수도 있다. 입자 상태의 유기물은 중력에 의해 침강되고 또 재부유되기도 한다. 이처럼 수중 유기물은 매우 다양한 형태로 존재하면서 복잡한 반응을 일으킨다. [그림 5.2]는 강이나 호수에 유기물이 증가하고 감소하는 주요 경로를 보여주고 있다.

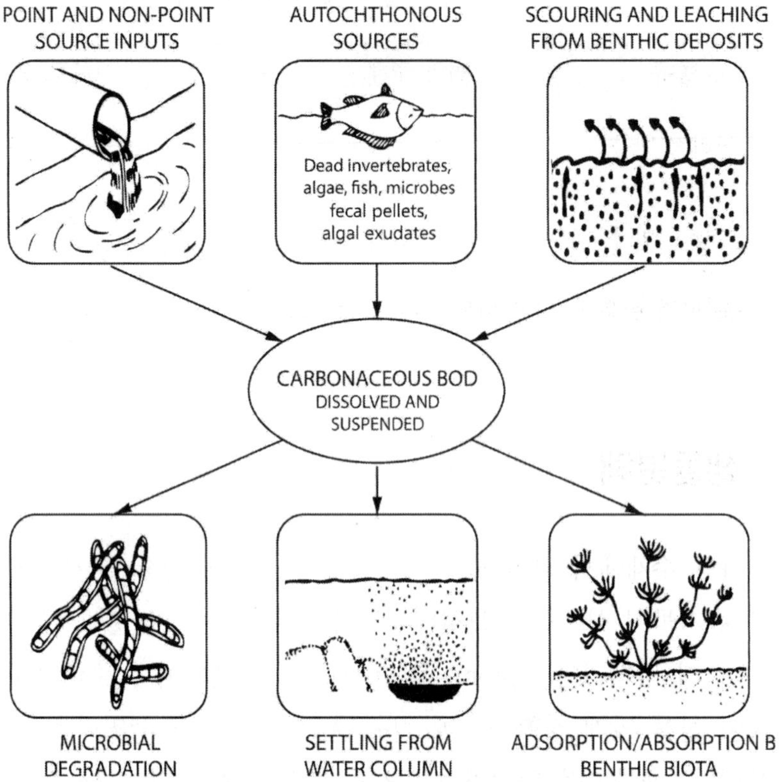

[그림 5.2] 수중 유기물의 증가와 감소

생물분해 반응을 다음과 같은 화학 반응식으로 표현할 수 있다.

$$(CH_2O)_a(NH_3)_b(H_3PO_4)_c + a(O_2) \rightarrow a(CO_2) + b(NH_3) + c(H_3PO_4) + a(H_2O)$$

여기서 a, b, c는 물질에 따라 달라질 수 있으나 보통 a는 106, b는 16, c는 1의 비율이 사용된다. 이 반응에서 보듯이 유기물이 분해되면 이산화탄소와 물, 그리고 암모니아와 정인산(Ortho Phosphate) 등이 만들어진다.

생물분해 반응은 영어로 Biodegradation 또는 Biolysis로 표현되나 두 단어의 의미에는 차이가 있다. Biodegradation은 분자량이 적은 물질로 변하는 것을, Biolysis는 유기물이 무기물로 변하는 의미를 내포하고 있다. 두 반응 모두 Biotransformation(생물변형)의 영역에 포함된다. 여기서 다루는 내용은 위의 반응식과 같이 Biolysis가 주가 되며 다른 생물분해 반응도 포함한다.

(2) 생물화학적 산소요구량과 Phelps' Law

수질관리의 관점에서 중요한 것은 유기물의 형태나 관련 반응보다 생물분해 과정에서 소모되는 산소량이다. 그래서 수중의 여러 종류의 유기물은 그것이 소모할 수 있는 산소량, 즉 생물화학적 산소요구량(BOD : Biochemical Oxygen Demand)으로 통합하고 이것이 분해되는 과정을 반응식으로 표현한다. 생물화학적 산소요구량 개념은 1880년대 영국의 William Dibdin이라는 과학자에 의해 만들어졌지만 반응식으로 계량화된 것은 1909년에 와서 미국의 Earle Phelps에 의해 이루어졌다.

Phelps는 유기물이 산소를 소모하면서 생물분해되는 반응을 다음과 같이 표현하였다. 유기물의 생물화학적 산화속도는 산화되지 않고 남아있는 물질을 산소 농도로 표현할 때, 그 농도에 비례한다(The rate of biochemical oxidation of organic matter is proportional to the remaining concentration of unoxidized substance, measured in terms of oxidizability). 이것은 오늘날까지 펠프스의 법칙(Phelps' Law)로 불리며 사용되고 있으며 다음과 같은 식으로 표현된다.

$$\frac{dL}{dt} = -k_d L \tag{5.1}$$

여기서 L은 생물화학적 산소요구량, k_d는 탈산소계수(Deoxygenation Rate)(1/T), t는 시간이다. 초기 값이 L_0라면, 이 식은 다음과 같은 해를 갖는다.

$$L = L_0 e^{-k_d t} \tag{5.2}$$

분해과정에서 소모된 산소(y)는 다음과 같이 정의될 수 있다.

$$y = L_0 - L \tag{5.3}$$

이 식을 식 5.2에 대입하면,

$$y = L_0(1 - e^{-k_d t}) \tag{5.4}$$

L_0는 물속의 유기물이 분해되면서 소모할 수 있는 총량을 의미하며 측정을 통해 얻어진 BOD_5와 식 5.4를 통해 다음과 같이 구할 수 있다.

$$L_0 = \frac{BOD_5}{1 - e^{-5k_d}} \tag{5.5}$$

유기물은 산소가 없는 상태에서도 분해가 일어나며 이 경우에는 펠프스 법칙을 따르지 않을 뿐만 아니라 그 반응속도와 산물도 크게 다르다. 산소가 있는 상태에서 유기물이 분해되면 이산화탄소나 질산, 황산 등이 생성되지만, 없는 상태에서는 메탄, 암모니아, 황화수소 등이 발생한다. 그리고 분해속도는 매우 느리다. 산소가 없는 상태에서 일어나는 유기물 분해과정은 제8장에 기술하는 퇴적물 반응에서 보다 자세히 설명한다.

ThOD, COD, BOD, TOC

수중 유기물을 표현하는 방법은 BOD외에도 몇 가지 방법이 사용되고 있다. ThOD (Theoretical Oxygen Demand, 이론적 산소요구량)는 유기물을 구성하고 있는 성분이 모두 산소를 소모할 것으로 가정하여 이론적으로 계산하는 산소량이다. ThOD를 구하기 위해서는 유기물의 분자구조를 알아야 한다. COD (Chemical Oxygen Demand, 화학적 산소요구량)는 그 물질의 분자구조와 관계없이 산화제를 넣고 끓여 소모되는 양으로 결정하는 것으로 물속에 산화될 수 있는 모든 것이 소모하는 산소량을 측정하는 하나의 방법이다. BOD가 자연 상태에서 생물분해 가능한 유기물을 표현하는 것이라면 COD는 미생물이 쉽게 분해할 수 없는 난분해성 유기물까지 모두 측정한다.

만약 동일한 시료에 대해 ThOD, COD, BOD를 측정할 경우, 유기물의 구성성분을 알고 그 물질이 화학적으로나 생물학적으로 완전 분해가 일어난다고 가정하면 세 가지 값은 동일할 것이다. 하지만 그러한 경우는 극히 드물다. 이유는 BOD 측정에서 미생물은 유기물을 분해하면서 세포 수를 증가시켜 나갈 뿐만 아니라 난분해성 유기물을 분해하기 어렵기 때문에 ThOD나 COD보다 적은 값을 나타낸다. COD는 만약 측정 오차가 없다면 ThOD와 같은 값을 보일 것이다. ThOD는 이론적 계산 값이고 COD와 BOD는 실험 값이다. 여기서 BOD는 다음 Box에서 설명하는 BOD_u를 의미한다.

BOD 측정에서 반드시 염두에 두어야 할 것은 오차가 매우 심하며 검출한계가 2ppm이라는 것이다(A lower detection limit of 2mg/L is established by the requirement for a minimum DO depletion of 2mg/L, Standard Methods, USA). 2ppm 이하의 BOD는 신뢰할 수 없다는 의미다. 이러한 문제 때문에 수중 유기물의 정확성을 기하기 위하여 도입하려는 것이 TOC(Total Organic Carbon, 총 유기탄소량)이다. TOC는 유기물에 포함되어 있는 탄소의 총량을 측정하는 것으로 정확성을 기할 수 있지만 질소 성분에 의한 산소소모량(NBOD)이 함께 포함될 수 없는 단점이 있다. 보다 정확하게 표현하자면 TOC는 유기물의 량을 측정하는 것이지 BOD나 COD와 같이 소모되는 산소량을 측정하는 것이 아니다.

5.2 질산화

생물분해 반응에 의해 유기물에 함유된 질소가 암모니아로 변화된 후 [그림 5.3]에서 보는 바와 같이, 다시 아질산과 질산으로 산화된다. 암모니아가 아질산과 질산으로 변화되는 과정을 질산화 반응(Nitrification)이라 하며, 반응속도에 의해 암모니아, 아질산, 질산의 수중 농도가 결정된다. 또한 이 반응은 산소를 소모하는 산화 반응으로 수중 용존산소 변화에 상당한 영향을 미친다. 이때 사용되는 산소량을 질산성 생물화학적 산소요구량(NBOD 또는 NOD : Nitrogenous Biochemical Oxygen Demand)이라 부른다.

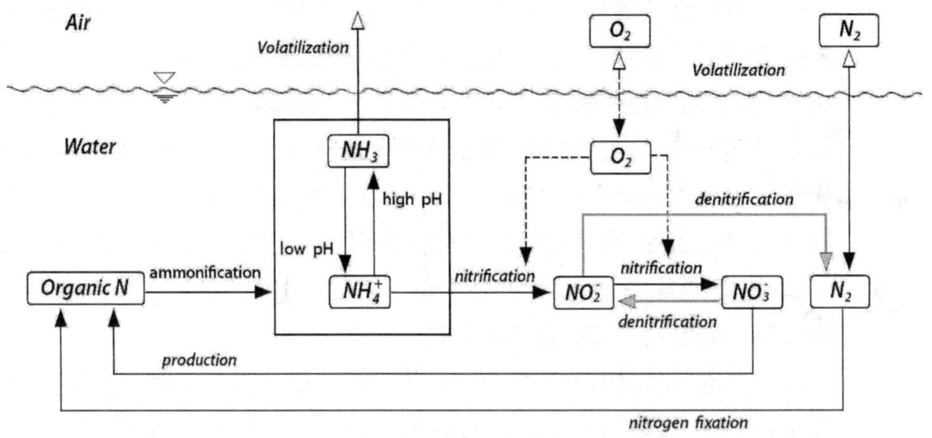

[그림 5.3] 물에서 일어나는 질소 반응들

(1) 질산화 반응

질산화 반응은 용존산소를 비롯하여 광합성에 의한 식물성 플랑크톤 성장 등 여러 가지 수질현상에 중요한 영향을 미친다. 이 반응은 Nitrosomonas와 Nitrobacter라는 박테리아에 의해 일어난다. 이 질산화 박테리아들은 각각 암모니아와 아질산에서 에너지를 얻어 생활하는 독립영양 미생물(Autotrophe)이며 무기물의 화학합성(Chemosynthesis)을 에너지원으로 이용하기 때문에 화학적 영양자(Chemotrophe)라고도 한다. 이중 Nitrobacter는 유기물에서도 에너지를 얻을 수 있는 것이 알려져 임의성 독립영양 미생물(Facultative Autotrophe)로 분류된다.

$$NH_4^+ + 1.5O_2 \rightarrow NO_2^- + H_2O + 2H^+$$

$$NO_2^- + 0.5O_2 \rightarrow NO_3^-$$

독립영양자는 종속영양자(Heterotrophe)와는 달리 성장속도가 매우 느리며 소모된 에너지당 생성되는 미생물 개체수가 매우 적다. 두 개의 연속된 반응으로 이루어진 질산화 반응에서 일반적으로 아질산(Nitrite)이 Nitrobacter에 의해 질산(Nitrate)이 되는 과정이 암모니아가 Nitrosomonas에 의해 아질산이 되는 과정에 비해 빨리 일어난다. 따라서 수중에 아질산이 항상 미량 존재하게 되며 Nitrosomonas의 성장이 질산화 반응의 속도를 결정하게 된다. 그러나 매우 낮은 온도나 산소 농도하에서는 암모니아 산화가 아질산의 산화보다 빠르게 이루어져 아질산이 수중에 농축된다. 아질산이 농축하게 되면 Nitrosomonas와 Nitrobacter의 활동 모두를 억제하게 되어 질산화 반응이 매우 느리게 일어나게 한다. 질소 산화과정에 따른 성분 변화를 [그림 5.4]에 제시하였다.

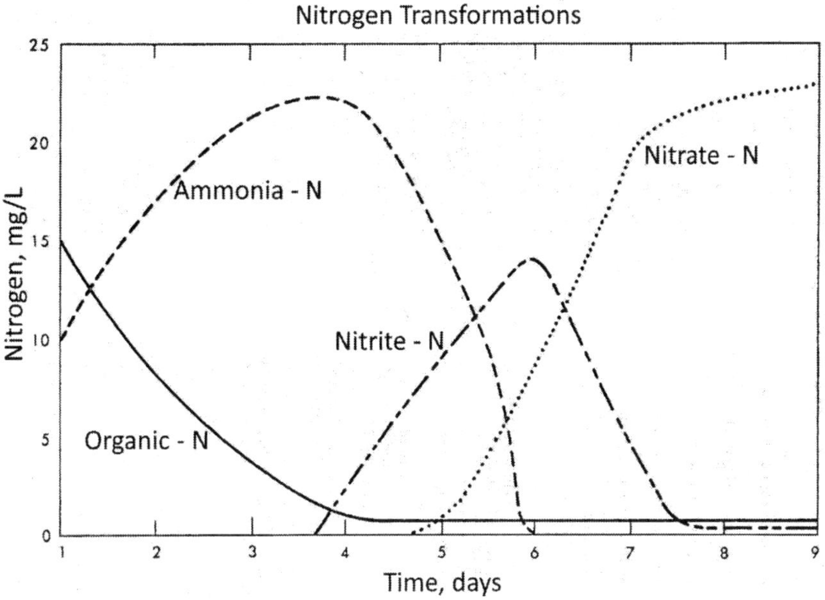

[그림 5.4] 시간에 따른 질소성분 변화

(2) 질산성 산소요구량과 반응식

유기질소(N_0)에서 암모니아성 질소(N_1), 아질산성 질소(N_2), 질산성 질소(N_3)로 변해가는 과정을 수식으로 표현하면 다음과 같다.

$$\frac{dN_1}{dt} = k_0N_0 - k_1N_1 \tag{5.6}$$

$$\frac{dN_2}{dt} = k_1N_1 - k_2N_2 \tag{5.7}$$

$$\frac{dN_3}{dt} = k_2N_2 \tag{5.8}$$

여기서 k_0는 유기질소 생물분해계수, k_1은 암모니아 질산화계수, k_2는 아질산 질산화계수다. 만약 조류 성장에 의한 암모니아와 질산 소모가 있거나 탈질화 반응이 있을 경우 위의 식은 변형되어야 한다.

질산화 반응에 따른 암모니아와 아질산, 그리고 질산의 농도는 앞에서 제시한 반응식을 통해 구할 수 있으며 연속적인 두 반응에 의해 소모된 산소량(NBOD)도 산출된다. 그러나 NBOD의 반응식은 다음과 같은 CBOD와 동일한 방법으로 간편하게 표현되기도 한다.

$$\frac{dL^N}{dt} = -k_NL^N \tag{5.9}$$

초기 값이 $L_0{}^N$라면, 이 식은 다음과 같은 해를 갖는다.

$$L^N = L_0{}^N exp(-k_N\frac{x}{u}) \tag{5.10}$$

자연 수체에 존재하는 질소형태 네 가지 중에서 아질산은 미량으로 존재하기 때문에 산소 소모가 무시될 수 있다. 따라서 L_0^{N}은 유기질소와 암모니아성 질소에 의해 결정되며, 이 두 가지 형태의 질소를 합하여 총킬달질소(TKN : Total Kjeldahl Nitrogen)라고 한다. TKN을 이용한 NBOD 산정은 123쪽 Box에 설명되어 있다.

(3) 암모니아 독성

수중의 암모니아는 두 가지 형태(NH_3, NH_4^+)를 나타낸다. 이 중 전리되지 않은 암모니아(NH_3)는 물고기 등 수중 생물에 독성이 있어 미량으로써도 치사를 유발하며 휘발성이 있어 일부 대기로 사라지기도 한다. 암모니아의 전리과정을 결정하는 것은 온도와 pH로써, 온도와 pH가 높을수록 비전리 암모니아 성분이 많다.

일반적으로 암모니아의 전리(Ionized) 또는 비전리(Unionized) 성분의 농도를 측정하는 것은 불가능하여 Emerson. et al(1975)이 제시한 다음 암모니아 평형식을 이용하여 비전리 성분 농도를 결정한다.

$$[NH_3] = [Total\,Ammonia] \cdot \frac{1}{1+10^{(pK_a - pH)}} \tag{5.11}$$

여기서 pK_a는 다음과 같으며, T는 수온(℃)이다.

$$pK_a = 0.09018 + \frac{2729.92}{273.2 + T} \tag{5.12}$$

[그림 5.5]는 하루 동안 pH와 온도 변화에 따른 비전리성 암모니아 농도 변화를 보여준다. 그림에서 보듯이 낮 동안 비전리성 농도는 급속히 증가하여 동일한 농도라도 암모니아는 낮에 독성이 더욱 강해진다.

수중식물의 성장에 직접 이용 가능한 암모니아성 질소와 질산성 질소를 합하여 유효질소(Effective Nitrogen)라 부르며, 용존 인과 더불어 수중 일차 생

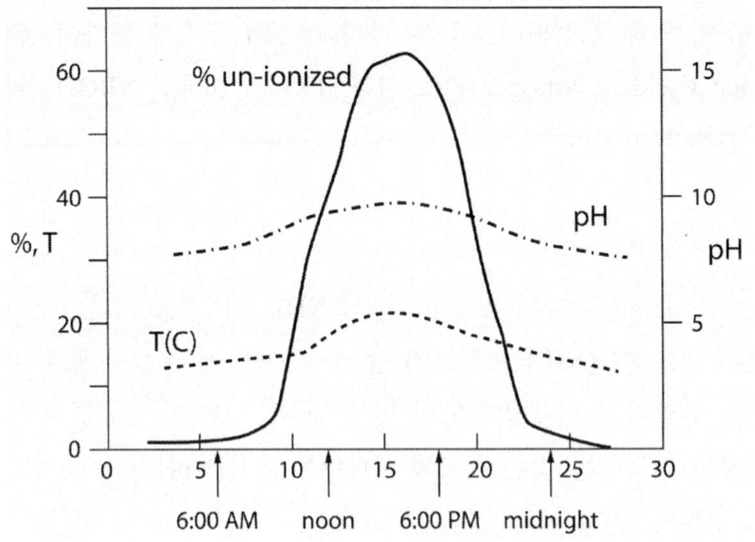

[그림 5.5] 온도와 pH로 인한 비전리성 암모니아 일주 변화

산력(Primary Productivity)의 제한요소(Limiting Factor)가 된다. 대부분의 수체에서는 용존인이 제한요소가 되나 일부 오염이 심한 하천에서는 용존인이 풍부하기 때문에 질소가 제한요소가 되는 경우도 있다.

이 반응은 유기물이 산소 대신에 질산을 전자 수용체로 사용하며 종속영양을 하는 탈질 박테리아(Denitrification Bacteria)에 의해 일어난다. 생활하수를 생물학적으로 고도처리하는 과정에서 질산화와 탈질 반응을 연속적으로 일어나게 하여 질소를 제거한다. 탈질과정도 제8장에 기술한 퇴적물 반응에서 보다 상세히 설명된다.

CBOD, NBOD, BOD_5, BODu

수중의 유기물에 의한 산소 소모는 크게 두 가지 성분, 즉 탄소와 질소에 의해 일어난다. 그리고 그 반응에 참여하는 미생물은 각각 종속영양과 독립영양으로 산소를 두고 경쟁을 할 때, 에너지 효율이 좋은 종속영양 미생물 반응이 먼저 일어난 후 독립영양 미생물 반응이 일어난다. 이러한 이유 때문에 BOD 병에서 산소가 소모되는 과정을 보면 아래 그림과 같이 두 단계를 거치면서 일어난다.

쉽게 혼합이 가능하고 작은 BOD 병 같은 곳(Homogeneous Media)에서는 두 반응이 순차적으로 일어나지만, 하천이나 호수와 공간적으로 차이가 나는 대형 수체(Heterogeneous Media)에서는 동시에 일어난다. 특히 Nitrosomonas와 Nitrobacter와 같은 질산화 미생물은 수초나 모래, 자갈 등에 부착성장하기 때문에 서식 장소를 달리하여 산소를 소모할 수 있다.

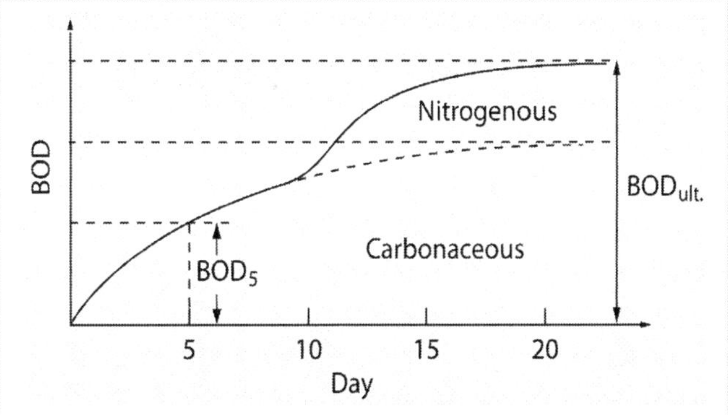

탄소성분이 종속영양미생물 반응을 통해 소모하는 산소를 CBOD(Carbonaceous Biochemical Oxygen Demand)라 하며, 질소성분이 독립영양 미생물 반응을 통해 소모하는 산소를 NBOD(Nitrogenous Biochemical Oxygen Demand)라고 한다. 또한 이 둘을 합한 값을 BOD_u(Ultimate Biochemical Oxygen Demand)라고 한다. BOD_5는 20℃에서 5일 동안 소모되는 산소량으로 CBOD와는 구분된다. CBOD와 NBOD를 구분하기 위해 동일한 시료를 두 개의 BOD 병에 넣은 후 한 병은 BOD_u를 측정하고 나머지 한 병에는 질산화반응 억제제(Nitrification Inhibitor)를 첨가하여 CBOD를 측정하여 빼주면 NBOD를 구할 수 있다.

일반적으로 자연 수체에 존재하는 생물분해 가능한 유기물은 탄소와 질소의 관점에서 이론적 분자 구성비로 표현하면 $C_5H_7NO_2$으로 표현된다. 분해과정을 화학반응식으로 표현하면 다음과 같다.

$$C_5H_7NO_2 + 5O_2 \rightarrow 5CO_2 + 2H_2O + NH_3$$

$$NH_4^+ + 2O_2 \rightarrow NO_3 + H_2O + 2H^+$$

이 식에서 알 수 있듯이 일반적으로 수중 유기물의 CBOD와 NBOD의 이론적 비는 5 : 2이다. 이 반응식에서 탄소와 질소가 각각 소모하는 산소량을 환산해 보면, 탄소 1g이 소모하는 산소량은 2.67g이며(160/60=2.67), 질소 1g이 소모하는 산소량은 4.57g이다(64/14=4.57). 이러한 관계를 이용하여 수중의 유기탄소와 질소 성분에 의한 산소 소모량을 다음과 같이 TOC와 TKN을 이용하여 계산할 수 있다. 이 경우 미생물 성장에 사용되는 탄소와 질소가 산소 소모량으로 계산되는 단점이 있다.

$$CBOD \simeq 2.67$$

$$NBOD \simeq 4.57\,TKN + 1.14\,NO_2 - N$$

5.3 재포기

재포기(Reaeration)는 대기와 수체 사이의 산소 교환 현상으로 정의된다. 대부분의 자연 수체에서 산소농도는 용존될 수 있는 최대의 농도, 즉 포화농도보다 부족하기 때문에 일반적으로 산소의 순이동은 대기에서 수체로 이루어지고 있다. 그러나 수중 식물의 왕성한 광합성 작용에 의해 수체가 과포화 상태가 되면 순이동은 수체에서 대기로 이루어기도 한다. 재포기 현상의 원리는 Adeney and Becker(1919)에 의해 처음 연구되었으며, 이들은 재포기 속도가 수중 포화 산소 농도와 실제 농도와의 차이인 산소부족 농도(Dissolved Oxygen

Deficit)에 정비례하는 것을 실험으로 증명하였다. 또한 재포기 반응은 수체 표면에서만 일어나는 면적 반응(Areal Process)이며 반응 속도는 면적의 크기에 정비례한다.

이러한 반응 원리는 Streeter and Phelps(1925)에 의해 하천 수중 용존산소 변화에 응용되기 시작하였다. Adeney and Becker(1919)에 의해 제시된 재포기 원리에 따르면 대기로부터 물로 이동하는 산소량은 다음과 같은 식으로 표현될 수 있다.

$$N = k_L A(C_s - C) \tag{5.13}$$

여기서, N은 단위시간당 이동하는 산소량 (M/T), K_L은 표면이동계수 (L/T), A는 재포기현상이 일어나는 물의 표면적(L^2), C_s는 포화산소농도(M/L^3), C는 수중산소농도(M/L^3)이다.

이 식을 농도의 단위로 표현하면 다음과 같이 변형된다.

$$\frac{N}{V} = \frac{dC}{dt} = k_L \frac{A}{V}(C_s - C) \tag{5.14}$$

여기서 V는 수체부피(L^3)이다. A/V를 수체 깊이의 역수로 표현하고, (C_s-C) 항을 D로 표현하면, 식 4.13은 다음과 같이 변형된다.

$$\frac{dD}{dt} = -\frac{k_L}{H} D = -k_a D \tag{5.15}$$

여기서 H는 수심(L)이며 k_a를 재포기 계수(Reaeration Coefficent)라 부른다 (1/T). 주어진 수체에서 재포기 반응을 결정하는 것은 수체내의 현존 산소농도와 포화농도 그리고 재포기 계수다.

(1) 재포기 계수

재포기 계수는 수체의 용존산소 변화를 예측하는데 매우 중요한 상수이기 때문에 보다 정확한 값을 산정하기 위한 연구가 많이 이루어져 왔다. 다음과 같은 공식들이 지금까지 정확성이 인정되어 자주 이용된다. 아래 재포기 계수 공식들은 온도가 20℃를 기준으로 만들어졌다.

하천

수많은 재포기 계수들이 제안되었는데, 이들 중 다음 식들이 일반적으로 가장 널리 이용되고 있다.

- O'Connor-Dobbins (1956)

$$k_a = 3.93 \frac{U^{0.5}}{H^{1.5}} \tag{5.16}$$

- Churchill, Buckingham and Elmore (1962)

$$k_a = 5.026 \frac{U}{H^{1.67}} \tag{5.17}$$

- Owens, Edward and Gibbs (1964)

$$k_a = 5.32 \frac{U^{0.67}}{H^{1.85}} \tag{5.18}$$

- Langbein and Durum (1967)

$$k_a = 2.23 \frac{U}{H^{1.33}} \tag{5.19}$$

여기서 재포기 계수 k_a 단위는 1/day, 유속 U의 단위는 meter/sec, 수심 H의 단위는 meter이다. 이 식들은 각각 적용범위를 달리하면 보다 정확한 재포기 계수값을 구할 수 있다(Zison et al. 1978). O'Connor-Dobbins는 보통에서 느린 속도를 가지고 깊이가 보통에서 깊은 하천에 적절한 적용 범위를 가지며, Churchill 공식은 깊이는 O'Connor-Dobbins의 경우와 비슷하지만 유속이 더 빠른 하천에 적용한다. 마지막으로 Owens-Gibbs 식은 더 얕은 하천에 이용된다[표 5.2].

[표 5.2] 하천 재포기 계수식의 유속과 수심 적용 범위

수심과 유속	O'Connor-Dobbins	Churchill	Owens-Gibbs
수심, m	0.30 – 9.14	0.61 – 3.35	0.12 – 0.73
유속 m/s	0.15 – 0.49	0.55 – 1.52	0.03 – 0.55

호수

호수는 하천에 비해 수심이 깊고 변이가 크기 때문에 재포기 계수를 사용하지 않고 산소 전달 계수를 사용한다. 호수에서 산소 전달은 바람의 영향을 크게 받는다.

- Broecker et al.(1978)

$$K_l = 0.864 U_w \tag{5.20}$$

- Banks(1975)

$$K_l = 0.728 U_w^{0.5} - 0.317 U_w + 0.0372 U_w^2 \tag{5.21}$$

- Wanninkhof et al. (1991)

$$K_l = 0.0986\, U_w^{1.64} \tag{5.22}$$

여기서 K_l 은 산소 물질-전달 계수(meter/day)고, U_w 는 수표면 10m 위에서 측정된 풍속(meter/second)이다.

하구

하구에서 재포기는 조석현상과 바람의 영향을 모두 받는다. Tomann and Fitzpatrick(1982)이 두 경우를 모두 고려한 다음 식이 비교적 널리 사용된다.

$$k_A = 3.93\frac{\sqrt{U_0}}{H^{3/2}} + \frac{0.728\, U_w^{0.5} - 0.317\, U_w + 0.0372\, U_w^2}{H} \tag{5.23}$$

여기서 U_0 는 한 조석주기 내에서 평균 조류속도(meter/second), H는 수심(meter), U_w 는 수표면 10meter 위에서 측정된 풍속(meter/second)이다.

폭포와 댐

하천에 폭포나 댐이 위치하면 재포기 현상은 크게 변화한다. 이 변화는 산소부족량 비(Oxygen Deficit Ratio)를 이용하여 댐에 의한 영향을 계산할 수 있다. 산소부족량 비(r)는 다음 식과 같이 정의된다.

$$r = \frac{C_s - C_u}{C_s - C_d} \tag{5.24}$$

여기서 C_s 는 포화산소 농도, C_u는 댐 상류 산소농도, C_d는 댐 하류 산소 농도이다. r 값은 흐르는 물의 수질이나 댐의 높이와 형태 등에 의해 결정되며, 이 값을 알게 되면 하류 산소농도 C_d를 구할 수 있다.

산소부족량 비에 관한 공식은 다음과 같은 것이 있다.

- Gameson(1957)

$$r = 1 + 0.5abH \tag{5.25}$$

여기서 a는 수질인자(Polluted=0.65, Clean Water=1.8), b는 댐 형태인자(Free Fall=1.0, Cascade=1.3), H는 수위차(meter)이다.

- Butts and Evans(1983)

$$r = 1 + 0.38abH(1 - 0.11H)(1 + 0.046T) \tag{5.26}$$

여기서 a는 수질인자(0.65~1.8)이고, b는 댐 형태인자(0.7~1.0)이며, H는 수위차[meter], T는 수온[℃]이다. a와 b의 값에 관해서는 Chapra(1997)를 참고하라.

(2) 포화산소농도

포화산소농도는 온도와 기압 그리고 수중에 용해된 물질의 농도(흔히 염분도)에 의해 결정된다. 포화농도 측정은 Fox에 의해 1909년에 처음 시도되었으며 그 후 많은 사람들이 좀 더 정확한 측정 방법을 개발하고 측정값을 발표하였으며, 수질모델은 다음과 같은 식을 주로 사용한다.

온도

다음 식은 산소포화에 대한 온도의 영향을 설명하기 위해 사용될 수 있다.

$$\ln C_{sf} = -139.34411 + \frac{1.575701\times10^5}{T_a} - \frac{6.642308\times10^7}{T_a^2} + \frac{1.243800\times10^{10}}{T_a^3} - \frac{8.621949\times10^{11}}{T_a^4} \tag{5.27}$$

여기서, C_{sf} =1 기압(atm)에서 담수의 용존산소 포화농도(mg/L), T_a= 절대온도(K)이다.

염분도

다음 식은 포화와 염분도의 관계를 나타내기 위한 식이다.

$$\ln C_{ss} = \ln C_{sf} - S(1.7674 \times 10^{-2} - \frac{1.0754 \times 10^{1}}{T_a} + \frac{2.1407 \times 10^{3}}{T_a^2}) \quad (5.28)$$

여기서, C_{ss} = 1 기압(atm)에서 해수의 용존산소 포화농도(mg/L), S = 염분도 (g / L = ppt)이다.

압력

대기의 압력은 고도에 따라 달라지기 때문에, 고도를 이용하여 포화농도를 결정하는 것이 편리하다. Zison et al.(1978)은 고도에 기초하여 편리한 근사식을 만들었다.

$$C_{sp} = C_{s1}[1 - 0.1148 \times \text{elev(km)}] \quad (5.29)$$

여기서, elev = 해발고도(kilometer)이다. 이러한 관계는 고도가 높아져 압력이 감소할수록 포화농도가 떨어진다는 것을 나타낸다.

5.4 광합성과 호흡

수중식물은 태양에너지를 이용하여 간단한 분자구조의 무기물을 좀 더 복잡한 구조의 유기물로 변형시키는 광합성을 한다. 광합성을 통하여 태양에너지는 유기물 분자에 화학에너지로 저장된다. 이 과정에서 산소는 방출되고 이산화탄소와 영양물질은 소모된다. 생산된 유기물은 호흡이나 분해와 같이 광합성에 반대되는 과정을 통하여 박테리아나 곰팡이의 에너지원으로 작용한다. 호흡이나 분해를 통해 유기물은 간단한 구조의 무기물 상태로 되돌아간다. 이 과정에서 산소는 소모되고 이산화탄소와 영양물질은 방출된다[그림 5.6].

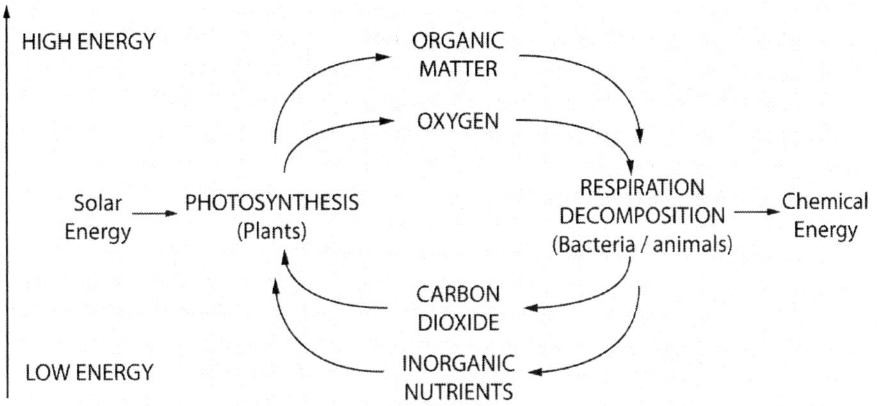

[그림 5.6] 광합성과 호흡에 의한 에너지와 물질변화

호흡은 하루 동안 비교적 일정한 반응 속도로 일어나지만 광합성은 빛이 있는 낮에만 일어나고 빛의 강도, 온도, 수중의 영양물질 등에 따라 크게 달라진다. 영양물질이 풍부하고 적당한 온도와 빛이 유지되면 수중식물은 광합성을 통해 왕성하게 성장하게 되고, 이때 주간에는 용존산소가 과포화되고 야간에는 산소고갈 현상이 나타난다. 또한 성장한 수중식물이 사멸할 때 많은 유기물을 배출하여 수질을 악화시키고, 악취와 냄새를 유발하여 식수원으로의 사용을 불가능하게 하거나 식수처리 비용을 증가시키고 유독성 물질을 분비하기도 한다.

수중식물의 종류는 매우 다양하지만 수질변화의 측면에서 크게 부유조류(Planktonic Algae), 부착조류(Periphyton), 그리고 수초(Macrophyte)로 분류할 수 있다. 부유조류의 경우 광합성과 호흡 반응은 체적과정(Volumetric Process), 부착조류는 수체바닥에서 일어나는 면적과정(Areal Process)으로 표현된다. 수초의 경우 수체 바닥에 뿌리를 두고 있으나 반응이 일어나는 곳은 수체 내에서 불규칙하게 이루어진다. 부유조류는 물의 흐름이 느리고 수심이 깊은 강, 호수, 하구 등에 성장하며, 부착조류와 수초는 비교적 수심이 얕은 하천에 서식한다.

부유조류는 수체내 균일하게 분포하기 때문에 식물의 양을 단위 부피당 엽록소(Chlorophyll-a) 농도로 표현한다. 그러나 부착조류와 수초는 수체바닥에 불규칙하게 분포하고 있으며 경우에 따라서는 수초가 수면 밖으로 노출되어 있기도 하기 때문에 이들에 의한 수질변화를 간단한 수식으로 표현할 수 없다. 수초 성장이 왕성한 하천에서 나타나는 이러한 문제를 해결하기 위하여 Park et al(2001)은 용존산소 일주변화와 분자 구성비(Stoichiometric Ratio)를 이용하여 생물화학적 산소요구량, 인, 질소 등을 예측하는 모델을 제안하였다.

수중식물에 의한 수질변화는 광합성으로 인하여 하루 동안 차이가 크기 때문에 많은 경우 시변화 상태로 표현한다. O′Connor and DiToro(1970)은 하루 동안 광합성률 변화를 다음 사인 함수로 표현하였다.

$$P(t) = P_m \sin\left[\frac{\pi(t-t_r)}{\rho}\right] \qquad t_r < t < t_r + \rho$$

$$P(t) = 0 \qquad t_r + \rho < t < t_r + 24 \tag{5.30}$$

여기서, P_m은 하루 중 최대 광합성이 일어날 때 생산되는 산소량, t_r은 일출 시간, ρ은 하루 중 태양빛이 있는 시간이다. 이 식을 이용하여 하루 평균 광합성률을 구하면 다음과 같다.

$$P_a = P_m \frac{2}{\pi} \cdot \frac{\rho}{24} \tag{5.31}$$

광합성과 호흡에 의해 소모되거나 방출되는 영양물질은 아래 반응식에서 표현된 분자 구성비(Stoichiometric Ratio)를 이용하여 구할 수 있다.

$$a(CO_2) + b(NH_3) + c(H_3PO_4) + a(H_2O)$$
$$\rightleftarrows (CH_2O)_a(NH_3)_b(H_3PO_4)_c + a(O_2)$$

광합성이나 호흡을 할 때 생산 또는 소모하는 산소량이 주어질 경우 다른 물질의 변화도 계산되어질 수 있다. 구성비에 해당하는 a, b, c는 각각 Redfield Formula(Redfield, 1958)에 따라 106, 16, 1로 주어지나 수중 식물의 종류에 따라 달라질 수 있다. 광합성과 호흡에 의한 수질 변화는 하천모델에서 보다 더 구체적으로 설명되어진다.

인과 질소의 존재 형태

수중에서 광합성과 호흡에 의해 존재 형태가 가장 민감하게 변화하는 물질이 인과 질소이다. 이들은 아래 그림과 같이 유기물과 무기물, 그리고 입자상과 용존상 등으로 형태를 변화한다. 인은 크게 용존상과 입자상으로 분류되며 광합성에 사용되는 것은 이 중에서 정인산(Orthophosphorous)이다. 질소는 유기질소, 암모니아성 질소, 아질산성 질소, 질산성 질소로 나누어지며 이 중에서 암모니아와 질산성 질소가 광합성에 참여한다.

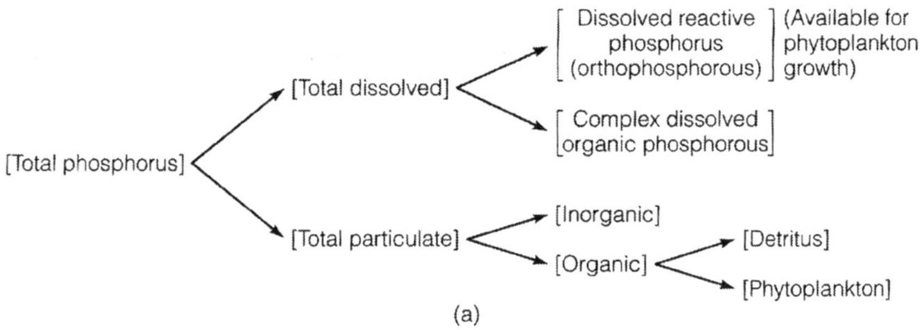

(a)

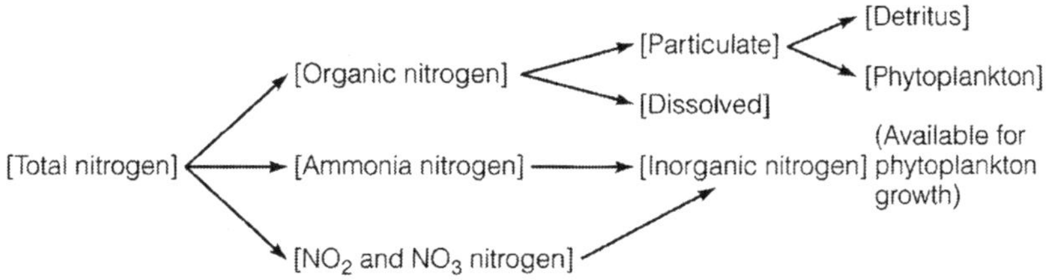

(b)

5.5 침강

물속에서 입자상 물질이 중력에 의해 바닥으로 이동하는 현상을 침강(Sedimentation)이라 한다. 침강에 의해 수중의 농도가 감소하게 되는 것으로는 토양입자, 유기물, 식물성 플랑크톤 등을 들 수 있다. 또한 서로 다른 용존물이 반응하여 침강 가능한 공침물(Precipitates)이나 미세한 콜로이드 상태의 입자들이 결합한 응결물(Coagulates)도 침강 현상의 주요한 대상이 된다.

바닥으로 침강된 물질은 수중과는 다른 상태 하에서 반응이 일어나며 수체 흐름에 따라 재부유(Resuspension)하기도 한다. 침강 속도와 이러한 인자들과의 관계는 유속과 와류 상태가 무시되어질 수 있는 수체에서는 쉽게 결정되어질 수 있으나 그렇지 못한 수체에서는 어렵다.

대부분의 자연 수체에서는 이러한 모든 인자들이 고려되어야 하기 때문에 침강 속도 결정을 위하여 실제 측정이 동반되어야 한다. 측정 방법으로 침강물 포집기(Sediment Trap)를 이용하여 단위시간 동안 침강물의 증가량 조사나 방사선 동위 원소를 이용하여 단위시간 동안 이동거리 측정이 이용되고 있다.

침강 현상에 의한 수중 부유물의 변화는 다음과 같이 일차 반응으로 설명되어진다.

$$\frac{dC}{dt} = -k_s C \tag{5.32}$$

여기서 C는 수중 부유물의 농도 (M/L_3)이며, k_s는 침강현상에 의해 단위 시간당 부유물이 수체에서 제거되는 비율 (1/T), 즉 침강계수를 말하며, t는 시간(T)이다. k_s는 다음과 같이 입자의 침강속도(v_s)와 수체에서 이동거리, 즉 수심 d로 나타낼 수 있다.

$$k_s = \frac{v_s}{d} \tag{5.33}$$

침강은 입자들 사이의 상호작용에 따라 크게 독립침강(Discrete Settling), 응집침강(Flocculent Settling), 계면침강(Zone Settling), 압밀침강(Pressure Settling) 등으로 나누어진다. 독립침강은 부유물질의 농도가 낮을 때 한 입자가 다른 입자의 존재와는 무관하게 일어나는 현상을 말하며, 응집침강은 침강하는 과정에서 여러 개의 입자들이 뭉쳐지는 현상으로 질량이 늘어나 침강속도가 점점 빨라지는 현상이다. 계면침강은 좀 더 농도가 높은 수체에서 입자 집단이 덩어리로 침강되며 각 입자들은 상대적으로 일정한 위치에 있게 된다. 이때 물과 침강입자 집단 사이에는 뚜렷한 계면이 형성된다. 압밀침강은 입자의 농도가 매우 높아 입자들 사이에 구조물이 형성되고 침강하는 동안 구조물에 압력이 가해지는 현상이다.

여러 침강현상 중에서 자연 수체에서 주로 일어나는 것은 독립침강이며 나머지는 하수처리장의 침전조(Sedimentation Tank)에서 일어나는 침강현상이다. 유기물이나 토양입자의 오염이 심한 자연 수체에서는 응집침강과 같은 현상이 일어날 수도 있으나 일반적인 수질모델에서는 식 5.31에 따르는 독립침강을 주로 다룬다.

5.6 미생물 사멸

수중에는 바이러스, 박테리아, 곰팡이, 원생동물 등 다양한 미생물들이 살아가고 있다. 이러한 미생물들은 수질관리 관점에서 보면 크게 두 부류로 나눌 수 있다. 하나는 부패균(Saprobic Bacteria)이나 곰팡이 등과 같이 수질정화 미생물이고, 다른 하나는 병원균(Pathogenic Bacteria), 원생동물, 바이러스 등과 같은 질병을 일으키는 수인성 전염병 미생물이다.

수질정화 미생물은 생물분해 반응에 참여하는 것으로 자연 수체에서는 미생물 자체의 성장과 사멸보다 분해되는 오염물질이 주 관심사다. 그러나 병원성 미생물은 인간의 물의 사용에 직접적인 영향을 미치기 때문에 수질관리의 관점에서 수체 내 미생물 변화가 매우 중요하다. 특히, 물이 상수원

수로 사용되거나 수영이나 물놀이와 같이 신체 접촉이 있는 경우에는 병원성 미생물은 주요하게 관리되어야 할 수질 항목이다. 주요 병원성 미생물은 [표 5.3]에 제시되어 있다.

물에 존재할지 모르는 각종 병원성 미생물들의 변화를 모두 측정하고 확인하기란 쉬운 일이 아니다. 그래서 병원성 미생물들은 이를 대변해 줄 수 있는 지표 미생물을 조사함으로 존재 가능성을 확인한다. 지표 미생물로 대장균(E. Coli)이나 분변성 세균(Fecal Coliform) 등이 사용된다.

[표 5.3] 주요 수인성 병원성 미생물

종류	병원성 미생물
박테리아	*Vibrio cholerae, Salmonella, Shigella, Legionella*
바이러스	*Hepatitis A, Enteroviruses, Polioviruses, Echoviruses, Coxsackieviruses, Rotaviruses*
원생동물	*Giardia lambia, Entamoeba histolytica, Cryptosporidium, Naegleria fowleri*

Chick's Law와 미생물 사멸식

병원성 미생물은 온혈동물(Warm Blooded Animal)의 배설물에서 자연계에 배출되며, 배출된 이후에는 생존 조건이 적합하지 않기 때문에 사멸하게 된다. Harriette Chick(1908)은 처음으로 그 사멸 과정을 다음과 같이 표현했다. 박테리아가 적합하지 않은 조건에서 사멸할 때 사멸속도는 박테리아 숫자가 가장 많은 초기에 최대이며, 시간에 따라 연속적으로 감소한다(When bacteria die under unfavourable environmental condition, the death rate is at maximum initially when the bacteria population is largest, and continuously decrease with time). 이것은 다음 식으로 표현되어 지금까지 칙의 법칙(Chick's Law)으로 불리며 사용되고 있다.

$$\frac{dN}{dt} = -k_b N \tag{5.34}$$

여기서 N은 박테리아 개체수이고, k_b는 사멸계수다. 자연 수체에서 사멸계수는 태양빛에 의한 광분해, 부유물질 흡착으로 인한 침강현상, 그리고 염분도 등에 의해 변화하게 된다. 이러한 영향을 고려하여 Mancini(1978)는 다음과 같은 사멸계수(k_b, 1/day) 공식을 제안했다.

$$k_b = (0.8 + 0.02S)\,1.07^{(T-20)} + \frac{\alpha I_o}{k_e H}(1 - e^{-k_e H}) + F_p \frac{\nu_s}{H} \tag{5.35}$$

여기서 S는 염분도(ppt, g/L), T는 온도(℃), α는 상수(≅1), I_o는 수면 빛에너지(langley/hour), k_e는 광사멸계수(1/meter), H는 수심(meter), F_p는 침강입자에 부착된 박테리아 비율, ν_s는 입자의 침강속도(meter/day)다.

반응계수와 온도

온도는 반응 형태에 따라 다소 차이는 있지만 모든 수질반응 속도에 영향을 미친다. 온도에 의한 영향은 아래 그림과 같이 크게 선형과 지수 증가, 그리고 최적 반응 형태로 나타난다.

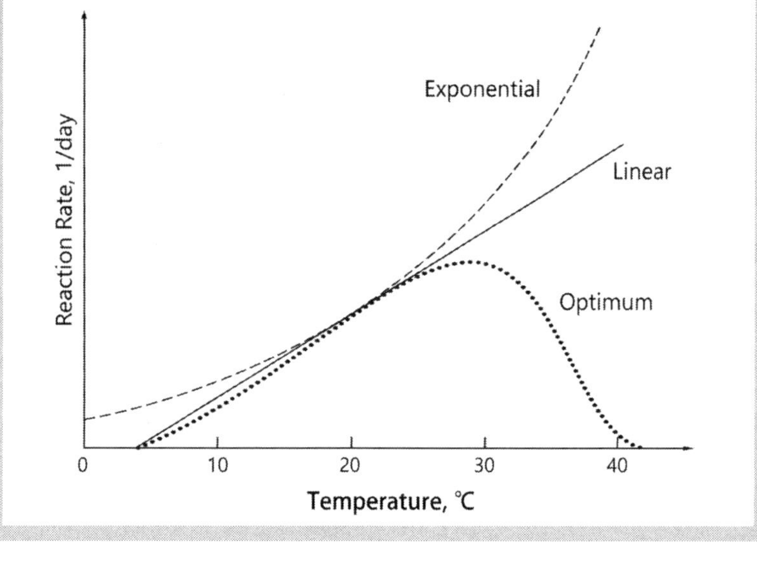

최적 반응은 생물학적 반응에서 나타나며 모든 화학적 반응은 Arrhenius van't Hoff 관계로 표현되는 지수 증가에 따르게 된다. 최적 반응의 경우도 최적 온도에 도달할 때까지는 단세포 생물들은 세포 내 효소들의 생화학적 반응에 불과하기 때문에 지수 증가에 크게 벗어나지 않는다. 그래서 이 책에서 다루는 대부분의 반응 계수는 다음 관계식을 이용하여 표현된다.

$$k_T = k_{20}\theta^{T-20}$$

여기서 k_T는 온도 T(℃)에서 반응계수(1/day), k_{20}는 20℃에서 반응계수, θ는 온도 보정계수이다. 온도 보정계수는 반응에 따라 차이가 있으나 일반적으로 1.0~1.47의 범위를 갖는다.

5.7 기타

지금까지 설명한 반응들은 수질관리모델에서 기본적으로 사용되는 것들이다. 자연 수체에서는 이 외에도 광분해, 가수분해, 휘발, 증발, 용해, 응결, 흡착, 침전 등 매우 다양한 반응들이 일어나고 있다. 이러한 반응들은 생물화학적 산소요구량, 용존산소, 영양물질, 병원성 미생물, 부유물질 등을 다루는 일반 수질모델에는 크게 관여하지 않는 반응들이며, 유독성 화학물질이나 물의 경도 변화 등과 같이 특별한 수질관리 목적에서 고려되는 반응들이다. 이 중 일부는 폐수처리나 정수처리에서 다루기도 한다.

먼저 광분해(Photolysis)는 태양복사 에너지에 의한 화학물질의 분해를 말한다. 광분해 현상은 크게 두 가지 방법에 의해 이루어진다. 하나는 화합물 자체가 빛을 흡수하는 직접 광분해가 있으며, 다른 하나는 중간 생성체를 통해 빛을 흡수하는 간접 광분해가 있다. 광분해 반응은 태양 복사에너지와 화학물질에 흡수되는 양에 의해 결정된다.

가수분해(Hydrolysis)는 하나의 분자가 분해되어 수소원자(H^+)와 수산화기(OH^-)로 이루어진 물 분자를 형성하는 반응을 의미한다. 가수분해는 산이나 염기에 의해 촉매반응이 일어나고 촉매효과는 반응의 형태와 화합물의 화학적 구조에 의해 좌우된다. pH와 온도가 반응에 중요한 영향을 미친다.

휘발(Volatilization)은 물의 표면을 통해 물질이 대기로 날아가는 현상을 말한다. 앞에서 설명한 용존산소의 포기현상과 유사한 면적과정이다. 휘발정도는 화합물의 특성, 특히 분자량에 좌우된다.

증발(Evaporation)은 휘발과는 달리 물이 대기로 가는 현상이다. 증발이 일어남으로 인해 물속에 남아 있는 물질의 농도는 증가하게 된다. 증발현상에서 물질이 물과 함께 대기로 날아가는 것을 Aerosolization이라 한다. 이것은 물만 대기로 가는 Evaporation과는 다르다.

용해(Solublization)는 휘발이나 증발과는 반대로 대기에서 물로 녹아들어가는 현상이다. 산소가 물에 녹아들어가는 재포기(Reaeration)도 용해 현상 중 하나다. 산소 외에도 이산화탄소나 질소 등 여러 가지 기체 상태의 물질이 이 반응을 보인다.

응결(Coagulation)은 입자의 크기가 너무 작아서 침강되지 않는 콜로이드 물질이 뭉쳐서 좀 더 큰 입자로 되는 현상을 응결(Coagulation)이라 한다. 응결현상은 용존물질이 입자의 표면에 부착하는 흡착(Adsorption)과는 구별된다. 그러나 응결현상 역시 대부분의 경우 흡착과 같이 물질 사이의 전기력에 의해 일어난다. 수중 콜로이드 입자는 물에 대한 친화력에 따라서 크게 두 가지로 분류된다. 그 중 하나는 물에 대한 친화력이 강한 친수성 콜로이드(Hydrophilic colloid)이고 다른 것은 친화력이 없는 소수성 콜로이드(Hydrophobic colloid)이다.

흡착(Adsorption)은 물질입자가 액체상이나 기체상에서 인접한 고체표면에 부착하는 현상이다. 흡착은 스펀지에 물이 빨려 들어가는 현상이나 식물체가 뿌리를 통하여 영양물질을 빨아들이는 현상과 같은 흡수(Absorption)와는 다르다. 부착을 유발하는 요소는 물질입자와 고체 표면 사이의 전기력이다. 흡착은 고체 표면에 한 겹의 착물(Adsorbate) 층을 형성하며 비교적 빠른 시간 내에 평형에 도달한다. 수중에서 일어나는 흡착은 pH에 의해 흡착력이 달라지며 수질 변화에 주요한 역할을 한다. 수체 바닥이나 수중 생물 또는 부유하는 토양 입자와 유기물에 수중 이물질이 흡착하게 되며 이에 따라 수질이 변하게 된다. 특히 농약과 같은 유기화합물, 중금속, 박테리아 등은 물속에서 토양입자나 다른 부유 물질에 쉽게 흡착한다.

침전(Precipitation)은 용존된 두 물질이 화학반응을 일으켜 입자상 물질로 변하는 현상을 말한다. 이렇게 생성된 입자상 물질이 궁극적으로 침강하겠지만 침전은 화학반응만을 의미하는 것으로 물리적 반응에 해당하는 침강(Sedimentation)과는 구분된다. 침전은 다른 반응(예를 들어 응결)들과 함께 일어나기도 하며, 이들 반응들과 분명하게 구분하기는 매우 어렵다. 침전은 다른 화학반응과 마찬가지로 pH가 중요한 영향을 미친다.

››› 내용정리

1. 물리적, 화학적, 생물학적 수질반응의 차이점은 무엇이며 대표적 반응으로 어떤 것들이 있는지 알아보자.
2. 생물분해 반응에서 Biotransformation, Biodegradation, Biolysis의 차이점이 무엇인지 설명해보자.
3. Phelps' Law가 무엇인지 설명하고 수식으로 표현해보자.
4. 질산화 과정을 설명하고 CBOD와 NBOD 이론적 비가 5:2가 되는 이유를 알아보자.
5. BOD 병을 이용하여 CBOD와 NBOD를 측정하는 방법을 설명하고, 왜 CBOD 뒤에 NBOD가 나타나는지 생각해보자.
6. 침강과 침전의 차이와 침강계수와 침강속도의 차이를 설명해보자.
7. 포기현상을 수식으로 표현하고 면적반응과 체적반응의 차이를 설명해보자.
8. 산소포화농도를 결정하는 세 가지 주요 인자를 설명해보자.
9. Redfield Formula에 기초하여 광합성과 호흡 반응을 화학식으로 표현해보자.
10. 병원성 미생물과 지표 미생물의 차이를 설명하고 Chick's Law를 수식으로 표현해보자.

제6장

하천과 강

제6장 하천과 강

하천과 강의 기초지식과 모델 기본원리를 소개한다. 점 및 비점오염원, 정상상태와 시변화상태 등에서 모델식의 해를 비교하고, 용존산소모델, 유한차분모델, 수질관리 방법 등을 설명한다.

하천(Stream)과 강(River)은 제1장에서 기술하고 있듯이 자연 수체 중에서 가장 적은 양의 물을 보유하고 있지만 인간에게 가장 유용하다. 하천은 강의 지류 역할을 하고 작다는 의미를 함축하고 있으나, 둘을 구분하는 특별한 과학적 기준은 없다. 우리말에 작은 규모의 하천을 개천, 도랑 등으로 표현하고 있듯이, 영어에서도 Creek, Brook 등과 같은 단어가 사용된다. 우리말에서는 하천, 영어에서는 River라는 용어가 보다 포괄적으로 사용되고 있다.

하천과 강은 인류 생존을 위해 없어서는 안 될 생명줄이다. 항상 맑은 물을 상류로부터 공급해 주고 생활하수를 하류로 버릴 수 있기 때문에 인류의 정착생활을 가능하게 했고, 주운, 위락 등 다양한 기능을 제공하기 때문에 많은 도시들이 위치해 있다. 인간의 활용도가 특히 높을 경우, 자연 하천/강(Natural Stream/River)과 구분하여 문명 하천/강(Cultural Stream/River)으로 부르기도 한다. 하천의 경우 도시 하천(Urban Stream)을 제외하면 대부분이 자연 하천이다.

인간의 영향이 크지 않는 자연 하천과 강은 오랜 기간 지구의 물 순환 과정을 거치면서 지형이 다듬어지고 생태계가 진화되어 왔다. 그래서 주로 생태학과 지질학적 측면에서 연구 대상이 되어왔다. 반면에 문명 하천과 강은 인간의 활용 측면에서 연구와 관리를 하고 있다. 전통적으로 문명 하천과 강의 연구는 홍수 방지와 수자원 확보를 목적으로 토목공학의 수문학(Hydrology)에서 주로 이루어졌다. 하지만 산업화, 도시화 등으로 수질악화가 심화되면서 지금은 환경공학의 수질관리에서 더욱 활발한 연구가 이루어지고 있다.

다음과 같은 문명 하천과 강의 주요 기능이 연구와 관리 대상이 되고 있다. (1) 치수기능 : 강우 현상에 의해 지면에서 유출된 물이 하류로 이동함으로써 홍수를 막아준다; (2) 이수기능 : 생활용수, 농업용수, 산업용수 등 필요한 물을 제공한다; (3) 배수 정화기능 : 사용한 생활하수, 농경배수, 산업폐수 등을 버리면 다시 맑은 물로 정화한다; (4) 생태기능 : 수중생물, 저서생물, 수변생물 등 다양한 생물들이 살아가고 있다; (5) 주운기능 : 배를 이용한 운송수단을 제공한다. 도로와 철도에 비해 속도는 느리지만 연료소모, 대기오염, 소음 등이 적고, 타이어 마모 등이 없는 장점이 있다; (6) 위락기능 : 낚시, 수영, 요트, 수변문화 등 다양한 위락 활동을 즐길 수 있다; (7) 발전기능 : 전력을 생산한다. 수력발전은 지금 활용되고 있는 재생가능 에너지 중에서 가장 경제성이 뛰어나고 품질이 우수한 것으로 평가 받고 있다. 그 외에 도시 대기의 가습효과, 열섬 및 먼지돔(Dust Dome) 방지, 아름다운 경관 등 여러 가지 기능을 인류의 삶에 제공하고 있다.

수질관리 측면에서 하천과 강에 관한 체계적인 연구를 처음 시도한 사람은 Streeter and Phelps 모델(1925년)을 만든 Earle B. Phelps(후에 미국 University of Florida 환경공학과를 창립)다. 그는 그리스어의 Potamos(강)와 Logos(연구)를 결합하여 Potamology이라는 단어를 만들었으나 지금은 사전에만 나와 있고 별 활용도가 없다.

전통적으로 하천 수질관리에서 문제가 되어온 것은 생활하수로 인한 용존산소 부족현상이다. 그 외 유역의 비점오염원으로부터 유입되는 토사나 병원성 미생물, 또한 사고로 인한 독성물질 유입 등도 자주 발생되는 문제다. 부영양화와 기온상승으로 인한 녹조현상도 지역에 따라 자주 발생하고 있다.

6.1 기초지식

(1) 유역과 하천 형상

혈관이 우리 신체의 곳곳에 퍼져있듯이 하천은 유역의 구석구석을 연결하고 있다. 유역의 강우현상, 지형, 지질, 식생, 인간 활동 등이 복합적으로 작용하여 하천의 수량과 수질이 결정된다. 예를 들어 건조하거나 사질 토양인 곳에서는 하천에 수량이 많지 않으며, 유역에 도시와 산업이 발달해 있으면 초지나 산림인 경우보다 수질이 나쁘다.

하천은 본류(Main Stream)에 지류(Tributary)가 나뭇가지처럼 연결되어 있으며, 지류는 다시 1차 지류, 2차 지류, 3차 지류 등으로 본류를 중심으로 정해진다. 수질관리를 위해 각 지천의 지형, 수량, 수질, 유역 오염원 등을 지리정보시스템이나 데이터베이스에 구축하는 환경정보화 기법이 도입되면서 지천의 연결과 위치를 체계적으로 정리해 두고 있다. 또한 수질모델을 적용할 경우 각 지천을 하나의 수체로 연결하게 된다. 여기서 관련된 내용은 모델 적용에서 다시 설명한다.

하천은 지형에 따라 곧고 긴 모양에서부터 완만하게 휘어진 모양에 이르기까지 다양한 형상을 보인다. 하천의 형상을 숫자로 쉽게 표현하기 위해 만들어진 값이 형상계수이다. 하천 형상계수(F_s: Shape Factor)는 다음 식과 같이 시점과 종점의 최단거리(L_x)를 하천 총길이(L_t)로 나눈 값이다.

$$F_s = \frac{L_x}{L_t} \tag{6.1}$$

형상계수는 0에서 1 사이의 값을 가지며 1에 가까울수록 직선 형태를 갖는다. 이와 유사하게 유역의 모양을 다음 유역 형상계수로 표현한다.

$$F_w = \frac{A_w}{L_w^2} \tag{6.2}$$

여기서 F_w는 유역 형상계수, A_w는 유역면적, L_w은 유역 장축의 길이다. F_w은 0에서 1 사이의 값을 가지며, 0에 가까울수록 막대형이며 1에 가까울수록 원형이 된다.

(2) 연중천과 간헐천

하천은 흐르는 물과 지형에 따라 여러 가지 종류로 구분되어진다. 그리고 흐르는 물의 양과 시간에 따른 변화는 수질관리에 매우 중요한 영향을 미친다. 유역에 내린 강우는 지면을 따라 직접 하천으로 흘러들어가거나 토양에 침투되어 지하수가 된 후 다시 하천으로 스며들기도 한다. 비나 눈이 내리지 않는 건기에 흐르는 물은 후자에 해당된다. 경우에 따라서는 건기에는 물이 흐르지 않고 오히려 하천의 물이 지하수로 들어가기도 한다.

하천은 이처럼 지하수와의 관계에 따라 크게 두 종류로 구분된다. 하나는 강우가 없어도 항상 물이 흐르는 유출천(Effluent Stream)이고, 다른 하나는 강우 시에만 물이 흐르는 유입천(Influent Stream)이다. 유출과 유입은 지하수를 기준으로 사용되는 단어로 지하수가 하천으로 들어가는 유출천은 다른 표현으로 연중천(Perennial Stream), 유입천은 간헐천(Ephemeral Stream)이라 부르기도 한다[그림 6.1].

이러한 구분은 지하수위와 연관된 것으로 유역의 강우, 토양, 지형 등에 의해 결정되며, 과도한 지하수 취수와 같은 인공적인 요인에 의해 연중천이 간헐천으로 바뀌기도 한다. 건천화라 불리는 이 현상은 우리나라 하천 관리에 심각한 문제가 되어 있다. 도시 하천의 경우 유역의 지면이 도로와 건물이 들어서면서 아스팔트와 콘크리트로 뒤덮이고 지하철이나 건물 지하층 등에 의해 지하수위가 낮아져 건천화가 되는 경우가 많다. 지하수위 변화로 건천화가 되

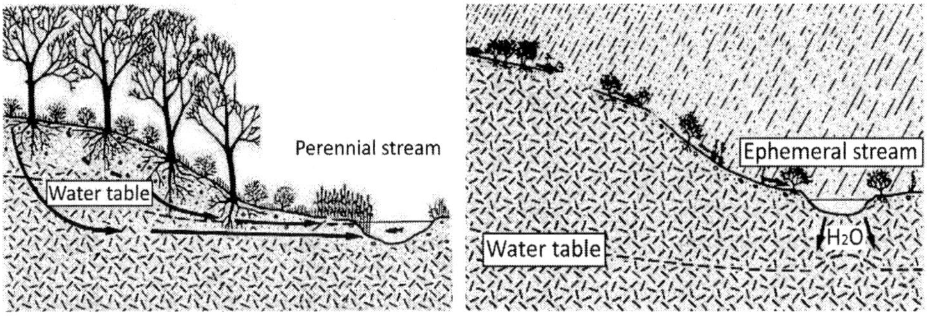

[그림 6.1] 연중천과 간헐천

거나 하천의 유지 수량이 줄어들게 되면 자정능력이 떨어지기 때문에 그만큼 수질관리가 어렵게 된다.

하천의 수질과 수생태계를 보호하고 인접 지하수를 보충하는데 필요한 최소 수량을 유지수량이라 하며, 범람하지 않고 흐를 수 있는 수량을 최대 통수량이라 한다. 하천수량이 유지수량보다 적을 경우 인접한 유역의 지하수위를 저감시켜 육상생태계에도 피해를 준다. 따라서 하천에 흐르는 수량은 유지수량과 최대 통수량 사이에 있는 것이 바람직하다.

(3) 자정현상

하천은 전통적으로 유역으로부터 유입되는 각종 노폐물을 청소하는 역할을 해왔다. 노폐물 중 일부는 수중에서 분해되거나 바닥으로 침강되기도 하며 일부는 하류로 흘러가 바다에 이르기도 한다. 자연 수체에서 노폐물이 정화되는 것을 자정현상(Self Purification)이라고 하며 제5장에서 설명한 수질반응들이 여기에 참여한다. 주요 반응으로는 생물분해, 재포기, 침강, 희석, 부유, 광분해 등이 있다. 유속이 비교적 빠른 하천에서는 생물분해와 재포기 반응이, 그리고 큰 강에서는 희석과 침강이 중요한 역할을 한다.

처리되지 않은 생활하수가 하천에 유입될 경우 나타나는 자정현상은 [그림

5.2]와 같이 산소포락곡선(Oxygen Sag Curve)으로 설명될 수 있다. 맑은 수질(낮은 농도의 생물화학적 산소요구량과 포화 농도의 용존산소)을 유지하다 생활하수가 유입되면, 먼저 용존 유기물이 미생물에 의해 분해되면서 산소가 감소하게 된다. 입자상 유기물은 용존 유기물로 분해되면서 하류로 흘러가기도 하지만 일부는 중력에 의해 바닥으로 침강하고 이것은 다시 퇴적물 산소요구량(SOD : Sediment Oxygen Demand)으로 나타나 수중의 산소를 소모하게 된다. 또한 수중 식물은 하수의 탁도로 인하여 광합성이 억제되어 산소 생산량이 감소하게 된다.

이처럼 하수가 유입지점 아래에서는 CBOD, SOD, 광합성 억제 등으로 용존산소가 감소하게 된다. 뿐만 아니라 유기물 분해에서 나온 암모니아가 산화되면서 산소를 소모하기도 한다(NBOD). 수질의 균질성(Homogeneous)이 유지되는 BOD 병에서는 CBOD와 NBOD가 동시에 산소를 소모할 수 없으나, 자연 수체는 이질성(Heterogeneous)이라 이것이 가능하다. 다시 말하면 부패 박테리아는 대부분 부유성장을 하지만 질산화 박테리아는 부착성장하기 때문에 하천에서는 CBOD와 NBOD 소모가 동시에 일어난다(제5장 참고).

[그림 6.2]에 묘사된 바와 같이 거리에 따라 용존산소는 점점 감소하고 산소결핍량은 증가하기 때문에 포기현상을 더욱 많은 산소를 대기로부터 수중에 공급한다. 하류로 갈수록 분해되거나 침강되고 수중에 남아 있는 유기물이 점점 감소하여 산소 소모량은 줄어든다. 반면에 하류로 갈수록 산소 결핍량이 늘어나 대기로 공급되는 산소량은 증가한다. 소모량과 공급량이 일치하는 지점(임계점, Critical Point)을 지나면 공급량이 소모량을 초과하여 용존산소는 다시 증가한다.

용존산소가 증가하는 곳에는 탁도가 감소하고 유기물이 분해되어 생성된 인과 질소와 같은 영양물질이 풍부하기 때문에 수중식물의 광합성이 활발하게 일어난다. 이러한 과정을 거치면서 물은 다시 하수가 유입되기 이전의 맑

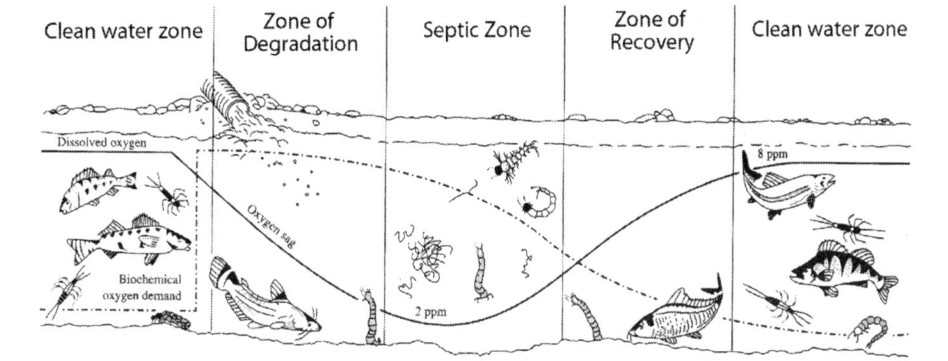

[그림 6.2] **하천 자정현상에 따른 산소포락곡선**

은 상태로 되돌아간다. 자정현상에 따라 용존산소 농도가 아래로 떨어졌다 다시 회복되는 산소농도 변화를 산소포락곡선이라 부르며, 하천 구간은 정수지역(Clean Water Zone), 분해지역(Zone of Degradation), 부패지역(Septic Zone), 회복지역(Zone of Recovery), 다시 정수지역으로 이어지게 된다.

(4) 혼합수역

하천에 생활하수가 유입되면 두 수체는 서서히 혼합되면서 하류로 흘러간다. 두 수체가 혼합되고 있는 이 수역은 수질관리 측면에서 몇 가지 중요한 점을 갖는다[그림 6.3]. 먼저, 혼합수역은 다른 수역에 비해 수중 생물상의 피해가 높게 나타나고 있지만 급성치사(Acute Toxic)를 유발하지 않는 한 수질기준치 초과가 허용되고 있다(Park and Uchrin, 1988). 다시 말하면 혼합수역은 수질에 민감한 이동성 물고기가 일시적으로 머물기 때문에 기준치 초과가 생태계에 큰 영향을 주지 않는다. 하지만 최악의 수질을 보이는 관계로 주요 관리 대상이며 동시에 수질 안전성 지표로 사용되고 있다.

또한 혼합수역은 공간적으로 수질변화가 크기 때문에 1차원 모델을 적용할 때 제외되어야 하는 곳이다. 다시 말하면 1차원 하천 수질모델은 혼합수역의

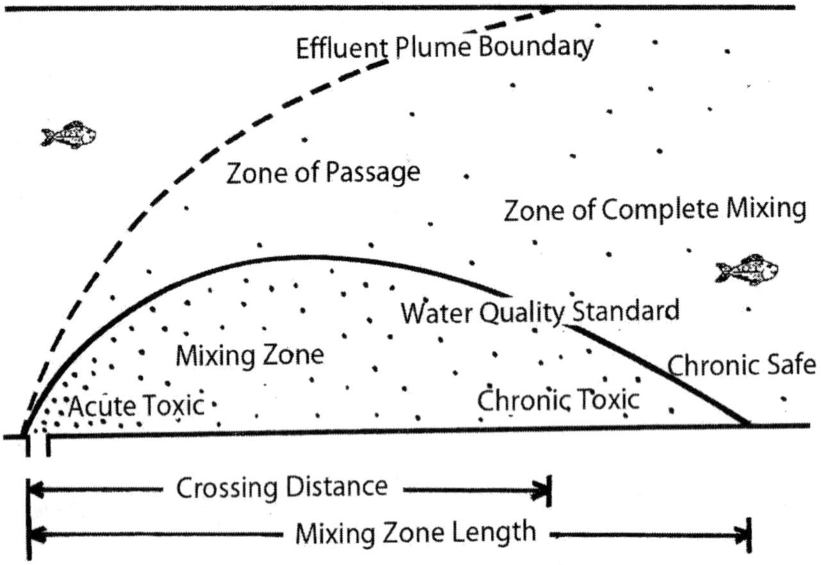

[그림 6.3] 혼합수역 개념도(Park and Uchrin, 1988)

수질변화를 적절히 표현할 수 없다. 아울러 수질 모니터링 지점을 정할 때 혼합수역은 대표성이 떨어지기 때문에 피해야 한다. 보다 정확한 수질 분포를 파악하려면 혼합수역에서는 하폭 및 수심 방향으로 여러 지점을 모니터링 해야 한다.

혼합수역의 수질분포를 파악하기 위해서는 2차원 또는 3차원의 혼합수역 모델이 필요하지만 두 수체가 완전히 혼합되는 거리(Mixing Zone Length)는 Yotsukura(1968)가 제안한 간단한 경험식을 통하여 구할 수 있다. 식 6.3은 제방에서 직접 유입될 경우이며, 보다 원활한 혼합을 위해 하수 방류구를 하천 중앙으로 끌어들인 경우는 계수가 절반가량(식 6.4)이 된다.

$$L_m = 8.52u\frac{w^2}{H} \tag{6.3}$$

중앙 방류 시에는 다음 식이 사용된다.

$$L_m = 0.4u\frac{w^2}{D_y} \tag{6.4}$$

여기서 L_m은 혼합거리(m), u는 평균 유속(m/s), w는 하폭(m), H는 수심(m), D_y는 하폭방향의 확산계수(m^2/s)다.

6.2 수질모델 원리

하천 수질모델은 유하방향에 따른 1차원적 접근이 대부분이다. 구간별 평균 유속과 수심, 하폭 등으로 수체를 단순화시키며, 제2장에서 설명한 플럭흐름계를 적용하게 된다. 유하방향으로의 확산은 정상상태인 경우에는 무시할 수 있으나 시변화 상태에서는 고려해야 한다.

한강 본류 구간과 같이 하폭이 넓고 지천이나 오염원이 수체 양안에 위치하여 하폭방향으로 수질변화가 클 경우에는 유하방향과 하폭방향을 고려하는 2차원 모델을 적용하는 것이 바람직하다. 수심이 깊고 바닥에 퇴적물이 많은 하천은 수심방향으로도 수질변화가 나타나기 때문에 수직방향까지 고려한 3차원 모델이 필요하다. 하천 수질모델은 정상상태와 시변화상태, 유입오염원의 점 또는 비점 형태, 대상 수질의 보존성 또는 비보존성 여부 등이 모델의 구조를 결정하게 된다.

하천 수질에서 자주 문제가 되는 것은 부수성이며, 이 경우 모델 항목은 용존산소와 생물화학적 산소요구량이다. 또한 이러한 항목을 모델하기 위해서는 질산화 반응, 수중식물의 광합성과 호흡, 그리고 퇴적물 산소요구량 등이 함께 고려되어야 한다. 용존산소는 밤낮에 따른 수온 변화와 수중식물의 광합성으로 인해 하루 동안 변화가 일어난다. 특히, 수중식물의 서식이 왕성한 곳에서는 그 변화폭이 매우 크며, 보다 정확한 수질을 모델하기 위해서는 용존산소

일주곡선(Diurnal Curve) 시뮬레이션을 필요로 한다.

먼저 하천 수질모델의 기초가 되는 1차원 정상상태에서 점오염원과 비점오염원에 따른 수질변화를 살펴보자.

(1) 점오염원

보존성 물질 유입

[그림 6.4]에 제시한 바와 같이 보존성 물질이 지천(점오염원)으로부터 정상상태로 유입된다고 가정하자. 보존성 물질이란 생물화학적 반응으로 분해되지 않는 물질을 말하며 총용존고형물(TDS : Total Dissolved Solids)이나 염화물(Chloride)이 여기에 속하며 전기전도도(Conductivity)도 보존성 물질의 지표로 사용될 수 있다.

보존성 물질은 점오염원에서 유입하여 하천수와 혼합되고 하류로 흘러가면서 농도 변화가 없다. 여기서는 단지 혼합에 의해서만 수질이 변화한다. 이 경우 정상상태이기 때문에 유하방향으로의 확산은 무시될 수 있다. 이러한 가정하에서 [그림 6.4]를 보면 상류 유량과 농도(Q_u와 C_u)가 이미 나타나 있고 방류조건(Q_r과 Q_w, C_r과 C_w)도 알 수 있으므로 물질수지를 이용하여 오염원 유입지점에서의 오염원 농도를 다음과 같이 구할 수 있다.

완전혼합이므로 부하량은 유량과 농도의 곱이며 지천 유입 후 물질수지는 다음과 같다.

$$(Q_u + Q_r)C_1 = C_uQ_u + C_rQ_r \tag{6.5}$$

따라서 구간 1의 수질 C_1은 다음과 같다.

$$C_1 = \frac{C_uQ_u + C_rQ_r}{(Q_u + Q_r)} = \frac{W}{Q} \tag{6.6}$$

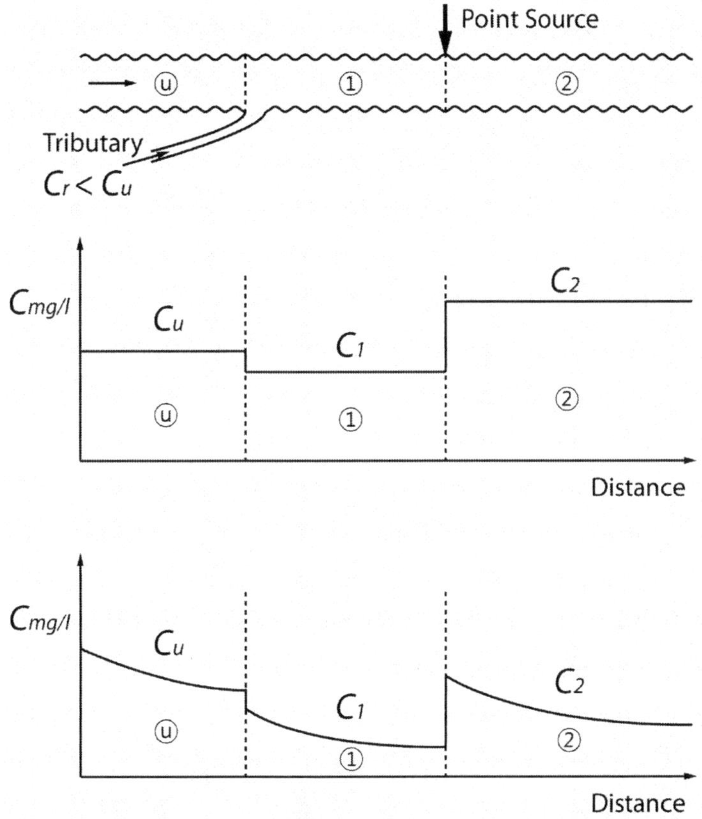

[그림 6.4] 점오염원으로부터 보존성 및 비보존성 물질의 유입

식 5.6와 같이 혼합지점의 농도는 부하량(W : M/T)을 유량(Q : L^3/T)으로 나눈 것과 같다. C_1과 마찬가지로 C_2는 아래 식으로 구할 수 있다.

$$(Q_u + Q_r + Q_w)C_2 = C_uQ_u + C_rQ_r + C_wQ_w \tag{6.7}$$

$$C_2 = \frac{C_uQ_u + C_rQ_r + C_wQ_w}{(Q_u + Q_r + Q_w)} \tag{6.8}$$

비보존성 물질 유입

동일한 조건하에서 비보존성 물질이 유입된다고 가정하자. 비보존성 물질은 분해 가능한 유기물, 영양물질, 휘발성 화학물질, 박테리아 등 대부분의 수질 오염물질이 여기에 해당된다. 비보존성 물질은 생물분해, 질산화 반응, 박테리아 사멸, 또는 부유성 물질 침강 등으로 인해 하류로 흘러가면서 농도가 감소한다. 제5장에서 설명하였듯이 대부분의 수질 항목은 감소 속도가 농도와 비례하는 1차 반응에 따른다.

이 경우 하천에서 일어나는 수질변화는 제2장에서 유도한 플럭흐름계의 1차원 방정식에 따른다.

$$-u\frac{\partial C}{\partial x}+\frac{\partial}{\partial x}(D\frac{\partial C}{\partial x})-kC=\frac{\partial C}{\partial t} \tag{6.9}$$

식 6.9에서 정상상태를 가정하고 확산을 무시하면 식 6.10이 되며, 이 식을 경계조건(x=0에서 $C=C_0$)에서 풀면 해 6.11이 된다.

$$u\frac{dC}{dx}=-kC \tag{6.10}$$

$$C=C_0\exp(-k\frac{x}{u})=C_0exp(-kt^*) \tag{6.11}$$

여기서 t^*는 유하시간(Travel Time)이다. 비보존성 물질의 경우 유입 후 농도 분포는 [그림 6.4]의 아래 부분과 같다.

(2) 분산오염원

보존성 물질 유입

비점오염원은 유입 형태가 한 곳이 아니고 분산되어 있기 때문에 모델에서는 분산오염원(Dispersed Source)이라는 용어를 사용한다. 분산오염원(S_D)으로부터 오염물질이 유입될 경우 기본식은 제2장에서 유도한 것처럼 다음과 같은 식을 갖는다.

$$u\frac{dC}{dx} + kC = S_D \tag{6.12}$$

여기서 보존성 물질을 가정하면 식 6.12는 식 6.13로 단순화되며 해를 구하면 식 6.14가 된다. [그림 6.5]는 지천 합류 후 분산오염원으로부터 오염물질이 유입될 경우를 가정한 것으로 분산오염원에서 보존성 물질이 들어오면 수질은 위쪽 그래프 구간 2의 수질 C_2처럼 선형으로 증가한다.

$$-u\frac{dC}{dx} + S_D = 0 \tag{6.13}$$

$$C = C_o + \frac{S_D}{u}x \tag{6.14}$$

분산오염원(S_D)에 관해서는 159쪽 Box에서 보다 상세히 설명한다.

비보존성 물질 유입

물질이 비보존성일 경우 식 6.12의 해는 식 6.16과 같다. [그림 6.5]에서 비점오염원에서 비보존성 물질이 들어오면 수질은 아래쪽 그래프의 C_2처럼 수질은 포화반응 형태를 보인다.

$$C = \frac{S_D}{k}(1 - e^{-k\frac{x}{u}}) = \frac{S_D}{k}(1 - e^{-kt^*}) \tag{6.15}$$

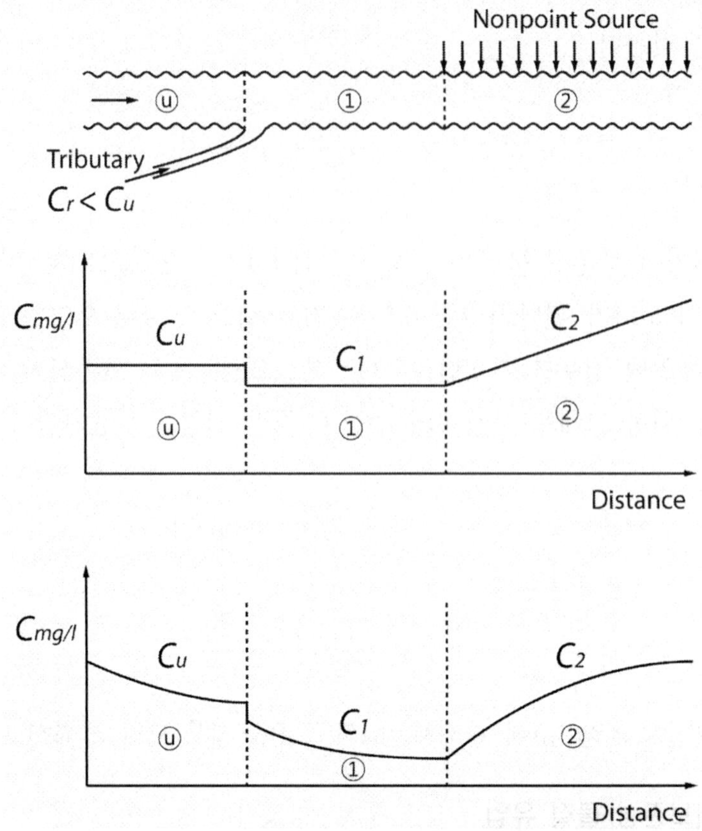

[그림 6.5] 점오염원과 분산오염원으로부터 보존성 및 비보존성 물질의 유입

(3) 다원 중첩의 원리

[그림 6.6]과 같이 하천에 점오염원과 분산오염원이 동시에 유입될 경우 나타나는 수질변화는 두 오염원이 각각 유입되는 경우를 합한 것과 같다. 분산오염원이 없을 경우 점오염원으로만 일어나는 수질변화는 식 6.16과 같다.

$$C_p = C_o exp(-kt^*) \tag{6.16}$$

분산오염원(S_D)의 내부원과 외부원

오염물질이 하천거리에 따라 여러 곳에서 유입되는 분산오염원은 크게 외부원과 내부원으로 나눌 수 있다. 또한 내부원은 하천바닥이나 수면을 통해 수질을 변화시키는 면적현상(Areal Process)과 수체 자체에서 물질이 생성되는 체적현상(Volumetric Process)으로 나누어 설명할 수 있다.

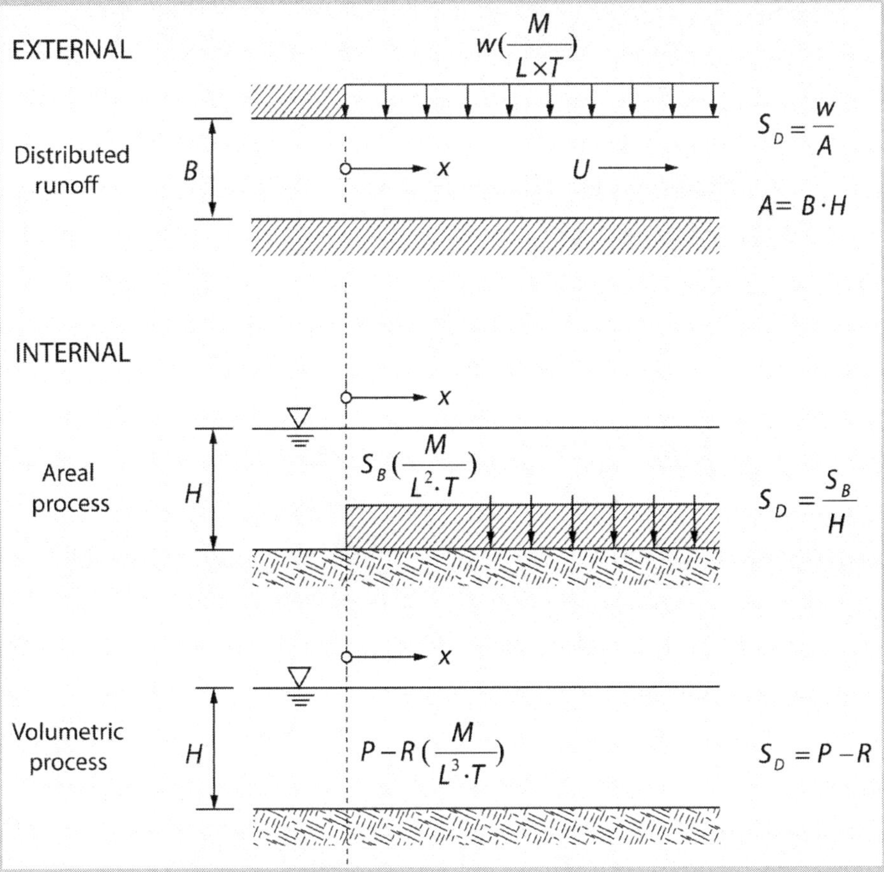

외부원(Unit External Load)

그림과 같이 외부원 W[M/L·T]이 유입될 경우 분산오염원(S_D)은 다음과 같다.

$$S_D = \frac{W \Delta x}{\Delta V} = \frac{W \Delta x}{\Delta x A} = \frac{W}{A}$$

내부원(Unit Internal Load)

내부원의 면적현상으로는 퇴적물산소요구량(SOD)을 들 수 있으며 퇴적물산소요구량 $S_B[M/L^2 \cdot T]$을 내부원으로 환산하면 다음과 같다.

$$S_D = \frac{S_B A'}{\Delta V} = \frac{S_B A'}{A' H} = \frac{S_B}{H}$$

체적현상으로는 식물성플랑크톤의 광합성이나 호흡을 들 수 있으며, 환산없이 그대로 사용될 수 있다.

$$S_D = P - R$$

그리고 분산원에 의한 수질은 식 6.17과 같으며

$$C_n = \frac{S_D}{k}(1 - e^{-kt^*}) \tag{6.17}$$

두 오염원이 동시에 오염물질을 방류할 경우 하류의 수질은 아래 식 6.19와 같이 두 식을 합한 것과 같다.

$$C = C_p + C_n = C_o exp(-kt^*) + \frac{S_D}{k}(1 - e^{-kt^*}) \tag{6.18}$$

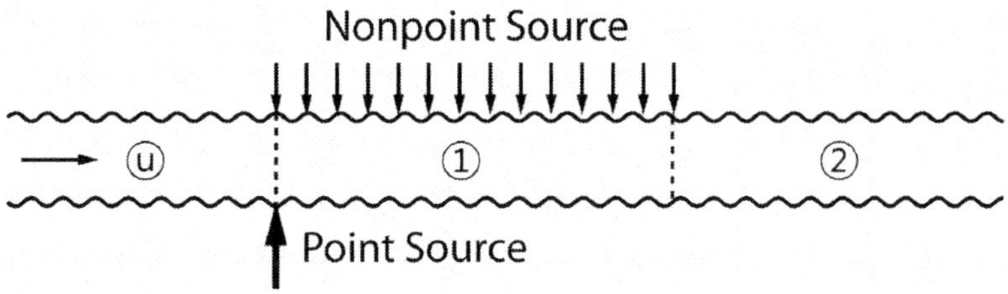

[그림 6.6] 점오염원과 분산오염원이 동시에 유입될 경우

이를 다원(Multiple Sources) 중첩의 원리(Principle of Superposition)라 부르며, 이는 다음과 같이 간단히 증명될 수 있다. 위의 [그림 6.6]의 x=0 지점에서 2개의 점오염원이 유입된다고 가정하면 C_0는 하천수와 두 오염원이 완전혼합된 것과 같기 때문에 다음 식으로 표현되며 이를 각각 나누어 표현하면 결국 각 오염원을 중첩한 것과 동일한 식이 된다.

$$C = C_o e^{-kt^*} = (\frac{QC + Q_{e1}C_{e1} + Q_{e2}C_{e2}}{Q + Q_{e1} + Q_{e2}})e^{-kt^*}$$

$$= \frac{Q\,C}{Q_T}e^{-kt^*} + \frac{Q_{e1}C_{e1}}{Q_T}e^{-kt^*} + \frac{Q_{e2}C_{e2}}{Q_T}e^{-kt^*} \tag{6.19}$$

$$Q + Q_{e1} + Q_{e2} = Q_T \tag{6.20}$$

여기서 Q_{e1}과 Q_{e2}는 유입되는 유량이며, C_{e1}과 C_{e2}는 수질농도다.

(4) 시변화 상태

하천에 유입되는 오염원이 항상 일정한 수량과 농도를 유지하는 연속 부하(Continuous Input)일 경우는 앞에서와 같이 수질변화는 정상상태가 되지만, 순간적으로 유입되는 충격 부하(Spike Input 또는 Impulse Input)일 경우 수질은 시변화 상태(Time Variable State)로 나타난다. 연속 부하가 일어나는 정상

상태에서는 유하방향의 확산 영향은 하류 수질에서 무시할 수 있지만 충격 부하의 경우 확산은 시간과 거리에 따른 수질변화를 결정하는데 중요한 역할을 한다.

운반, 확산, 그리고 수질반응을 고려한 플럭흐름계의 물질수지식(식 6.9)은 질량 M이 x=0에서 순간적으로 유입될 경우 다음과 같은 해를 갖는다.

$$C(x,t) = \frac{M}{2A\sqrt{\pi Dt}} exp(\frac{-(x-ut)^2}{4Dt} - kt) \tag{6.21}$$

여기서 A는 유입지점의 통수 단면적이다. 보존성 물질일 경우 위의 식에서 k=0로 가정하면 된다. 그리고 이 식은 평균이 ut이고 분산(σ^2)이 $4Dt$ 인 정규분포 함수와 동일하다. 여기서 t를 고정하고 x를 독립변수로 가정하면, x의 함수로서 x=ut인 점에서 최대농도를 나타내며 이 지점을 중심으로 [그림 6.7]의 (a)처럼 대칭인 정규분포 형태로 그려진다. 그러나 x를 고정하고 t를 독립변수로 하면 이 함수는 [그림 6.7]의 (b)처럼 비대칭 형태를 보인다. 정규분포에서 표준편차에 해당하는 $\sigma = 2\sqrt{Dt}$ 에서 D와 t가 큰 값을 가질수록 확산이 증가되기 때문에 퍼짐정도가 크게 나타난다.

식 6.21에서 확산계수는 하천에 염료(Dye)를 주입하고 하류에서 분포곡선을 구하여 값을 구할 수 있다. 그러나 현장 실험은 시간과 비용이 들기 때문에 과거에 구해둔 경험식을 이용하게 된다. Fisher 등(1979)이 제안한 다음 식이 널리 이용된다.

$$D = 0.011\frac{U^2B^2}{HU^*} \tag{6.22}$$

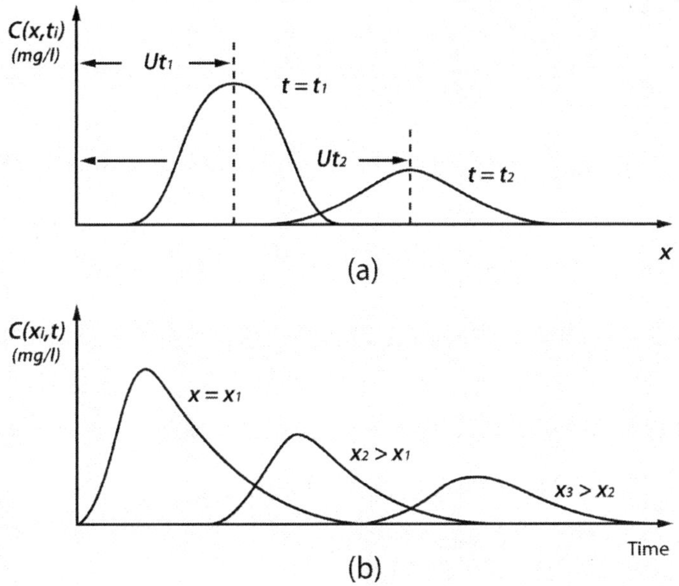

[그림 6.7] 충격 부하 이후에 나타나는 수질분포[(a) : 시간 고정, (b) : 거리 고정]

여기서 D는 확산계수 (m^2/s), U는 평균유속(m/s), B는 하폭(m), H는 평균수심(m), U*는 전단유속(m/s)로서 $U^* = \sqrt{gHS}$ 이며 g는 중력가속도(m/s^2), S는 하천경사(무차원)이다.

McQuivey와 Keefer (1974)는 평균유량(m^3/s) Q를 이용한 다음 확산계수 식을 제안했으며, 식 6.22과 함께 지금까지 널리 활용되고 있다.

$$D = 0.05937 \frac{Q}{S\,B} \qquad (6.23)$$

그 외 확산계수 식은 Zison et al(1978)을 참고하라.

6.3 용존산소모델

(1) Streeter and Phelps 모델

Streeter and Phelps 모델은 1925년 미국 오하이오 강에서 나타나는 용존산소와 생물화학적 산소요구량 변화를 수식으로 표현한 것으로 역사적으로는 최초의 수질모델이다. 관련된 모든 수질반응을 고려한 것은 아니지만 간단하면서도 용존산소변화에 핵심이 되는 포기현상과 생물화학적 산소요구량을 포함하고 있기 때문에 지금도 활동도가 높은 모델이다. 이 모델은 정상상태에서 확산이 무시된 플럭흐름계를 가정하고 있으며, 제5장에서 설명한 포기반응과 유기물의 생물분해를 기초로 하고 있다.

생물화학적 산소요구량 변화

생물화학적 산소요구량(BOD)은 앞서 설명한 바와 같이 1차 반응에 따라 용존산소를 소모하면서 감소한다. 실제 하천에서는 용존산소를 소모하는 반응 외에도 바닥으로의 침강에 의해 BOD는 감소하며 이를 식으로 표현하면 다음과 같다.

$$\frac{dL}{dt} = -K_r L, \quad K_r = K_d + K_s \tag{6.24}$$

여기서 K_d는 탈산소계수, K_s는 침강계수, 그리고 K_r은 이 둘을 합한 값으로 하천계수(River Rate)라 부른다. 또한 이 식의 해는 다음과 같으며 용존산소모델에서 그대로 적용된다.

$$L = L_0 e^{-K_{rt}} = L_0 e^{-k_r \frac{x}{u}} \tag{6.25}$$

용존산소 변화

생물화학적 산소요구량과 포기현상을 고려한 용존산소 변화는 다음 식으로 표현된다.

$$-u\frac{dC}{dx} - k_d L + k_a (C_s - C) = 0 \tag{6.26}$$

여기서 L을 위의 식 6.25로, $C_s - C = D$(산소부족량)로 대체하면 식 6.26는 식 6.27과 같이 표현되고, 이를 풀면 생물화학적 산소요구량과 포기현상을 고려한 용존산소 변화는 식 6.28과 같이 표현된다.

$$-u\frac{d(C_s - D)}{dx} - k_d L_0 \exp(-k_r \frac{x}{u}) + k_a D = 0 \tag{6.27}$$

$$D = \frac{k_d}{k_a - k_r}[\exp(-k_r \frac{x}{u}) - \exp(-k_a \frac{x}{u})]L_0 + D_0 \exp(-k_a \frac{x}{u}) \tag{6.28}$$

이 식에서 산소부족량을 다시 산소농도로 대체하면 다음과 같이 Streeter and Phelps 모델이 된다.

$$C = C_s - \frac{k_d}{k_a - k_r}[\exp(-k_r \frac{x}{u}) - \exp(-k_a \frac{x}{u})]L_0 + (C_s - C_o)\exp(-k_a \frac{x}{u}) \tag{6.29}$$

최저농도(Critical Deficit)

용존산소 포락곡선(Oxygen Sag Curve)에서 가장 중요한 지점은 최저 산소농도를 나타내는 지점이다[그림 6.8]. 왜냐하면 이 지점이 용존산소 기준치 이상이면 모든 지점의 용존산소 수질기준치를 만족하기 때문이다. 임계지점(Critical Point)이라 부르는 이 지점의 농도가 하천의 자정용량을 결정하고 이를 기준으로 수질관리가 이루어진다.

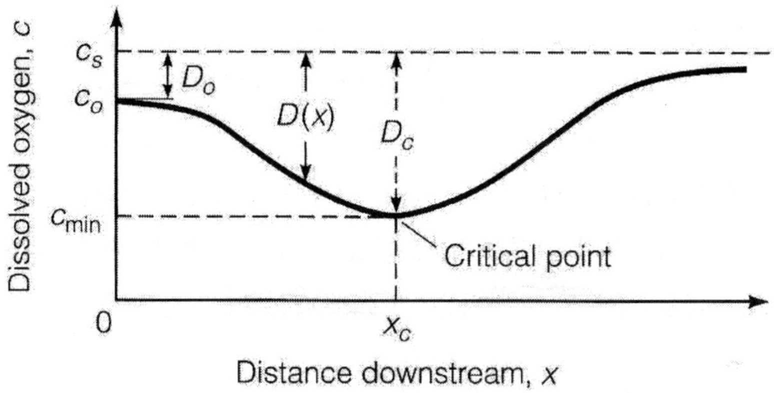

[그림 6.8] 산소 포락곡선의 주요 지점

임계지점은 용존산소 포락곡선에서 꼭지점에 해당하는 곳으로 아래 식에서 농도를 거리에 따라 미분했을 때 0이 되는 지점이다.

$$-u\frac{dC}{dx}-k_dL_o\exp(-k_r\frac{x}{u})+k_a(C_s-C)=0\ ,\quad \frac{dC}{dx}=-\frac{dD}{dx}=0 \tag{6.30}$$

따라서 이 지점에서 산소부족량(D_c : Critical Deficit)은 다음과 같다.

$$D_c=\frac{k_d}{k_a}L_0\exp(-k_rt_c^*) \tag{6.31}$$

$$t_c^*=\frac{x_c}{u} \tag{6.32}$$

여기서 t_c^*는 임계지점까지 걸리는 체류시간, x_c는 한계지점까지의 거리이다. 또한 산소부족량(D_c)은 다음과 같은 식으로도 표현된다.

$$D_c=\frac{k_d}{k_a}L_0\{\frac{k_a}{k_r}(1-\frac{D_0(k_a-k_r)}{k_dL_0})\}^{-\frac{k_r}{k_a-k_r}} \tag{6.33}$$

합류 지점의 산소부족량

Streeter and Phelps 모델을 적용할 때 오염원이 유입되면 그 지점에서 산소부족량을 구해야 한다. 이 때 주의해야 할 점은 산소부족량을 완전혼합식으로 구하지 말아야 한다는 것이다. 왜냐하면 혼합되는 두 수체의 수온이 다르면 포화산소농도 값에 차이를 보이기 때문이다. 이 경우 다음과 같이 혼합된 수체의 수온을 계산한 후 그 수온에서 포화산소농도를 구하여 적용해야 한다.

$$T_0 = \frac{TQ + T_e Q_e}{Q + Q_e} \tag{6.34}$$

그리고 다음과 같이 혼합된 수체의 용존산소농도와 수온을 계산한 후 혼합지점에서의 산소부족량을 구한다.

$$C_0 = \frac{QC + Q_e C_e}{Q + Q_e} \tag{6.35}$$

$$D_0 = C_s(T_0) - C_0 \tag{6.36}$$

(2) 개선된 Streeter and Phelps 모델

하천의 용존산소는 [그림 6.9]와 같이 크게 포기현상, 탄소성 생물화학적 산소요구량(CBOD), 질소성 생물화학적 산소요구량(NBOD), 퇴적물 산소요구량(SOD), 그리고 수중 식물의 광합성과 호흡에 의해 변화한다.

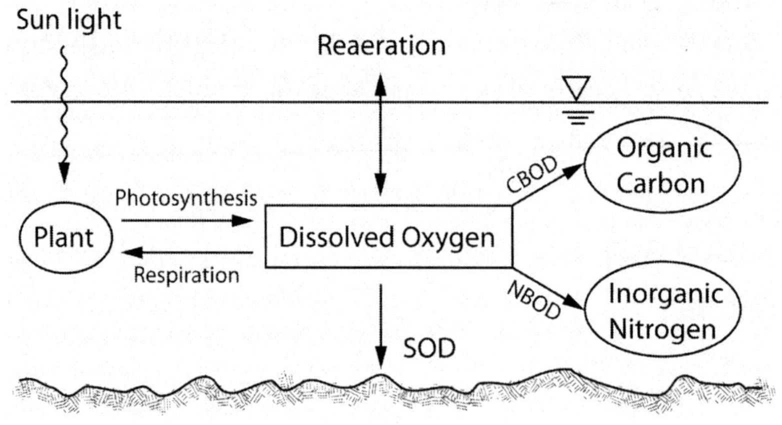

[그림 6.9] 수체 내에서 용존산소와 관련된 주요 반응

Streeter and Phelps 모델은 이중에서 식물의 광합성과 호흡이나 퇴적물 산소요구량은 무시하고 CBOD와 NBOD도 분리하지 않고 유기물에 의한 산소소모를 BOD 하나의 항으로 계산하였다. 경우에 따라 이러한 현상들이 무시될 수 있지만 보다 정확한 하천 용존산소를 계산하기 위해서는 이러한 기작들을 모두 고려한 모델이 필요하다. Streeter and Phelps 모델에 NBOD, 퇴적물 산소요구량, 광합성과 호흡을 다음과 같이 첨가할 수 있다.

질소성 생물화학적 산소요구량

질소성 생물화학적 산소요구량(NBOD : L^N)은 유기물이 분해되면서 생성된 암모니아가 질산으로 산화되어가는 과정에서 소모되는 산소량을 말하는 것으로 1차 반응으로 표현할 수 있다. NBOD는 제5장에서 설명하였듯이 아래 식처럼 유기질소와 암모니아성 질소의 합으로 표현된다.

$$LBOD = 4.57\,(N_0 + N_1) \tag{6.37}$$

$$L^N = L_0^{\;N} \exp\left(- K_N \frac{x}{u}\right) \tag{6.38}$$

식 6.37를 식 6.25의 BOD 대신 넣고 풀면 다음과 같은 해를 구한다. 여기서 NBOD와 CBOD에 의한 용존산소 소모는 다원 중첩의 원리에서 설명하였듯이 다른 오염원이 없는 것으로 가정하여 계산한 후 합하는 것과 동일하다,

$$D^N = \frac{K_N L_0{}^N}{K_a - K_N}(exp(-K_N\frac{x}{u}) - exp(-K_a\frac{x}{u})) \tag{6.39}$$

퇴적물 산소요구량, 광합성 그리고 호흡

퇴적물 산소요구량, 광합성 그리고 호흡은 하천거리에 따라 분산되어 용존산소를 변화시키는 분산원과 같다. 따라서 이를 아래 식과 같이 세 가지 합으로 된 분산원(S_D)으로 표현되며 이 중 퇴적물 산소요구량은 면적 반응이기 때문에 퇴적물산소요구량을 수심으로 나눈 S_B'(S_B/H)로 합쳐진다.

$$S_D = P_A - R - S_B' \tag{6.40}$$

이를 모두 고려하여 용존산소변화로 표현하면 다음식과 같다.

$$\begin{aligned} D = D_0 exp(-K_a\frac{x}{u}) + \{\frac{K_d}{K_a - K_r}[exp(-K_r\frac{x}{u}) - exp(-K_a\frac{x}{u})]\} L_0 \\ + \{\frac{K_N}{K_a - K_N}[exp(-K_N\frac{x}{u}) - exp(-K_a\frac{x}{u})]\} L_0{}^N \\ + \frac{1}{K_a}[1 - exp(-K_a\frac{x}{u})](S_B' + R + P_a) \end{aligned} \tag{6.41}$$

6.4 수치(유한차분) 모델

지금까지 설명한 모델은 하천에서 일어나는 운반, 확산, 수질반응을 기초로 한 물질수지식의 분석해(Analytical Solution)를 이용하여 수질변화를 시뮬레이션하였다. 그러나 자연수계는 지형과 수리현상, 그리고 수질반응 등이 매우 불규칙하고 오염원이 곳곳에 산재하여 수질변화를 야기하기 때문

에 분석해를 이용한 모델을 적용하기 위해서는 많은 비현실적 가정을 필요로 한다. 뿐만 아니라 연속적으로 발생하는 여러 수질반응을 함께 고려할 경우 분석해를 쉽게 구할 수 없다.

이러한 문제를 해결하기 위한 것이 수치해(Numerical Solution)를 이용한 모델이다. 수치모델(Numerical Model)은 하천을 작은 조각들로 나누고 각 조각에서 일어나는 수질반응과 오염물질 유입, 그리고 조각과 조각 사이의 운반과 확산을 고려하여 수질을 계산하는 방법이다. 이 방법은 엄청난 계산이 필요하기 때문에 컴퓨터 프로그램을 이용해야 가능해 진다.

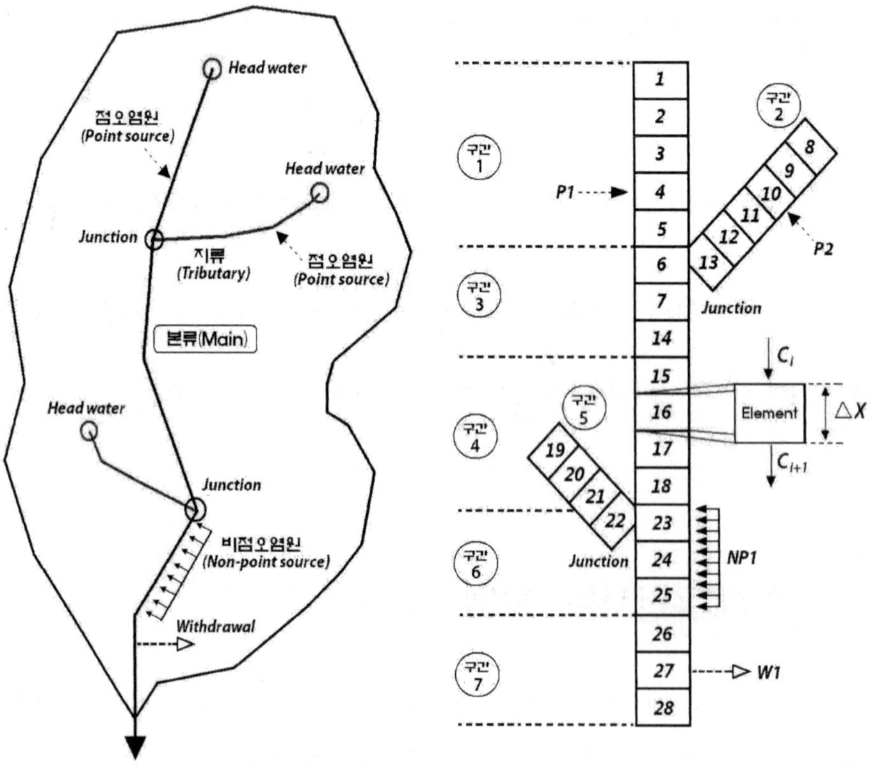

[그림 6.10] 유한차분법에 기초한 하천모델 개요

[그림 6.10]은 현재 가장 널리 사용되고 있는 QUAL2E 모델의 기본 구조로 우선 하천을 동일한 지형, 수리현상, 수질반응 등을 나타내는 구간(Reach)로 나누고 각 구간은 다시 동일한 크기의 계산 요소(Element)로 분할한다. 본류와 지천은 시작 지점(Head water)으로부터 여러 개의 계산 요소로 구성되고 연결지점(Junction) 계산 요소에서 두 수체가 완전 혼합된다. 점오염원이나 취수(Withdrawal)은 하나의 요소로 유입 또는 유출되는 것으로, 비점오염원은 여러 개의 요소에 유입되는 것으로 간주된다. 1차원 운반확산식을 각 계산 요소를 기준으로 다음과 같이 유한차분법(Finite Difference Method)에 의해 풀이된다.

1차원 운반확산식(식 6.9)에서 정상상태를 가정하고 i번째 요소를 중심으로 유한차분법에 의해 전개하면 다음과 같은 형태가 된다.

$$\frac{AD_{i,i+1}(C_{i+1}-C_i)}{V_i \Delta x_i} - \frac{AD_{i-1,i}(C_{i-1}-C_i)}{V_i \Delta x_i}$$

$$+\left(\frac{Q_{i-1}C_{i-1}-Q_iC_i}{V_i}\right) - k_iC_i + P_i + \frac{S_i}{V_i} = 0 \qquad (6.42)$$

여기서 A는 단면적, D는 확산계수, P는 내부발생 또는 제거, 외부 유입 또는 유출원이다. 이 식을 변수 C_{i-1}, C_i, C_{i+1}을 중심으로 정리하면,

$$\alpha_i C_{i-1} + \beta_i C_i + \gamma_i C_{i+1} = Z_i \qquad (6.43)$$

$$\alpha_i = -\left[\frac{(AD)_{i-1,i}}{V_i \Delta x_i} + \frac{Q_{i-1}}{V_i}\right], \quad \beta_i = \left[\frac{(AD)_{i,i+1}}{V_i \Delta x_i} + \frac{(AD)_{i-1,i}}{V_i \Delta x_i} + \frac{Q_i}{V_i} - k_i\right]$$

$$\gamma_i = \left[\frac{(AD)_{i+1,i}}{V_i \Delta x_i}\right], \qquad Z_i = \frac{S_i}{V_i} + P_i$$

이를 C_1, C_2, ⋯ , C_n까지 정리하여 행렬로 표현하면 다음과 같으며, 이를 풀이하여 수질변화를 시뮬레이션한다.

$$\begin{bmatrix} \beta_1 & \gamma_1 & 0 & . & . & . & 0 \\ \alpha_2 & \beta_2 & \gamma_2 & 0 & . & . & 0 \\ . & . & . & . & . & . & . \\ . & . & . & . & . & . & . \\ . & 0 & \alpha_i & \beta_i & \gamma_i & 0 & . \\ . & . & . & . & . & . & . \\ . & . & . & . & . & . & . \\ 0 & . & . & 0 & \alpha_{n-1} & \beta_{n-1} & \gamma_{n-1} \\ 0 & . & . & . & 0 & \alpha_n & \beta_n \end{bmatrix} \begin{bmatrix} C_1 \\ C_2 \\ . \\ . \\ C_i \\ . \\ . \\ C_{n-1} \\ C_n \end{bmatrix} = \begin{bmatrix} Z_1 \\ Z_2 \\ . \\ . \\ Z_i \\ . \\ . \\ Z_{n-1} \\ Z_n \end{bmatrix} \tag{6.44}$$

이러한 풀이 구조를 갖는 수치모델은 1970년 미국 F.D. Masch and Associate가 QUALI을 개발하면서 처음 시도하였다. [그림 6.11]에서 보듯이 QUALI은 위의 해를 FORTRAN으로 프로그램하여 하천에서 DO, CBOD, NBOD, 박테리아, 보존성물질, 온도 등을 계산하였다. QUALI 모델은 각 요소로 유입되는 점오염원과 비점오 염원에 의한 영향을 모두 포함할 수 있었다. QUALI 모델은 몇 개의 수질항목이 첨가되어 QUALII라는 모델로 개선되었으며, 다시 수질기작의 단점을 개선하여 QUAL2E가 만들어졌다.

QUAL2E는 하천 수질 변화기작에서 중요한 역할을 하는 유기질소 변화과정과 부유조류 성장에서 영양물질로 암모니아 흡수를 첨가하고 총인을 유기인과 용존무기인으로 분리하였다. QUAL2E 모델은 처음으로 PC에서 실행 가능하게 되었으며 사용이 쉽게 만들어져 지금까지 널리 사용되고 있다.

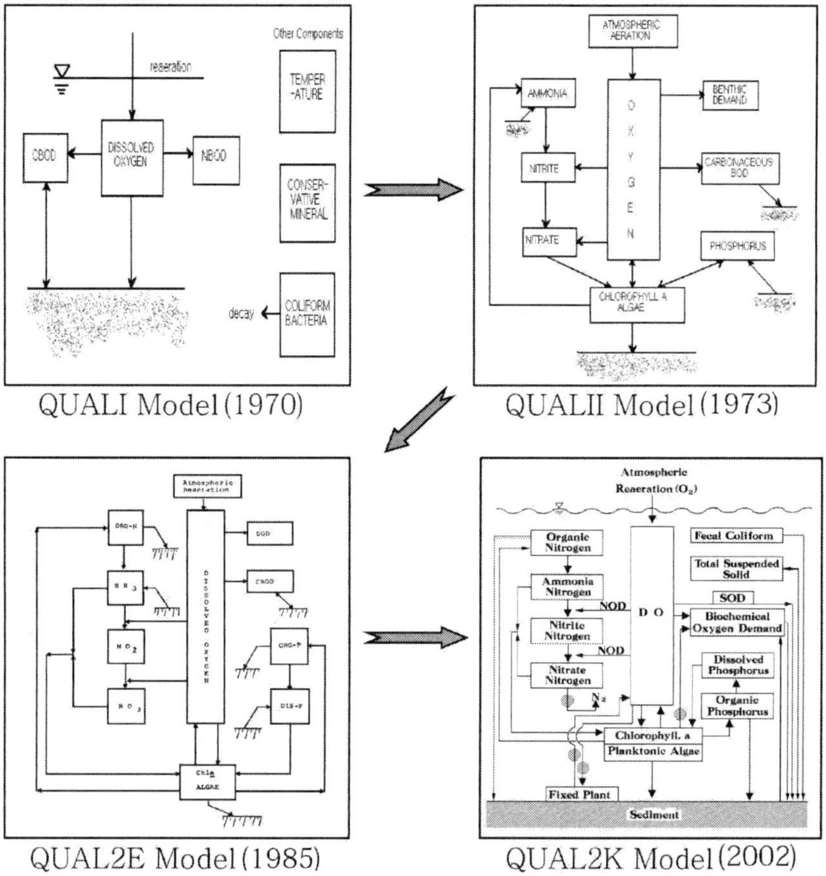

[그림 6.11] 하천 수질모델의 진화

하지만 QUAL2E는 수초나 부착 조류에 의한 용존산소 변화와 부유조류 사멸시 발생하는 유기물(BOD)이 고려되지 않았으며 혐기성 상태에서 발생하는 탈질화 과정이 포함되지 않아 수질변화에 이들의 영향이 크게 작용하는 하천에 적용하기에 한계가 있었다. 이러한 점을 보완한 것이 QUAL2K 모델이다(Park and Lee, 2002).

6.5 수질관리 방법

하천은 외부 유입오염원으로부터 가장 많은 영향을 받는 수체다. 특히, 도시나 산업지역을 관통하는 하천은 다량의 생활하수와 산업폐수가 유입되기 마련이다. 그래서 지금까지 개발된 수질관리 방법의 대부분이 도시 하천을 중심으로 이루어져왔다. 하천 수질관리를 위해 적용되는 주요 방법은 다음과 같은 것들이 있다

(1) 외부 유입원 방지

1) 하수관거 정비

생활하수와 산업폐수 등과 같은 고농도 오염원을 효율적으로 관리하기 위해서는 먼저 관거를 정비하여 처리되지 않은 상태로 하천에 유입되는 것을 방지하여야 한다. 또한 강우 시 하수가 하천으로 유입되는 것을 방지하기 위하여 분류식 하수관거 시스템을 도입해야 한다. 합류식 하수관거는 강우 시 초기 우수가 하수처리장에서 정화될 수 있는 있는 장점이 있으나, 수량이 많으면 하수도 처리되지 않은 상태로 하천으로 유입될 수 있다.

선진국을 중심으로 이미 오래전부터 지리정보시스템과 하수관거모델을 활용하여 관로의 위치, 크기, 재질, 노후 상태 등을 데이터베이스로 구축하고 그리고 관거에서 흐르는 하수의 수질변화, 슬러지 퇴적지점 등을 예측하는 기술들이 사용되고 있다. 우리나라도 이러한 기술들을 도입하여 관거를 보다 과학적이고 체계적으로 유지·관리해야 한다. 하수관거 정비는 오염원 관리를 위해 가장 기본적이고 중요한 방법이다.

2) 점오염원 방지 및 방류수 재포기

관거를 통해 차집한 생활하수나 산업폐수 등을 물리, 화학, 생물학적 처리기술을 이용하여 오염물질을 정화해야 한다. 현재 도시와 산업지역에서는

거의 대부분의 하수와 폐수가 처리되고 있다. 농경지역에도 소규모 처리장을 만들어 생활하수와 축산분뇨 등을 정화하고 있다. 산업폐수의 경우 대부분 안전을 위해 별도 처리한 후에 생활하수 처리장으로 보내 다시 한 번 정화하게 된다. 축산분뇨는 바이오에너지로 활용하는 방법들이 널리 적용되고 있다. 방류수를 하천에 배출할 때는 특별한 경우를 제외하고 대부분 생물학적 2차 처리가 일반적으로 적용된다.

하천에서 가장 중요하게 고려되는 용존산소 부족을 방지하기 위해 하수처리수를 방류하기 전에 재포기(Reaeration)하는 기술이 적용되고 있다. 하수 처리수에는 보통 10~30mg/l 정도의 BOD가 포함되어 있기 때문에 일정기간이 지나면 산소가 감소되기 마련이고 하천 유입지점의 산소 부족을 유발한다. 이를 방지하기 위해 처리수를 방류하기 직전에 산소를 불어넣어주는 재포기 기술을 적용하게 된다.

3) 비점오염원 관리

도시 하천에 유입되는 대부분의 유독성 화학물질이나 중금속 등은 비점오염원에 의하는 것으로 조사되고 있다. 뿐만 아니라 산림이나 농경지역을 지나는 하천에도 부유물질이나 영양물질 등이 상당량 유역 비점오염원으로부터 유입된다. 비점오염원 관리에 관해서는 제9장 유역관리에서 보다 상세하게 설명하고 있다.

(2) 내부 수질개선

1) 하천 정비

하천에는 침식과 퇴적이 반복해서 일어난다. 특히, 우리나라는 여름철 집중강우로 인해 수량이 급증하기 때문에 매년 하천 지형과 물의 흐름이 변할 정도로 침식과 퇴적이 심하다. 이 과정에서 제방이 무너지고 비옥한 토사가 바닥에 퇴적되고 상류에서 내려온 폐비닐과 같은 쓰레기가 하천 부지에 쌓인다. 뿐만 아니라 도시와 농경지를 지나는 하천변에는 원인을 알 수 없는 불명 오염원들이 산재해 있는 경우가 있다. 하천 정비를 통해 퇴적 토사를 준설하고 쓰레기를 걷어내며 불명 오염원들을 차단하고 물길을 되찾아 주는 것이 수질개선을 위해 필요하다.

2) 습지 조성

하천변에 습지를 조성하여 수중의 영양물질을 수생식물이 흡수하도록 하는 것은 수질개선뿐만 아니라 생물 다양성 증가에도 상당한 기여를 한다. 특히 습지조성은 인근 주민들의 휴식공간과 환경교육의 장으로 활용할 수 있는 방법이다. 최근에는 홍수 방지를 위해 만들어지는 유수지나 천변 저류지 등에도 습지를 조성하여 수질개선과 생태계 복원, 지하수 충전 등을 유도하고 있다. 하지만 습지에서 자란 식물이 다시 수질 오염원이 되는 것을 방지하고 건강한 생태계를 유지하기 위해 지속적인 관리가 요구된다.

3) 하천수 재포기

수중에 포기기(Aerator)를 설치하여 용존산소를 공급해 주는 것은 하천의 자정능력을 크게 향상시켜 준다. 이 방법은 물 흐름이 느리고 오염이 심해 혐기성 상태가 발생하여 물고기가 죽고 악취가 발생하는 경우에 일시적으로 적용하는 기술이다. 효과가 직접적이고 빠르게 나타난다는 장점이 있으나 외부에서 에너지 공급이 계속되어야 하고 미관을 해치는 것이 단점이다. 최근에는 태양광을 이용한 분수 효과로 이러한 단점을 극복한 기술이 도입되고 있다.

4) 수량 보충

자정능력을 향상시키는 또 다른 방법은 수량을 보충해 주는 방법(Flow Augmentation)이다. 하천의 수질 악화는 많은 경우 갈수기와 저수기에 수량 부족으로 인해 나타난다. 따라서 맑고 깨끗한 물을 풍부하게 공급해 주면 희석으로 인한 수질개선뿐만 아니라 물의 흐름이 빨라지고 산소농도가 증가하여 자정능력이 크게 향상된다. 갈수기와 저수기에 수량을 보충해 줄 수 있는 방법은 지하수를 끌어내 사용하는 방법, 저수지를 상류에 만드는 방법, 하류의 물을 역류하는 방법, 또는 하수처리수를 활용하는 방법 등이 사용되고 있다.

5) 강변 및 하상 여과

이 방법은 상수원 간접취수법을 수질개선에 응용한 것이다. [그림 6.12]와 같이 강변 또는 하상 퇴적층에 우물을 파고 취수를 하면 강물이 바닥이나 강변의 모래 자갈층을 통과하면서 흡착과 여과, 그리고 생물화학적 반응을 거치면서 정화되기 때문에 표류수보다 훨씬 맑고 깨끗한 물을 얻을 수 있다. 이렇게 취수된 물을 상류로 역류시켜 수량을 보충해준다. 강물을 정화하고 수량을 보충해주는 두 가지 효과를 동시에 얻는 방법으로 현재 국내에서도 적용되고 있다. 단점으로는 강변여과 또는 하상여과 우물을 파는데 비용이 들어가며 취수와 역류를 위해 지속적인 전력소모가 필요하다는 것이다.

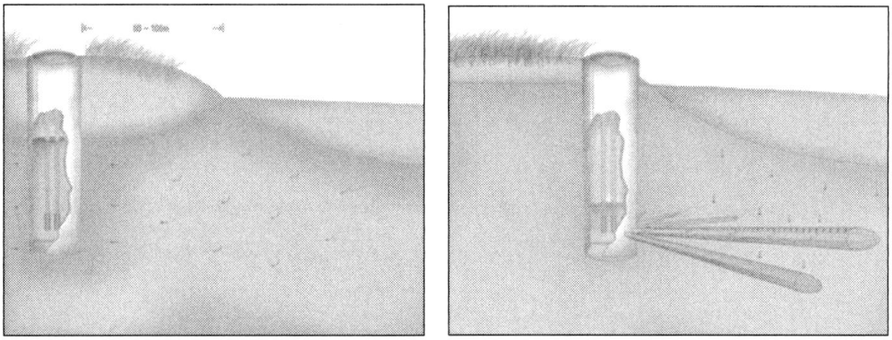

[그림 6.12] 강변여과와 하상여과

6) 기타

하천 수질개선을 위해 앞에서 설명한 것 외에도 역간접촉산화, 수중보 등 여러 가지 방법이 사용되고 또 새롭게 개발되고 있다. 역간접촉산화는 하수처리의 살수여상과 유사한 방법으로 바닥에 굵은 자갈층을 만들어 물이 이곳을 통과하면서 자갈 표면에 형성된 미생물 막으로 정화하는 방법이다.

수중보는 하수 1차 처리와 같은 원리로 경사진 하천에 여러 개의 보를 만들어 부유물질을 침강시키고 동시에 보의 낙차를 이용하여 공기를 불어넣어 주는 방법이다. 이 방법은 하천에 유입된 쓰레기를 수거하고 유해물질 유입 사고가 발생했을 경우 차단할 수 있는 효과도 기대할 수 있다. 하지만 보에 의한 물고기 이동 방해와 같은 부정적 영향을 발생할 수도 있다. 이를 극복하기 위해 다양한 형태의 어도가 개발·보급되고 있다.

>>> 내용정리

1. 문명 강의 일곱 가지 주요 기능은 무엇이며 우리나라 주요 하천과 강의 현실을 생각해보자.

2. 하천의 자정과정에 따라 나타나는 구간은 어떤 것이 있으며 각 구간의 특징은 무엇인지 알아보자.

3. 보존성과 비보존성 수질오염물질은 어떤 것이 있으며 하천으로 유입되었을 경우 하류에서 나타나는 수질분포를 알아보자.

4. 점오염원, 비점오염원, 분산오염원, 내부오염원, 외부오염원, 체적반응, 면적반응 등과 같은 용어를 정의해보자.

5. 동일한 하천구간에 점오염원과 비점오염원이 존재할 때 적용할 수 있는 다원 중첩의 원리를 증명해보자.

6. 하천에 적용되는 1차원 운반확산식에 대한 정상상태와 시변화상태에서는 해를 구하고 정상상태에서 확산현상을 무시할 수 있는 이유를 생각해보자.

7. 자연 수체에서 일어나는 여섯 가지 주요 용존산소 변화기작을 설명하고 이중 Streeter and Phelps 모델에서 고려하지 않은 무엇인지 알아보자.

8. 수치모델(Numerical Model)이 분석모델(Analytical Model)에 비해 가지는 장점과 단점을 설명해보자.

9. 하천 수치모델의 진화과정을 설명해보자.

10. 하천과 강의 수질관리에 적용되는 주요 방법들을 설명해보자.

제7장

하구와 항만

제7장 하구와 항만

조석조류 현상, 조량과 순하구 유량, 조석이동거리, 성층화 분석 등과 하구 수질모델의 기본원리를 소개한다. 하구 정상상태, 조석평균 확산계수, 유한구획 모델, 수질관리 방법 등을 설명한다.

하구와 항만은 조석현상이 일어나고 육지로부터 담수가 유입되기 때문에 매우 역동적이고 복잡한 수계다. 특히, 하구는 담수생태계와 해양생태계가 공존하는 점이지대(Ecotone)이기 때문에 생물 다양도가 매우 높다. 또한 이곳에는 담수와 염수가 밀도차로 인하여 수직 성층을 형성하고 있으며 조석현상에 의해 하루 동안 수질 변화가 크게 나타난다.

일반적으로 하구와 항만 주변에는 도시나 항구가 발달하여 다른 곳에 비해 오염물질의 유입량이 비교적 많고 지형 파괴에도 노출되기 쉽다. 또한 하구는 다양한 생물종이 서식하고 많은 바닷물고기가 유생기를 보내기 때문에 오염과 파괴로부터 특별한 보호가 필요한 곳이다.

강 상류에서 하구로 물이 이동하는 경로에는 조석현상과 해수 혼합 여부에 따라 수체가 구분된다. 조석현상이 미치지 못하는 곳에서는 물이 항상 하류로 흘러가지만, 조석현상이 나타나는 곳에 이르면 밀물 때 물이 역류하게 된다[그림 7.1]. 이곳을 감조하천(Tidal River)라 부르며 조석현상은 일어나지만 담수(Fresh Water)이기 때문에 하구와는 다르다. 하구(Estuary)는 감조하천이 끝난 후 염수와 담수가 혼합된 기수(Brackish Water)로 이루어진 곳이다.

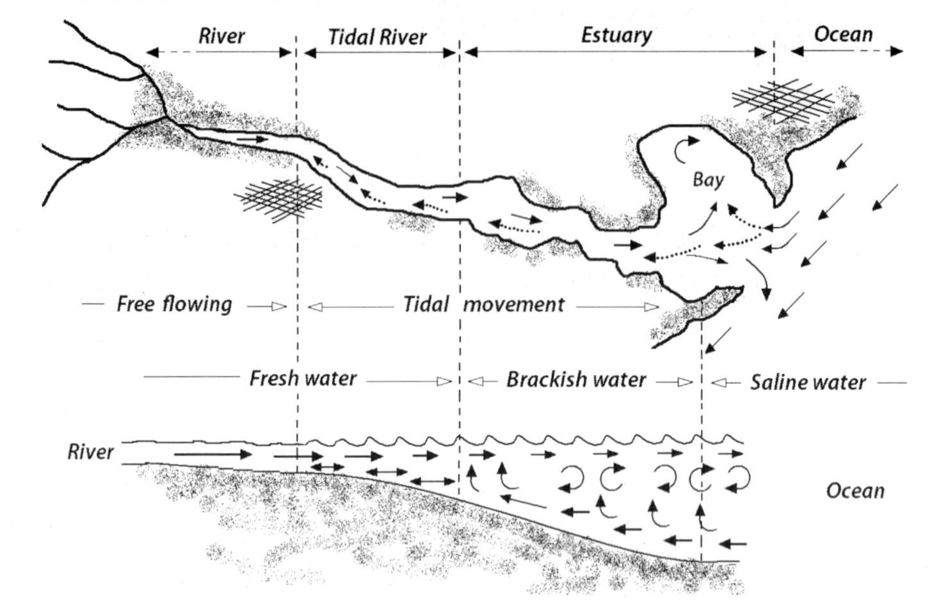

[그림 7.1] 감조하천과 하구의 수체 이동과 염분도

하류로 내려오면 조석현상이 점점 크게 나타나고 염분도가 일정한 하구가 끝나는 지점, 즉 바다에 이른다. 바다는 지구상에서 가장 많은 양의 물이 저장된 곳이며 육지에서 발생한 오염물질이 마지막으로 가는 곳이다. 바닷물은 염분도가 높아 직접 생활용수나 관개용수 등으로 사용될 수 없으나 물이 부족한 곳에서는 담수화 기술을 이용하여 먹는 물로 사용하고 있다.

바다는 크게 대륙붕으로 된 천해대(Nertic Zone)와 수심이 깊은 대양대(Oceanic Zone)로 나누어진다[그림 7.2]. 하구나 항만, 그리고 조간대 등은 천해대에 속하며 이곳은 어장, 양식장, 항로, 매립, 자원개발 등과 같이 인간의 간섭이 비교적 많이 이루어지며 육지로부터 오염물질의 유입이 계속되는 곳이다. 반면에 대양대는 인간에 의한 영향은 적게 받는 곳으로 지구의 물 순환이나 물질 순환, 그리고 기후변화 등에 매우 중요한 역할을 한다.

수질관리 측면에서 중요한 곳은 천해대 중에서도 하구나 항만, 조간대 등과

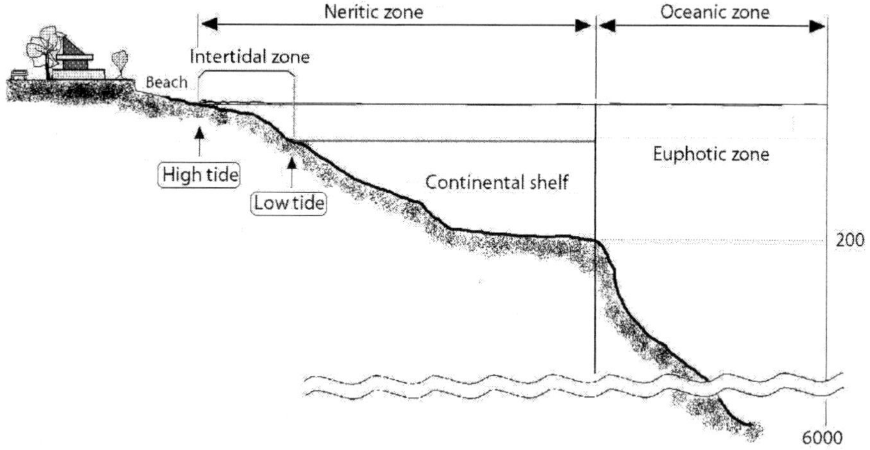

[그림 7.2] 조간대, 천해대 그리고 대양대

같이 육지에 인접해 있으면서 인간의 간섭이 많은 연안해역이다. 특히 문제가 되는 것은 쓰레기, 적조현상, 기름유출, 퇴적물, 산소부족 현상 등이다. 연안해역의 오염원은 대부분 육지에서 기인되며 연안 개발이나 선박 폐수와 쓰레기와 같이 바다에서 발생한 것도 있다.

기름유출은 유조선 충돌과 같은 선박 사고에 의해 일어난다. 우리나라 연안에는 양식장과 어장이 밀집되어 있어 이곳에서 발생하는 사료, 물고기 배설물, 쓰레기 등도 바다오염의 중요한 원인이 되고 있다. 특히 남해안은 폐쇄해역이 많아 오염물질이 외해로 빠져 나가지 못하고 여름철 수온이 높기 때문에 적조현상이 자주 발생한다.

7.1 기초지식

(1) 조석조류

하구나 항만과 같은 수체는 조석조류 현상이 일어난다는 점에서 강이나 호수와 크게 다르다. 조석현상은 수면이 상하로 오르내리는 현상이며 조류는 이와 함께 물이 수평으로 이동하는 현상을 말한다. 이것은 지구의 물에 작용하는 달과 태양의 인력에 의해 발생한다.

이처럼 "밀고 당기는" 작용으로 인해 어떤 곳에서는 수위가 상승하고 다른 곳에서는 수위가 하강한다. 이 운동은 달과 태양의 영향으로 규칙적인 주기를 나타낸다. 조석현상에 의한 수면 높이, 즉 조위(Tidal Height) 변화는 [그림 7.3]과 같이 파도의 영향을 받지 않는 정수정에 위치한 부자에 연결된 조위 관측기에 기록된다. 해수면이 가장 낮을 때를 간조(Low Tide), 높을 때를 만조(High Tide), 간조에서 만조로 이동하는 시기를 창조(Flood), 그리고 그 반대를 낙조(Ebb)라 한다. 간조, 창조(밀물), 만조, 낙조(썰물)로 이어지는 한 주기를 조기(Tidal Period)한다.

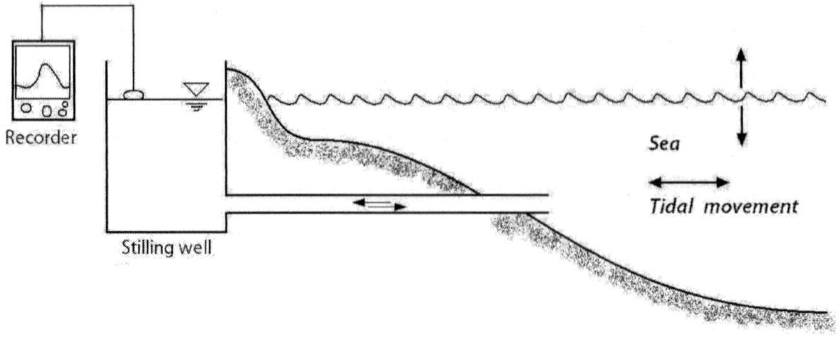

[그림 7.3] 조위 관측 개요

우리나라와 같이 중위도 지역에 위치한 바다에서는 조기가 12시간 남짓하며 조석 현상이 하루에 두 번 정도 일어난다. 그러나 위도에 따라 조기는 크게 다르며, 극지방은 15일 정도인 경우도 있다. 하루 두 번 일어나는 조석현상을 보면 [그림 7.4]의 D와 같이 한 번은 작게, 다른 한 번은 크게 나타난다. 하루에 두 번 일어나는 조석현상의 간조와 만조는 고저조(Higher Low Water), 저고조(Lower High Water), 저저조(Lower High Water), 고고조(Higher High Water)로 나타난다. 그림과 같이 하구에서 조석현상은 육지방향으로 갈수록 조석의 진폭이 점점 줄어들다 결국 수체 흐름에 조석의 영향을 미치지 못하게 된다.

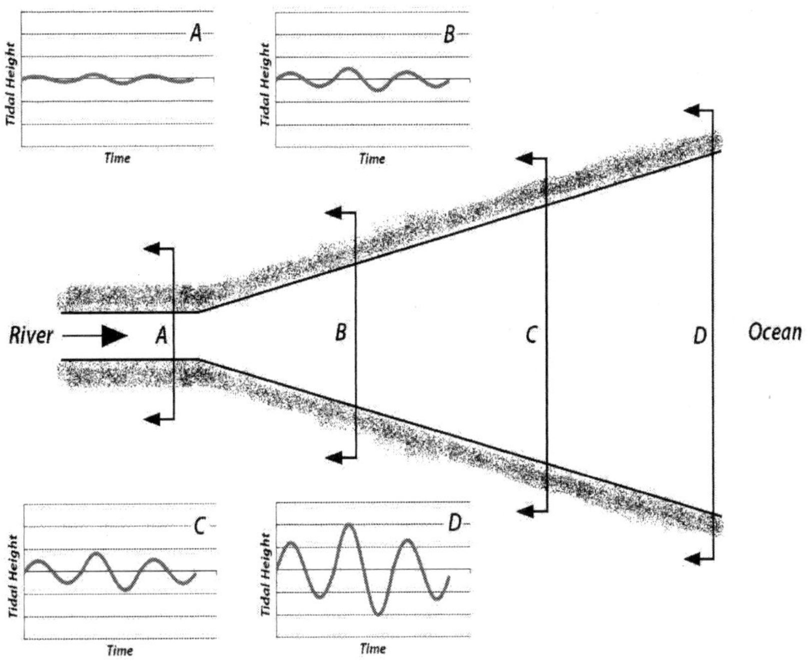

[그림 7.4] 하구의 지점별 조위곡선

달과 태양 그리고 지구의 위치에 따라 조석현상은 한 달 또는 일 년을 주기로 세기가 달라진다. 그믐과 보름에는 조석현상이 크고, 상현과 하현에서는 작다. 조석현상의 크고 작음이 반복되는 주기를 조령(Tidal Age)이라 하며 보통 14~15일에 해당한다[그림 7.5].

조류의 속도(Tidal Velocity)는 간조와 만조 시에는 멈추었다가 창조와 낙조 시에 빨라진다. [그림 7.6]과와 같이 조위와 조속은 사인과 코사인 곡선 형태로 나타난다. 조위가 가장 높거나 낮을 때 조속은 0이 되며 그 중간에서 가장 높거나 낮은 값을 갖는다. 만조와 간조와 같이 물의 흐름이 멈춘 상태를 정조(Still Water, Slack)라 한다.

하구·항만의 수질모델을 개발하기 위해서는 조석현상과 이에 따른 수질변화를 이해해야 한다. 일반적으로 육지로부터 오염물질이 유입되는 하구와 항만에서 만조 시에는 바닷물이 밀려와 수량이 풍부하기 때문에 수질이 좋으나 간조 시에는 반대 현상이 나타난다.

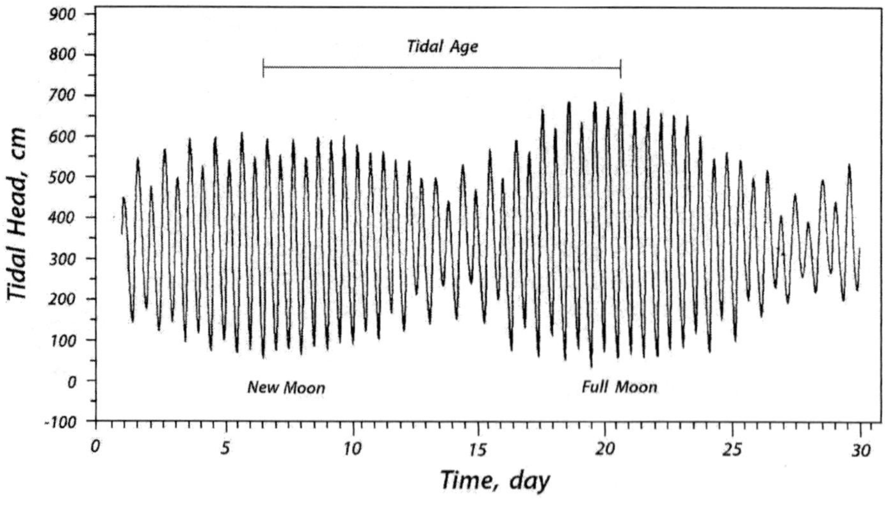

[그림 7.5] 달과 조령

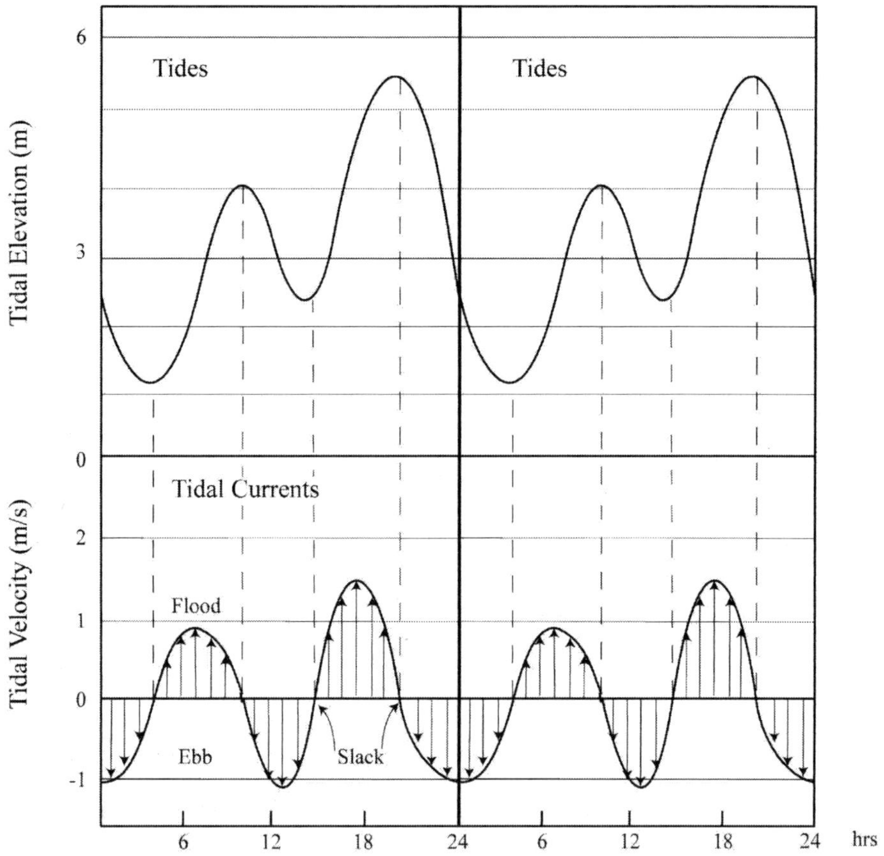

[그림 7.6] 조위와 조속 간의 관계

(2) 조량과 순하구 유량

조량(Tidal Flow)은 하구에서 조석현상에 의해 창조와 낙조 시 특정 지점을 통과하는 유량이다. 이는 하구의 특정 지점에서 하천의 유량을 구하는 방법과 동일하게 조속과 통수 단면적을 곱하여 구한다. 그러나 하천 유량과 다른 점은 조석현상에 따라 조류 속도와 방향뿐만 아니라 통수 단면적도 계속 변한다는 것이다.

조량은 조석현상에 따라 변하기 때문에 다음과 같이 사인함수로 표현된다.

$$Q = q_e sin\left(\frac{\pi}{T_e}t\right) \quad \text{for } 0 < t \le T_e \tag{7.1}$$

$$Q = q_f sin\left(\pi + \frac{\pi(t - T_e)}{T_f}\right) \quad \text{for } T_e < t \le \tau \tag{7.2}$$

$$\tau = T_e + T_f \tag{7.3}$$

여기서 Q는 조량(L^3/T), q_e와 q_f는 각각 썰물과 밀물 때 최대 조량, T_e와 T_f는 각각 썰물과 밀물의 지속시간[T]이다[그림 7.7].

하구 순유량(Net Estuarine Flow)은 조석주기 동안에 하구를 통과한 순유량이다. 다시 말하면 강을 따라 내려온 담수는 창조와 낙조에 의해 육지 방향으로 밀려왔다 다시 바다로 빠져 나가는데, 하구 순유량은 바다로 나간 물의 총량을 의미하며 하구 수질에 중요한 영향을 미친다.

하구의 특정지점에서 순유량은 상류, 지류, 하수 방류량 등 모든 담수유입량의 합과 같다. 하지만 특정 지점에서 하구 순유량(Q_n)을 유입되는 모든 수량의 합으로 구하려면 너무 많은 자료가 필요하기 때문에 다음과 같이 조량을 이용하여 추정한다.

$$Q_n = Q_e - Q_f \tag{7.4}$$

$$Q_n = \frac{2}{\pi}\frac{q_e T_e - q_f T_f}{\tau} \quad [L^3/T] \tag{7.5}$$

여기서 Q_e와 Q_f는 각각 썰물과 밀물 때 조량의 총합을 말하며, 나머지 항목은 위의 식과 동일하다.

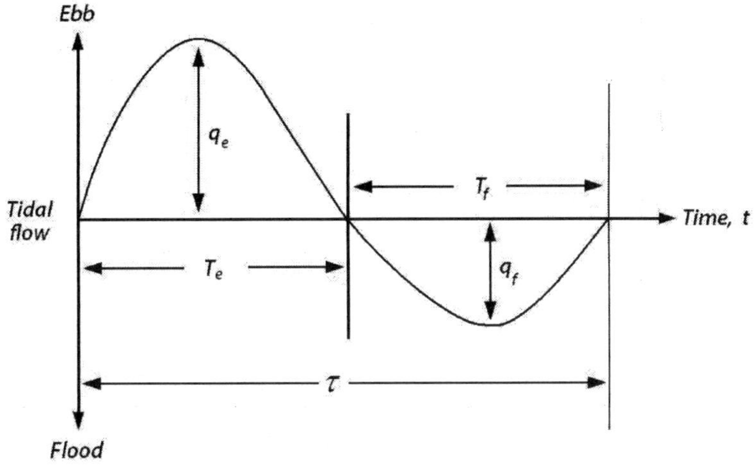

[그림 7.7] 하구에서 조석현상에 따른 유량 변화

(3) 조석이동 거리

조석이동 거리(Tidal excursion)는 조석현상이 간조에서 만조, 또는 만조에서 간조로 변할 때 물이 최대로 이동할 수 있는 거리를 말한다. [그림 7.8]은 하구에서 조석현상에 따라 나타나는 염분도 분포를 보여주고 있다. 만조(HWS : High Water Slack)와 간조(LWS : Low Water Slack) 때 나타나는 염분도 분포는 육지와 바다 방향으로 진동하며 그 진동 폭에 해당하는 거리가 조석이동 거리다. 이것은 조석현상으로 인해 물이 최대로 역류할 수 있는 거리를 의미하기 때문에 수질관리 측면에서는 매우 중요하다. 다시 말하면 하구에서 방류되는 하수가 상류로 이동할 수 있는 최대 거리를 의미하기 때문에 하류 방류지점이나 취수지점을 선정하는 기준이 될 수 있다. 조석이동 거리(X_{te})는 다음과 같은 식으로 추정할 수 있다.

$$\left(U_{\max} \cdot \frac{T_{m2}}{2}\right) : X_{te} = \pi : 2 \tag{7.6}$$

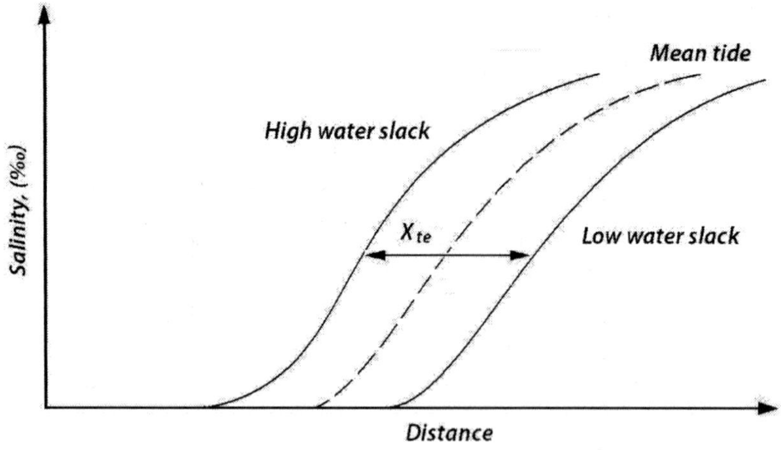

[그림 7.8] 간만조시 염분도 분포와 조석이동 거리

$$X_{te} = \frac{2}{\pi} U_{\max} (\frac{T_{m2}}{2}) \quad (7.7)$$

여기서 $U_{\max}$는 평균최대 조석속도이고 T_{m2}는 M_2조석의 조기다.

(4) 성층화 분석

하구로 유입되는 담수는 온도가 높고 염분도가 낮기 때문에 염수와의 밀도 차로 성층현상이 발생한다. [그림 7.9]에서 보는 것처럼 담수는 표층에서 육지에서 바다로 흐르고 해수는 반대다. 또한 부유물질은 두 층 사이에서 침강과 부유를 반복하게 된다. Prichard(1969)는 성층화된 하구에서 염분도 차이를 이용하여 상층과 하층에서 이동하는 유량(각각 Q_U과 Q_L)을 추정하는 식을 제시하였다. 염수가 하층으로 밀려와 상층의 담수와 혼합되어 다시 바다로 나가는 과정에서 육지에서 강을 따라 내려온 담수의 염분도는 증가하게 된다.

상층의 물수지식은 다음과 같다.

$$Q_U - Q_L = Q_R \tag{7.8}$$

여기서 Q_R는 강에서 하구로 유입되는 담수량이다. 또한 상층을 따라 바다로 이동하는 염분도의 양은 결국 하층으로 들어온 양과 같아야 하기 때문에 다음 식이 성립된다.

$$Q_U C_U = Q_L C_L \tag{7.9}$$

여기서 C_U와 C_L은 각각 상층과 하층의 염분도 농도다. 식 7.8을 식 7.9에 대입하여 하층유량을 계산하면 다음과 같다.

$$Q_L = Q_R \frac{C_U}{C_L - C_U} \tag{7.10}$$

동일한 방법으로 상층유량을 계산하면 다음과 같다.

$$Q_U = Q_R \frac{C_L}{C_L - C_U} \tag{7.11}$$

이 식을 통하여 성층화된 하구에서 수직 염분도 분포를 측정하여 상층과 하층에서 이동하는 유량을 추정할 수 있다.

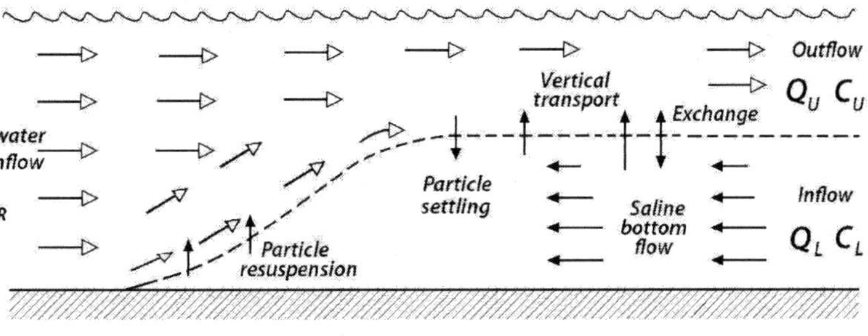

[그림 7.9] 하구에서 상층과 하층에서 수체 흐름

(5) 탁도 최대지역

담수와 함께 내려온 부유물질은 하구에서 해수에 의해 차단되어 바닥으로 침강된다. 침강된 부유물질은 조석과 수체순환 현상으로 재부유하고 다시 침강하는 현상을 반복하게 된다. 침강과 재부유의 반복으로 하구에서 가장 부유물질이 많은 탁도 최대지역(Turbidity Maximum Zone)이 나타나게 된다. 또한 이곳은 육지에서 내려온 영양물질이 바다로 빠져나가지 못하는 곳이라 하여 영양소 함정(Nutrient Trap)으로 불리기도 한다. 이곳은 다른 곳에 비해 일차 생산력이 높고 적조현상이 발생할 가능성도 높다. [그림 7.10]에서 보듯이 수온, 염분도, 투명도 등으로 인해 식물성 플랑크톤이 성장이 먼저 일어나고, 다음에 부유물질 침강 재부유가 반복되는 탁도 최대지역이 나타난다.

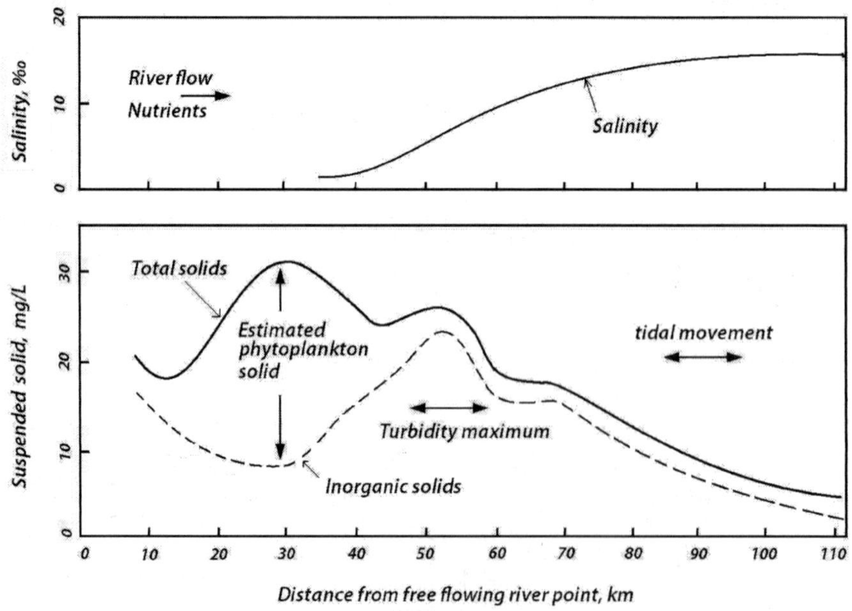

[그림 7.10] 하구에서 염분도와 탁도 최대지역 분포

7.2 수질모델 원리

앞에서 설명한 바와 같이 하구의 수체이동은 조석현상으로 인해 매우 역동적이다. 하구에서 일어나는 실시간 수질변화를 모델하기 위해서는 조석현상에 따른 수체이동을 고려해야 한다. 하지만 장래 수질예측이나 오염부하량 할당 등과 같은 수질관리의 일반적 용도를 위해서는 복잡한 실시간 변화보다 정상상태를 가정한 수질분포를 필요로 한다.

하구의 정상상태 가정은 우선 조석현상으로 일어나는 물의 이동을 앞에서 설명한 한 조기 동안의 순유량(Net Flow)만을 고려하는 것이다. 순유량에 의해 일어나는 물질의 운반은 순유속(Net Velocity)으로 표현된다. 물질의 확산과 조석현상으로 일어나는 기타 운반은 조석확산계수(Tidal Dispersion Coefficient)에 포함한다[그림 7.11]. 여기에 하구를 1차원 조석평균 정상상태로 가정하면 다음 식으로 표현된다.

$$-u\frac{dC}{dx}+E\frac{d^2C}{dx^2}-kC=0 \tag{7.12}$$

여기서 u는 한조기 동안의 순유속이며 E는 조석평균 확산계수다.

(1) 점오염원

보존성 물질 유입

하구에 분포하는 염분과 같은 보존성 물질은 위의 식에서 k=0이 되기 때문에 물질수지식은 다음과 같다.

$$-u\frac{dC}{dx}+E\frac{d^2C}{dx^2}=0 \tag{7.13}$$

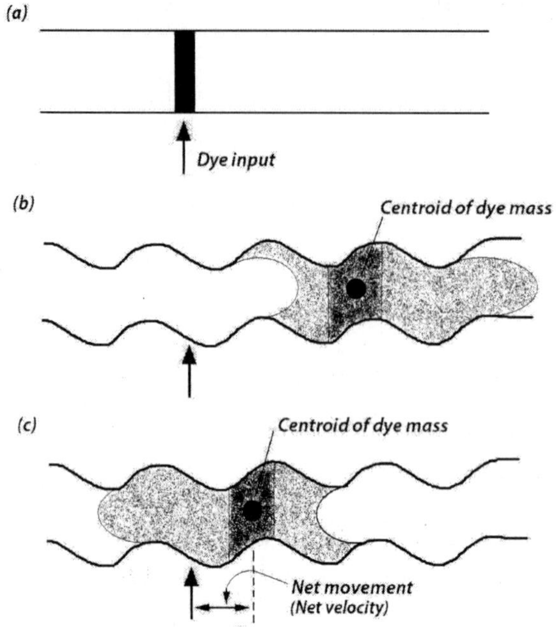

[그림 7.11] 하구에서 정상상태와 순유속 개념

이 식은 다음과 같은 해를 갖는다.

$$C = C_o \exp\left(\frac{u}{E}x\right), \qquad x \geq 0$$
$$C = C_o\,, \qquad\qquad x \geq 0 \tag{7.14}$$

여기서 C_o는 x=0에서 농도이고 (=W/Q)로 표현되는데 유입지점에서 완전혼합이 이루어지는 것을 가정하고 있다.

<u>**비보존성 물질 유입**</u>

비보존성물질은 위의 식은 그대로 이며 이를 풀면 다음과 같은 해를 갖는다.

$$C = C_o exp(j_1 x), \qquad x \le 0$$

$$C = C_o exp(j_2 x), \qquad x \ge 0 \tag{7.15}$$

여기서 C_o와 j_1, j_2는 다음과 같다.

$$j_1 = \frac{u}{2E}(1+\alpha),\ j_2 = \frac{u}{2E}(1-\alpha)$$

$$C_o = \frac{W}{Q \cdot \alpha},\ \alpha = \sqrt{1+\frac{4kE}{u^2}}$$

만약 순유속(u)이 0인 경우, 즉 항만과 같은 곳에서 조석현상만 일어나는 경우는 위의 식이 다음과 같이 되며 그 해는 식 7.19와 같다.

$$E\frac{d^2 C}{dx^2} - kC = 0 \tag{7.16}$$

$$C = C_o exp\left(-\sqrt{\frac{kx^2}{E}}\right) \tag{7.17}$$

여기서 C_o는 다음과 같다.

$$C_o = \frac{W}{2A\sqrt{kE}}$$

하구에서 보존성 물질과 비보존성 물질이 점오염원으로부터 유입될 경우 상류와 하류에서 나타나는 수질분포 식(7.14), (7.15), (7.17)을 그래프로 표현한 것이 [그림 7.12]다.

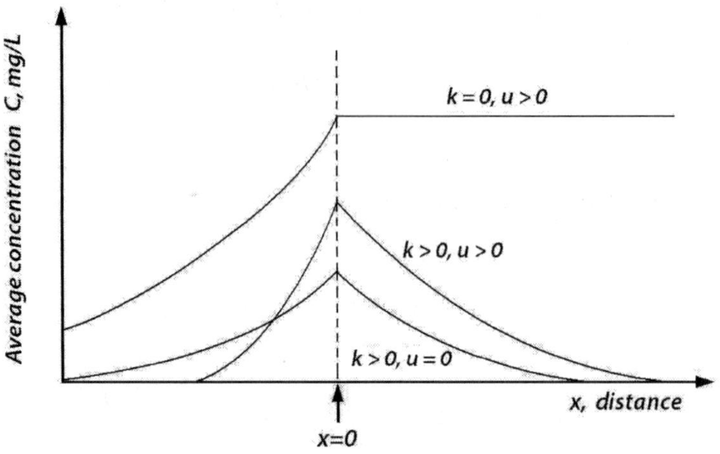

[그림 7.12] 하구에서 보존성 및 비보존성 물질의 분포

(2) 분산오염원

분산오염원이 [그림 7.13]과 같이 유입될 경우 다음 식으로 표현된다.

$$- u\frac{dC}{dx} + E\frac{d^2C}{dx^2} - kC + S_D = 0 \tag{7.18}$$

만약 그림과 같이 분산오염원(S_D)이 x=0에서 x=a까지 나타나면 위의 식은 구간에 따라 해를 달리한다. 또한 하구에 순유속이 있을 경우(u>0)와 순유속이 없을 경우(u=0)에 따라 다르다.

순유속이 있을 경우는 다음과 같이 구간별 해를 갖는다.

i) $x \leqq 0$

$$C_1 = C_o e^{j_1 x} \tag{7.19}$$

$$C_o = \frac{S_D}{k}\left(\frac{\alpha - 1}{2\alpha}\right)[1 - e^{j_1 a}]$$

$$j_1 = \frac{u}{2E}(1+\alpha) \qquad \alpha = \sqrt{1+\frac{4kE}{u^2}}$$

ii) $0 \leqq x < a$

$$C_2 = \frac{S_D}{k}[1-(\frac{\alpha-1}{2\alpha})e^{j_1(x-a)} - (\frac{\alpha+1}{2\alpha})e^{j_2 x}] \tag{7.20}$$

$$j_2 = \frac{u}{2E}(1-\alpha)$$

iii) $x \geqq a$

$$C_3 = C_a e^{j_2(x-a)} \tag{7.21}$$

$$C_a = \frac{S_D}{k}(\frac{\alpha+1}{2\alpha})(1-e^{j_2}\alpha)$$

그리고 순유속이 없을 경우에는 구간별 해는 다음과 같다.

i) $x \leqq 0$

$$C_1 = C_o e^{-\sqrt{kx^2/E}} \tag{7.22}$$

$$C_o = \frac{S_D}{k}(\frac{1-e^{-\sqrt{ka^2/E}}}{2})$$

ii) $0 \leqq x < a$

$$C_2 = \frac{S_D}{k}[1-0.5e^{-\sqrt{k(x-a)^2/E}} - 0.5e^{-\sqrt{kx^2/E}}] \tag{7.23}$$

이 구간에서 갖는 최대 지점의 농도는 식 7.24와 같다.

$$C_{\max} = \frac{S_D}{k}[1-e^{-\sqrt{ka^2/(4E)}}] \tag{7.24}$$

iii) $x \geqq a$

$$C_3 = C_o \, e^{-\sqrt{k(x-a)^2/E}} \tag{7.25}$$

두 경우에서 나타나는 수질분포는 [그림 7.13]과 같다.

만약 분산오염원와 점오염원이 함께 유입될 경우 제6장에서 설명한 다원 중첩의 원리가 그대로 적용될 수 있다.

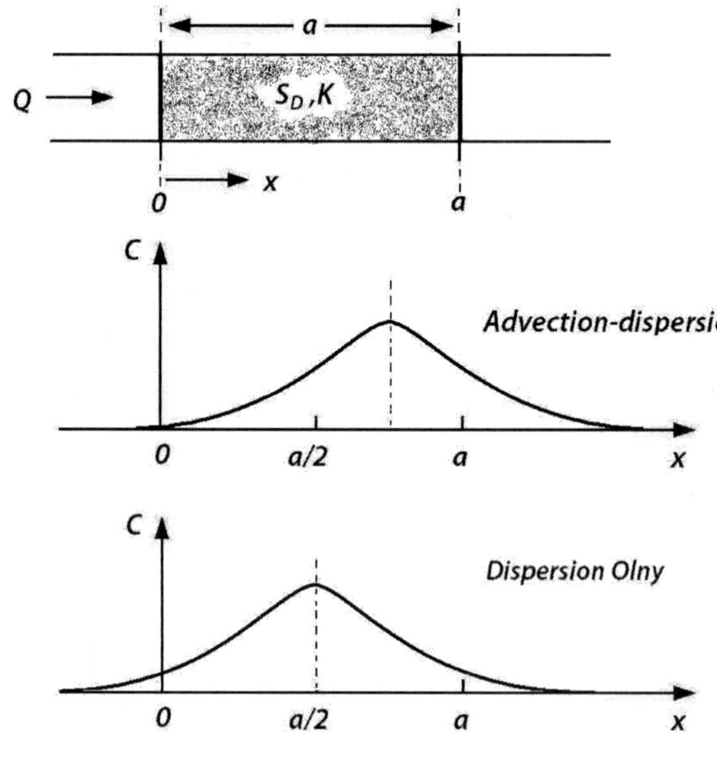

[그림 7.13] 하구에서 분산오염원에 의한 수질분포

(3) 조석평균 확산계수

하구에서 나타나는 조석평균 확산계수는 하천 확산계수보다 훨씬 큰 값을 갖는다. 왜냐하면 조석평균 확산계수에는 한 조기동안 일어나는 운반에 의한 혼합까지도 확산계수에 모두 포함하기 때문이다. 조석평균 확산계수는 조석현상과 순유량 등 여러 가지 조건에 의해 결정되기 때문에 하천에서와 같이 간단한 경험식으로 추정하기는 어렵다. 염분도나 전기전도도 등을 측정하여 다음과 같이 계산할 수 있다. 하구의 보존성 물질은 식 7.26으로 표현되며 이는 식 7.30와 같은 해를 갖는다.

$$-u\frac{dC}{dx}+E\frac{d^2C}{dx^2}=0 \tag{7.26}$$

$$C=C_o exp\left(\frac{u}{E}x\right) \tag{7.27}$$

해를 이용하여 [그림 7.14]에 제시된 하구의 두 지점에서 관측된 염분도와 거리(x_1, C_1), (x_2, C_2)를 이용하면 확산계수는 다음과 같이 구할 수 있다.

$$E=\frac{u(x_2-x_1)}{\ln C_2-\ln C_1} \tag{7.28}$$

7.3 유한구획 모델

하구는 지형과 수리현상이 빠르게 변하는 곳이다. 육지로부터 바다로 연결되는 과정에서 폭은 넓어지고 수심은 깊어지며 또한 조석현상은 더욱 크게 일어난다. 이처럼 공간적 변화가 극심한 하구에 분석적인 해를 이용한 모델을 적용하기 위해서는 동일한 지형과 수리현상과 같은 현실적으로 많은 오차를 유발할 수 있는 가정을 필요로 한다.

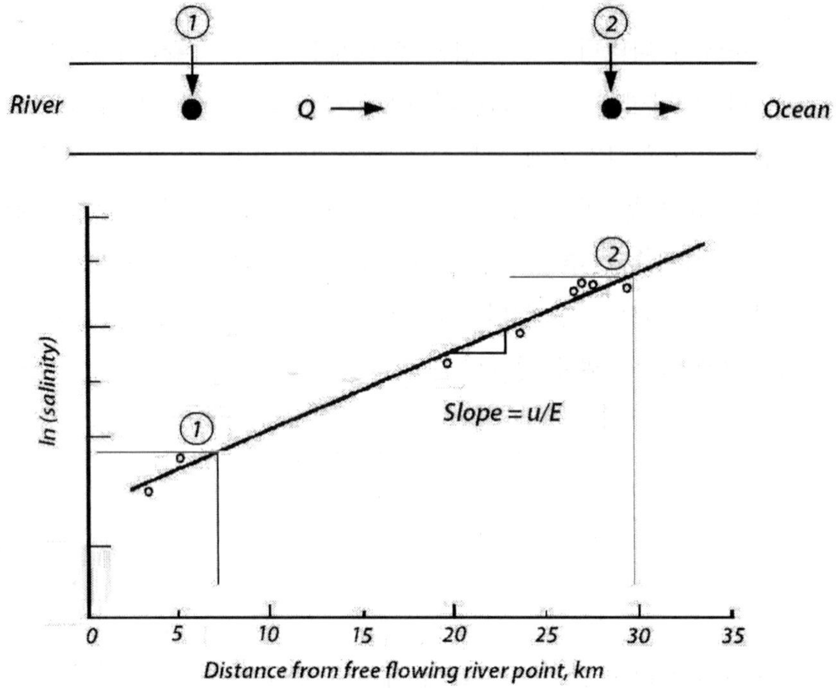

[그림 7.14] 염분도 분포를 이용한 하구 확산계수 구하기

이러한 문제를 해결하기 위해 Thomann은 1963년 미국 동부지역의 델라웨어강 하구에 유한구획법(Finite Segment Method)를 시도하였다. 이 방법은 현재 하구뿐만 아니라 호수 등 다양한 수체에 적용되고 있으며, 특히, 미국 연방환경보호청(USEPA)에서 개발한 WASP 모델에 채택되면서 널리 알려지게 되었다. 유한구획법의 원리는 다음과 같다.

(1) 유한구획의 물질수지식

[그림 7.15]와 같이 하구를 n개의 구획으로 나눈다. 각 구획은 동일한 지형과 수리 및 수질 현상을 갖는 것으로 가정한다. 구획 i에 대한 물질수지는 크

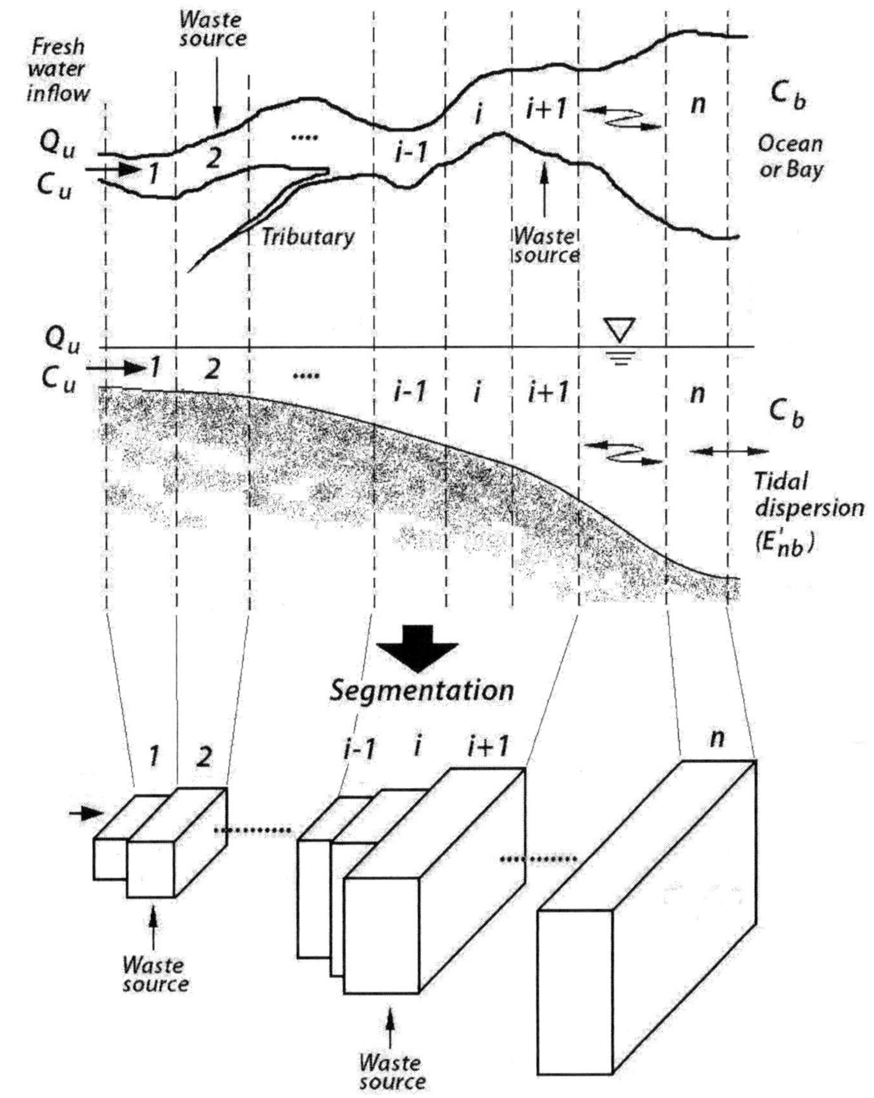

[그림 7.15] 하구에서 유한구획법 적용

게 네 가지 운반, 확산, 수질반응, 그리고 유입/유출로 이루어진다. 각 항의 식은 다음과 같이 전개된다[그림 7.16].

운반에 의해 구획 i로 들어오고 나가는 물질량은 다음과 같다.

$$Q_{i-1,i}\ C_{i-1} - Q_{i,i+1}\ C_i \tag{7.29}$$

여기서 Q는 유량이며 아래 첨자는 구획을 나타낸다. 유량은 방향을 가지며 $Q_{i-1,i}$는 i-1 구획에서 i 구획으로 이동하는 것을 의미한다. (+)는 들어오는 것 그리고 (-)는 나가는 것을 의미한다.

확산에 의한 물질변화는 다음과 같이 표현된다.

$$E_{i-1,i}\frac{(C_{i-1}-C_i)}{\Delta\bar{x}_{i-1,i}}A_{i-1,i} - E_{i+1,i}\frac{(C_i-C_{i+1})}{\Delta\bar{x}_{i+1,i}}A_{i+1,i}$$
$$= E'_{i-1,i}(C_{i-1}-C_i)+E'_{i+1,i}(C_{i+1}-C_i) \tag{7.30}$$

여기서 $E_{i-1,i}$는 조석확산계수, $A_{i,i-1}$은 i와 i-1 사이의 단면적이고, $\Delta\bar{x}_{i,i-1}$는 인접구획 간의 길이이다.

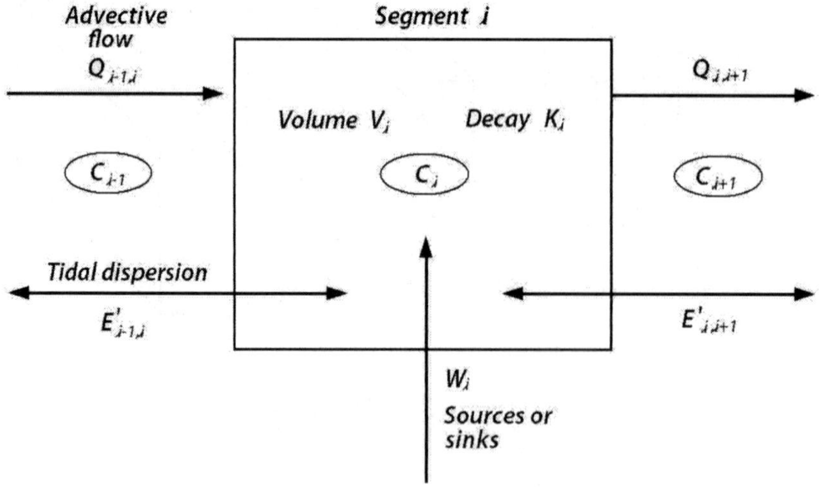

[그림 7.16] 유한구획에서 물질수지

$E'_{i-1,i}$는 용적확산계수(bulk dispersion coefficients)로 다음과 같이 표현된다.

$$E'_{i,i-1} = \frac{E_{i,i-1} A_{i,i-1}}{\Delta \bar{x}_{i,i-1}} \tag{7.31}$$

용적확산 계수의 단위는 $[L^3/T]$로 유량과 동일하지만 방향을 갖지 않는다. 구획 i에서 수질반응에 의한 물질변화는 다음과 같이 표현된다.

$$-k_i \cdot V_i \cdot C_i$$

여기서 k_i는 i번째 구획의 사멸계수이고 V_i는 i의 부피이다.

구획 i로 유입 또는 유출에 의한 물질변화는 다음과 같이 표현된다.

$$\pm W_i$$

위의 항을 모두 더한 값은 i구간에서 질량변화와 같아야 하기 때문에 i구획에서 물질수지식은 다음과 같이 표현된다.

$$\begin{aligned} & Q_{i-1,i}C_{i-1} - Q_{i,i+1}C_i + E'_{i-1,i}(C_{i-1} - C_i) + E'_{i+1,i}(C_{i+1} - C_i) \\ & -k_i \cdot V_i \cdot C_i \pm W_i = V_i \frac{dC_i}{dt} \end{aligned} \tag{7.32}$$

(2) 행렬을 이용한 수질 계산

하구를 정상 상태로 가정하면 위의 식에서

$$V_i \frac{dC_i}{dt} = 0 \tag{7.33}$$

가 되어 식 7.32은 간단한 선형대수식이 된다. 각 구획마다 하나의 식이 있어 모두 n개의 식으로 표현된다. 구획별로 변화하는 지형, 유량, 반응계수, 유입/유출 등을 가진 하구에서 수질은 n개의 선형대수식을 풀어서 얻을 수 있다.

경계조건

하천과 인접하는 구획(첫 번째 구획)과 바다와 연결된 구획(n 번째 구획)은 경계조건을 고려해야 하기 때문에 특별한 주의를 요한다. 첫 번째 구획에서 물질수지는 정상상태인 경우 아래와 같다.

$$Q_{u1}C_u - Q_{12}C_1 + E'_{21}(C_2 - C_1) - V_1K_1C_1 \pm W_1 = 0 \tag{7.34}$$

여기서 Q_{u1}는 첫째구간으로 유입하는 상류유량이고 C_u는 이미 알고 있는 상류의 농도이다. 이곳에서는 조석현상이 일어나지 않기 때문에 확산에 의한 물질 이동은 없다. 마지막 n번째 구획에서 물질수지는,

$$\begin{aligned} &Q_{n-1,n}C_{n-1} - Q_{nb}C_n + E'_{n-1,n}(C_{n-1} - C_n) \\ &\quad + E'_{nb}(C_b - C_n) - V_nK_nC_n \pm W_n = 0 \end{aligned} \tag{7.35}$$

여기서 Q_{nb}는 n구간으로부터 바다로 이동하는 순유량이며 C_b는 이미 알고 있는 바다의 수질이다.

선형대수식

i번째 구획의 물질수지식을 정상상태와 유입원만을 가정하고 변수 C_{i-1}, C_i, C_{i+1}에 대해 정리하면 다음과 같다.

$$\begin{aligned} &(-Q_{i-1,i} - E'_{i-1,i})C_{i-1} + (Q_{i,i+1} + E'_{i-1,i} + E'_{i+1,i} + V_ik_i)C_i \\ &\quad + (-E'_{i+1,i})C_{i+1} = W_i \end{aligned} \tag{7.36}$$

이식에서 상수를 간단한 계수로 대체하면 다음 식으로 표현된다.

$$a_{i,i-1}C_{i-1} + a_{i,i}C_i + a_{i,i+1}C_{i+1} = W_i \quad (i = 1, 2, ..., n) \tag{7.37}$$

$$a_{i,i-1} = -Q_{i-1,i} - E'_{i-1,i}$$

$$a_{i,i} = Q_{i,i+1} + E'_{i-1,i} + E'_{i,i+1} + V_i k_i$$
$$a_{i,i+1} = -E'_{i,i+1}$$

n개 구획의 식을 정리하여 표현하면 다음과 같다.

$$\begin{aligned}
&a_{1,0} \cdot C_0 + a_{11} \cdot C_1 + a_{1,2} \cdot C_2 = W_1 \\
&a_{2,1} \cdot C_1 + a_{22} \cdot C_2 + a_{2,3} \cdot C_3 = W_2 \\
&a_{3,2} \cdot C_2 + a_{33} \cdot C_3 + a_{3,4} \cdot C_4 = W_3 \\
&\quad \cdot \qquad \cdot \qquad \cdot \qquad \cdot \\
&a_{i,i-1} \cdot C_{i-1} + a_{ii} \cdot C_i + a_{i,i+1} \cdot C_{i+1} = W_i \\
&\quad \cdot \qquad \cdot \qquad \cdot \qquad \cdot \\
&a_{n,n-1} \cdot C_{n-1} + a_{n,n} \cdot C_n + a_{n,n+1} \cdot C_{n+1} = W_n
\end{aligned} \tag{7.38}$$

경계조건(구획 1과 n)에서는 $a_{10} = -Q_u$, $C_0 = C_u$, $a_{n,n+1} = -E'_{nb}$, $C_{n+1} = C_b$가 되며 각각 다음과 같은 식으로 표현된다.

$$a_{11} C_1 + a_{12} C_2 = W_1 + Q_{u1} C_u \tag{7.39}$$

$$a_{n,n-1} C_{n-1} + a_{n,n} C_n = W_n + E'_{nb} C_b \tag{7.40}$$

이를 행렬식으로 표현하면 다음과 같다.

$$\begin{bmatrix}
a_{11} & a_{12} & 0 & . & . & . & 0 \\
a_{21} & a_{22} & a_{23} & 0 & . & . & 0 \\
0 & a_{32} & a_{33} & a_{34} & 0 & . & 0 \\
. & . & . & . & . & . & . \\
. & . & . & . & . & . & . \\
0 & . & . & . & 0 & a_{n,n-1} & a_{n,n}
\end{bmatrix}
\begin{bmatrix} C_1 \\ C_2 \\ C_3 \\ . \\ . \\ C_n \end{bmatrix}
=
\begin{bmatrix} W_1 + Q_{u1} C_u \\ W_2 \\ W_3 \\ . \\ . \\ W_n + E'_{nb} \cdot C_b \end{bmatrix} \tag{7.41}$$

즉, [A](C)=[W]로 표현되며 [A]는 n×n 행렬이고 단위는 $[L^3/T]$, (C)와 [W]는 n×1 벡터이며 단위는 각각 $[M/L^3]$, [M/L]이다. [A]의 역행렬을 이용하여 벡터 (C)를 다음과 같이 구할 수 있다.

$$(C) = [A]^{-1}[W] \tag{7.42}$$

여기서 $[A]^{-1}$는 모델 적용 대상 하구의 지형, 유량, 조석확산계수, 수질반응계수 등으로 결정되며 이를 정상상태 반응행렬(Steady - State Response Matrix)로 불린다. [W]는 외부 유입 또는 유출, 그리고 경계조건에 의해 결정된다.

하구를 구획의 1차원적 나열로 가정하면 앞에서 보았듯이 정상상태 반응행렬은 삼대각 행열(Tridiagonal Matrix) 형태로 나타난다. 그러나 실제 하구에서는 구획 구성을 [그림 7.17]과 같이 수평 2차원 또는 수직 3차원으로 확대할 필요가 있다. 이 경우 각 구획에 대한 물질수지식을 세우고 이를 풀이하여 수질을 구할 수 있다. 현재 널리 사용되고 있는 WASP 모델은 3차원 그리고 시변화 상태로 풀이가 이루어질 수 있도록 프로그램되어 있다.

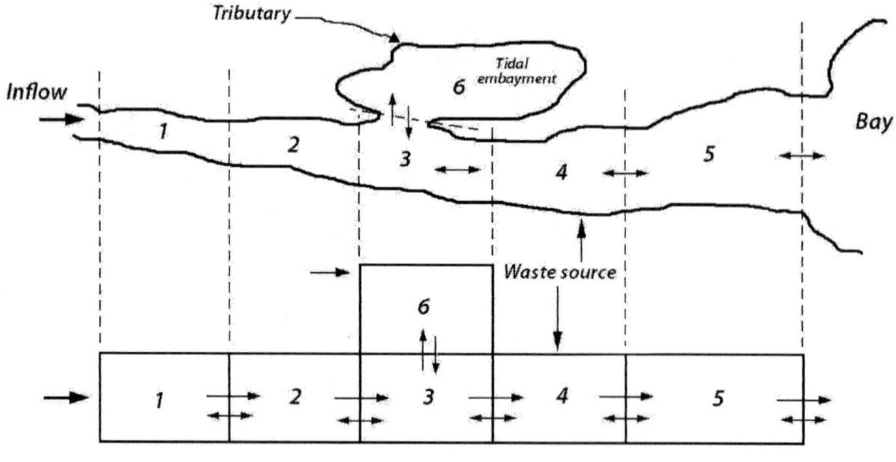

[그림 7.17] 하구에서 2차원 유한구획의 예

유한구획 모델의 확산계수

앞에서 하구의 분석모델에 관측된 염분도를 입력하여 조석확산계수를 구하는 방법을 설명하였다. 분석모델은 전 구간 동일한 확산계수 값을 사용하지만 유한구획 모델은 각 구획 간 다른 값을 사용한다. 실제로 하구는 거리에 따른 지형과 수리현상의 변이가 크기 때문에 확산계수 값이 구획 간 차이를 보이게 된다.

유한구획 모델의 조석확산계수를 두 가지 방법으로 구할 수 있다. 하나는 분석모델식을 이용하여 개략적 조석확산계수 값을 구한 후 모델에 입력하여 관측된 염분도와 모델 값을 비교하면서 시행착오법(Trial and Error)을 이용하여 보다 정확한 값을 결정하는 것이다. 다른 하나는 구획별로 관측된 염분도를 이용하여 다음과 같이 구할 수 있다.

보존성물질인 경우 유한구획 모델식은 다음과 같다.

$$Q_{i-1,i}C_{i-1} - Q_{i,i+1}C_i + E'_{i-1,i}(C_{i-1} - C_i) + E'_{i,i+1}(C_{i+1} - C_i) = 0$$

이 식을 i=1에서 n까지 모두 나열하여 더하고 염분도를 가정하면 남는 식은 다음과 같다.

$$-Q_{n,n+1}C_n + E'_{n,n+1}(C_{n+1} - C_n) = 0$$

따라서 마지막 n번째 구획과 바다 간의 용적확산계수는 다음과 같다.

$$E'_{n,n+1} = \frac{Q_{n,n+1} \cdot C_n}{C_{n+1} - C_n}$$

이 식은 정상상태에서 조석확산작용으로 인하여 바다로 유입되는 염분 플럭스 $E'_{n,n+1}(C_{n+1} - C_n)$는 운반, $Q_{n,n+1}C_n$에 의해 떠나는 염분과 평형을 이룬다는 것을 의미한다. 마지막 경계면에서 조석확산계수가 구해지면 나머지는 다음 식을 이용하여 역순 차례로 용적확산계수를 구할 수 있다.

$$E'_{i-1,i} = \frac{E'_{i,i+1}(C_{i+1} - C_i) + (Q_{i-1,i}C_{i-1} - Q_{i,i+1}C_i)}{C_i - C_{i-1}}$$

$$i = n, n-1, n-2, \ldots, 1$$

이렇게 구해진 용적확산계수는 다음 식으로 조석확산계수(E)로 변환된다.

$$E_{i-1,i} = \frac{E'_{i-1,i}\Delta\overline{x}_{i-1,i}}{A_{i-1,i}}$$

7.4 수질관리 방법

하구는 앞에서 설명하였듯이 생태계 측면에서는 매우 중요하기 때문에 잘 관리되어야 한다. 또한 해안이 양식장이나 해수욕장 등으로 활용될 경우 특별한 수질관리가 요구된다. 하지만 수자원 측면에서는 강이나 호수에 비해 수질관리의 우선순위가 다소 떨어진다. 이유는 상수원이나 농업용수, 산업용수 등으로 활용되지 않아서 요구되는 수질이 비교적 낮기 때문이다. 또한 조석현상으로 바닷물에 의해 끊임없이 세척되고 염분이 공급되어 부수현상이 억제되기 때문에 특별한 관리가 없어도 적절한 수질이 유지되는 곳이 많다.

그러나 인간의 과도한 간섭이 가해질 경우 여러 가지 수질문제가 발생하게 된다. 자주 거론되는 것은 부영양화로 인한 적조현상, 기름유출, 퇴적물 오염, 산소부족, 쓰레기 등이다. 하구나 항만과 같은 연안 해역의 수질개선을 위해 적용하는 방법은 다음과 같은 것들이 있다.

(1) 외부 유입원 방지

1) 강 수질개선

하구에 유입되는 대부분의 오염물질은 육지에서 기인된다. 따라서 하구 수질을 관리하기 위해 가장 먼저 취해야 하는 것이 강의 수질을 개선하는 것이다. 강에서 유입된 부유물질이나 영양물질이 하구에서는 퇴적과 재부유를 반복하고 수온이 증가할 때면 적조현상을 일으키기도 한다. 따라서 하구로 유입되는 강에서는 이러한 물질의 관리에 주의를 기울여야 한다. 뿐만 아니라 하구에서 부유 또는 퇴적되는 쓰레기의 대부분이 강을 통해서 이루어지기 때문에 이를 방지하는 대책이 마련되어야 한다.

2) 유역 비점오염원 관리

도시나 산업지역으로 둘러싸인 하구나 항만에는 유역으로부터 많은 오염물질이 유입된다. 유독성 화학물질이나 중금속뿐만 아니라 마모된 자동차 타이어나 쓰레기 등 여러 가지 오염물질이 강우와 함께 흘러들어가게 된다. 인접해역에 양식장이나 어장 또는 어패류를 채취하는 갯벌이 위치해 있을 경우 유역 비점오염원은 보다 철저히 관리해야 한다. 유역관리에 관해서는 제9장에서 보다 상세하게 설명하고 있다.

(2) 내부 발생원 방지

1) 퇴적물 준설

오염된 퇴적물은 수중의 용존산소를 고갈시키고 인이나 중금속 등과 같은 미량오염물질을 용출시켜 수질을 악화시키며, 동시에 저서생태계에 피해를 준다. 따라서 퇴적물을 정기적으로 준설해주는 것이 수질개선에 도움이 된다. 하구나 항만에서의 준설은 수질개선 목적보다 항로나 선박 정박을 위해 행해지는 경우가 많다.

2) 해안 공사 관리

연안 수질오염의 원인 중 하나는 방조제와 부두건설, 매립과 준설 등과 같은 해안 공사다. 이때 다량의 토사나 오염물질이 해안으로 유출되어 인근 어장과 양식장 그리고 해안 생태계 등에 피해를 준다. 이를 방지하기 위해 사용하는 것이 공사지점 주변에 오탁방지막을 설치하는 것이다. 오탁방지막은 물은 통과하고 부유물질은 걸러지는 촘촘한 거물 망으로 되어있다. 또한 하구나 항만의 과도한 개발이나 방파제 설치 등으로 인한 해수 유통을 차단하는 해안 공사는 사전에 환경영향평가를 통하여 악영향을 최소화하는 대책을 수립해야 한다.

3) 어장 및 양식장 관리

어장이나 양식장에 투입되는 사료나 물고기 배설물 등이 연안 수질오염의 원인이 된다. 특히 우리나라는 연안 곳곳에 어장과 양식장으로 둘러싸여 있으며 여기서 많은 양의 오염물질이 발생한다. 이를 방지하기 위해 어장과 양식장을 보다 청결하게 하고 폐어망이나 폐어구 등을 적절히 관리해야 한다. 뿐만 아니라 현재 우리나라에서 시행하고 있는 어장이나 양식장에 휴식년을 두는 것이다. 일정기간 자연 그대로 방치해 두면 바다의 자정능력이 회복되고 건강한 생태계로 되돌아가게 하는 방법이다.

4) 항로 및 선박 관리

선박에서 버려지는 쓰레기나 폐수는 하구나 항만의 주요 오염원이다. 따라서 항로에 버려지는 선박 쓰레기나 폐수 방류를 금지하고 감시해야 한다. 또한 선박 사고나 고장으로 인한 기름 유출을 차단하기 위해 유류확산 방지용 흡착포나 유화제 등을 상시 준비하고 점검해야 한다. 정기적으로 하구와 항만을 청소하고 지속적인 수질 모니터링을 해야 한다. 선박 사고 방지와 수질 관리를 위해 제도를 정비하고 규제를 강화해야 한다.

내용정리

1. 하구에서 나타나는 수리, 수질, 생태계 특성을 설명해보자.
2. 우리나라 남해안에서 자주 발생하는 적조의 원인과 대책을 설명해보자.
3. 바다의 환경문제를 조간대, 천해대, 대양대로 구분하여 설명하고, 특히 우리나라 해안의 주요 수질오염과 개선방안을 논의해보자.
4. 조석현상의 원인에 관해 설명하고 조기와 조령, 조위, 조속, 조량, 조석이동거리, 순하구 유량, 만조, 간조, 창조, 낙조, 반일주 조석 등과 같은 용어를 정의해보자.
5. 하구에서 일어나는 성층화와 탁도최대지역을 설명하고 이러한 현상이 수질에 미치는 영향을 알아보자.
6. 조석현상으로 인해 수리 및 수질의 시간적 변화가 계속되는 하구에서 수질모델의 정상상태가 갖는 의미를 설명해보자.
7. 하구 수질모델과 하천 수질모델의 차이점을 하구 순유량과 순유속, 조석평균 확산계수 등을 고려하여 설명해보자.
8. 유한구획모델의 원리를 설명하고 주어진 구획에서 물질수지식을 유도해보자.
9. 유한구획모델에서 용적확산계수와 정상상태 반응행렬을 설명해보자.
10. 하구와 항만 수질관리를 위해 적용될 수 있는 방법과 제도를 설명해보자.

제8장

호수와 저수지

제8장 호수와 저수지

호수와 저수지의 물수지, 성층화, 전도현상, 부영양화, 퇴적물 반응과 같은 기초지식과 모델원리를 소개한다. 오염부하에 따른 완전혼합계, 성층화 모델, 부영양화 모델, 수질관리 방법 등을 설명한다.

호수(Lake)와 저수지(Reservoir)는 지표면에 고여 있는 수체를 말하는 것으로 물이 천천히 흐르거나 흐름이 거의 없는 경우도 있다. 호수는 화산이나 빙하 또는 융기나 침강, 침식과 퇴적 등의 지형 변화나 인공 댐을 건설하여 만들어지기 한다. 백두산 천지나 한라산 백록담은 화산호이며, 미국의 오대호나 러시아의 바이칼호는 빙하에 의해 만들어진 호수다. 수체의 크기는 작은 연못에서부터 거대한 규모의 호수에 이르기까지 다양하다. 저수지는 보통 수자원 확보를 위해 인공적으로 만든 것을 의미하며 규모가 비교적 작다.

우리나라는 대형 자연호가 전무하며 대부분의 호수가 댐 건설로 만들어진 인공호다. 강의 상류에는 다목적 댐 건설로 만들어진 소양호나 충주호와 같은 대형 인공호가 있으며 하류에는 바닷물의 침투를 막기 위한 하구호가 있다. 또한 농업용수를 확보하기 위해 전국에 18,000여 개의 저수지가 있다. 자연호에 해당하는 것은 강릉의 경포호나 속초의 청초호와 같은 사구호가 있으며 서울 잠실의 석촌 호수와 같이 한강의 침식과 퇴적으로 만들어진 우각호도 있다.

지구상에는 호수가 하천이나 강보다 많은 수량을 보유하고 있지만 인간에 의한 활용도는 떨어진다. 또한 호수의 물은 정체되어 있고 수심이 깊기 때문에 흐르는 얕은 물에 비해 산소 공급이 떨어진다. 호수의 이러한 특징은 수질관리에 단점이 되기도 하지만 대상 물질에 따라 장점이 되기도 한다.

단점으로는 외부에서 생물화학적 분해 가능한 유기물이 유입될 경우 심수층에 산소부족현상이 나타나고 자정능력이 하천에 비해 떨어진다. 하지만 토사와 같은 부유물질이 유입되면 대부분 바닥으로 침강하기 때문에 맑은 수질을 유지한다. 특히 물에 녹아있는 탄산에 의한 침전 반응으로 칼슘, 철, 마그네슘 등이 제거되어 세탁이나 목욕에 좋은 연수가 되는 장점도 있다. 또한 인산염이나 기타 난분해성 유기물 등도 부유물질이나 침전물에 흡착하여 바닥으로 제거된다.

호수에 관한 연구는 오래전에 시작되었다. 처음에는 호수에 사는 생물상을 조사하기도 하고 물의 순환과정을 관찰하기도 하였다. 이러한 연구들이 이어지면서 1800년대 말에 와서 그리스어의 Limnos(호수, 늪)와 Logos(연구)가 결합된 호소학(Limnology)이라는 단어가 사용되기 시작했다. 그 후 호소학은 호수나 늪지대 등에서 일어나는 생물상 조사, 수질화학반응, 수리현상 등에 관한 순수 자연과학적 연구가 주를 이루었다. 그러나 지금은 수자원과 수질관리 측면에서 호수에 관한 환경공학적 연구가 활발히 이루어지고 있다.

호수의 수질에서 자주 문제가 되는 것은 부영양화로 인한 식물성 플랑크톤의 과잉성장이다. 인이나 질소와 같은 영양물질이 풍부하고 빛과 온도 등이 적합할 때 나타나는 현상이다. 또한 유기 퇴적물의 분해로 인한 심층수의 산소부족, 토사 유입으로 인한 탁수와 퇴적현상, 산성비로 의한 산성화, 사고로 인한 독성물질 유입 등도 주요한 이슈가 되고 있다.

8.1 기초지식

(1) 물 수지

호수가 강이나 하구와 다른 점은 수체의 형태와 흐름이다. 넓은 수표면적과 깊은 수심 그리고 정체된 물 등이 호수가 갖는 특징이며 이것은 수질에 영향을 준다. 특히, 호수에 들어온 물이 그곳에 얼마나 오래 머무르는가를 말해주는 수리적 체류시간(Hydraulic Detention Time)이 수질 결정에 매우 중요한 요소다. 따라서 수질관리를 위해 먼저 이해해야 하는 것이 그 호수의 물 수지다.

유역에 내린 강우는 지면 유출이나 지하수를 통해 호수에 공급된다. 또한 호수 내에서는 넓은 수표면을 통해서 강우와 증발이 일어나고 지하수로 빠져 나가기도 한다. 이러한 물 수지에 따라 수면은 상승과 하강을 반복하고 있다. 호수의 물 수지는 다음과 같은 방정식으로 표현할 수 있다.

$$\sum Q_{in} - \sum Q + P \cdot A_s - E_v \cdot A_s = \frac{dV}{dt} \tag{8.1}$$

여기서 ΣQ_{in}와 $\Sigma Q[L^3/T]$는 각각 호수로 유입 유출되는 수량, P[L/T]는 수표면에 떨어지는 강우강도, E_v[L/T]는 호수 수면으로부터의 증발량, V는 체적 $[L^3/T]$, A_s는 수표면적$[L^2]$이다. 유입량은 하천이나 지하수 등으로부터 흘러들어오는 수량을 모두 포함한다. 유출량은 하류 또는 지하수로 흘러가거나 취수되는 물을 포함한다.

호수의 물이 그곳에 머무르는 시간, 즉 수리적 체류시간은 유입수량과 체적비로 표시된다. 이는 곧 빈 호수를 채울 때까지 걸리는 시간 또는 유입수량이 없을 때 호수를 완전히 비우는데 걸리는 시간과 같으며 다음과 같은 식으로 간단히 표현된다.

$$T_d = \frac{V}{Q} \tag{8.2}$$

여기서 체적은 $V[L^3]$이고 유출량은 $Q[L^3/T]$이다. 이 식은 호수의 물이 완전혼합되는 작은 수체에 적용될 수 있다. 하지만 대부분의 큰 호수는 물의 정체와 흐름이 곳에 따라 다르기 때문에 수체를 구분하여 수리적 체류시간을 구해야 한다.

(2) 수온 성층화

호수는 수심이 깊어지면 수표면으로부터 깊은 곳까지 열전달이 원활하게 이루어지지 않아 수온차가 발생하게 된다. 특히 여름철에는 수온차가 크며, 이때 깊은 곳에 있는 물은 온도가 낮아 비중이 크기 때문에 계속 아래에 머물게 되고 위에는 온도가 높고 가벼운 물이 위치하여 수직혼합이 쉽게 이루어지지 않게 된다. 수온 성층화(Thermal Stratification)로 불리는 이 현상은 계절변화가 있는 온대지역에서 여름철에 가장 뚜렷하게 나타난다. 열대나 한대 지방에서는 호수의 수온 성층화가 미약하게 나타나며, 온대지방에서도 겨울철에는 수온 성층화가 심하지 않다.

성층화된 호수의 물은 수온에 따라 크게 3개의 층으로 구분된다. 수온은 [그림 8.1]에서 제시된 바와 같이 표수층(Epilimnion)이라 불리는 맨 위층에서 일정하게 유지되다 중간층(Mesolimnion)에 도달하면 급격히 감소하고 심수층(Hypolimnion)에서 다시 일정하게 유지된다. 중간층은 온도가 급격히 변화하기 때문에 변온층 또는 수온약층(Thermocline)이라 불리기도 하며다른 두 층에 비해 두께가 얇다.

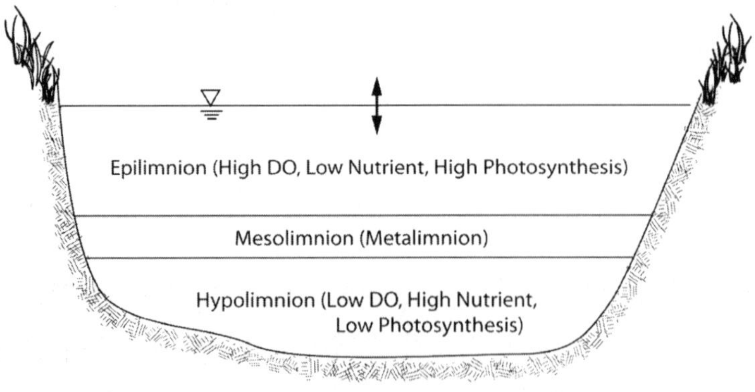

[그림 8.1] 호수의 성층화 현상

성층화 현상은 호수 수질에 매우 중요한 영향을 미친다. 표수층은 대기와 접하고 태양빛이 투과하며 포기현상과 광합성이 일어나기 때문에 용존산소가 풍부한 반면 영양물질은 낮은 농도를 보인다. 심수층은 호수 바닥과 접하기 때문에 퇴적물에 함유된 유기물의 분해에 영향을 받아 낮은 용존산소 농도와 높은 영양물질 농도를 보인다.

(3) 전도현상

성층화된 호수의 물은 계절변화에 따라 표수층의 물이 심수층으로 내려가고 반면에 심수층의 물은 표수층으로 올라오는 전도(Turn-Over)현상이 나타난다. [그림 8.2]에서 보는 바와 같이 여름에서 겨울로 가는 과정에서 표수층의 수온이 감소하게 되고 물의 무게가 심수층보다 커지게 되면 전도현상이 일어난다. 겨울에는 표수층이 심수층에 비해 수온도 낮고 비중도 낮은 상태를 유지하게 된다. 봄이 되면 표수층의 수온이 점점 올라가면서 비중이 심수층보다 큰 상태를 지나게 되고, 이때 다시 전도현상이 일어나게 된다.

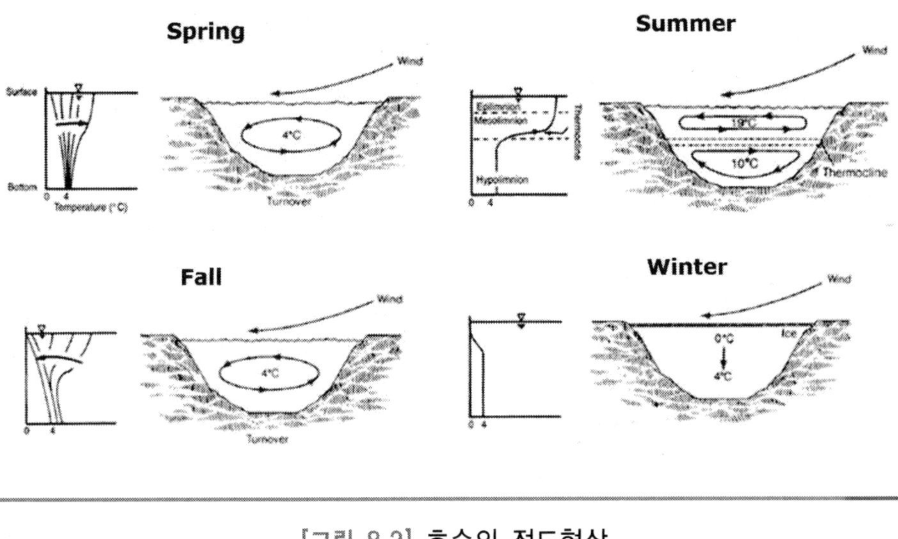

[그림 8.2] 호수의 전도현상

이처럼 일 년에 전도현상이 두 번 일어나는 곳이 있는가 하면 그렇지 않는 곳도 있다. [그림 8.3]은 위도 및 고도에 따른 호수의 전도현상을 보여주고 있다. 위도 40~60°에 위치한 호수는 일반적으로 일 년에 두 번(Dimictic), 위도 20~40°은 겨울에 한 번(Warm Monomictic), 위도 60~80°은 여름에 한 번(Cold Monomictic) 전도현상이 일어난다. 위도 80°이상은 항상 낮은 온도를 보이기 때문에 전도현상이 전혀 일어나지 않고(Amictic), 위도 20°이하의 적도 부근에서는 몇 년에 한 번 정도 기상이변으로 일어날 수 있으며(Oligomictic), 적도 부근의 고산지대에서는 자주 기온이 변하기 때문에 일 년에 여러 번 일어날 수 있다(Polimictic).

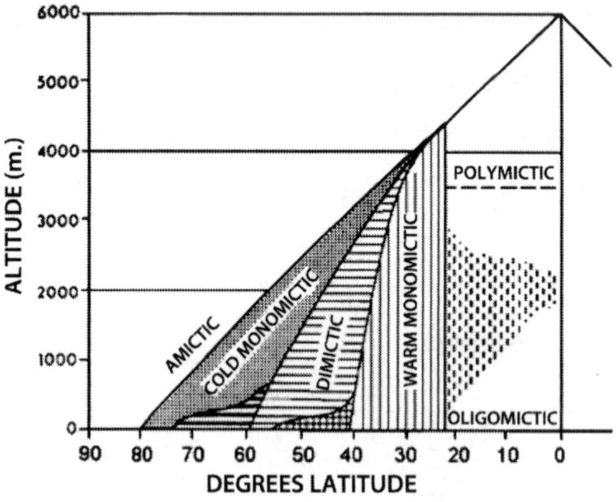

[그림 8.3] 위도와 고도에 따른 전도현상

(4) 부영양화

식물이 성장하는데 필요한 영양물질이 풍부해지는 현상을 부영양화(Eutrophication)라고 한다. 모든 호수와 저수지는 항상 부영양화가 일어난다. 유역으로부터 끊임없이 영양물질이 유입되고 증발이 일어나며 물에서 자란 식물이 바닥으로 침강하여 분해되어 영양물질이 다시 용출된다. 이 현상은 계속 반복되기 때문에 시간이 지남에 따라 수중의 영양물질 농도는 증가한다.

[그림 8.4]는 호수가 부영양화되어 마지막에는 습지가 되는 천이 과정을 보여 주고 있다. 자연적으로 일어나는 부영양화는 매우 느린 속도로 일어나기 때문에 오랜 시간에 걸쳐 관찰하지 않으면 차이를 느끼지 못한다. 그러나 인위적인 오염원이 있을 경우 부영양화는 매우 빠른 속도로 일어나고 이를 문명 부영양화(Cultural Eutrophication)이라 한다. 호수 수질관리의 주요 과제 중 하나가 바로 부영양화를 방지하고 부영양호를 인위적으로 빈영양호로 되돌리는 것이다.

부영양화된 물에 빛과 온도 조건이 만족되면 식물성 플랑크톤이 급격히 성장하게 되며 이를 조화현상(Algal Bloom)이라 한다. 부영양화와 조화현상을 대부분 구분하지 않고 사용하지만 의미는 다르다. 부영양화는 조화현상의 필요조건이지 충분조건은 아니다. 조화현상은 수화현상 또는 물꽃현상(Water Bloom) 등으로 표현하기도 하며 녹조나 적조는 조화현상의 일종이다.

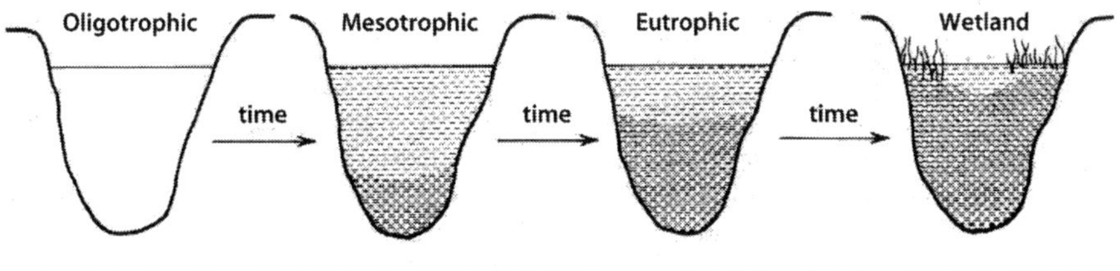

[그림 8.4] 호수의 부영양화 진행 과정

(5) 퇴적물 반응

호수와 저수지에는 수중 부유물질이 바닥으로 침강하고 바닥에 쌓인 퇴적물이 분해하면서 다시 수질에 영향을 준다. 호수의 수질을 이해하기 위해서는 퇴적물 반응에 관한 기초지식을 필요로 한다. 퇴적물에는 매우 다양한 생물화학적 반응이 일어나며 Park and Jaffe(1996)에 비교적 자세히 설명되어 있다.

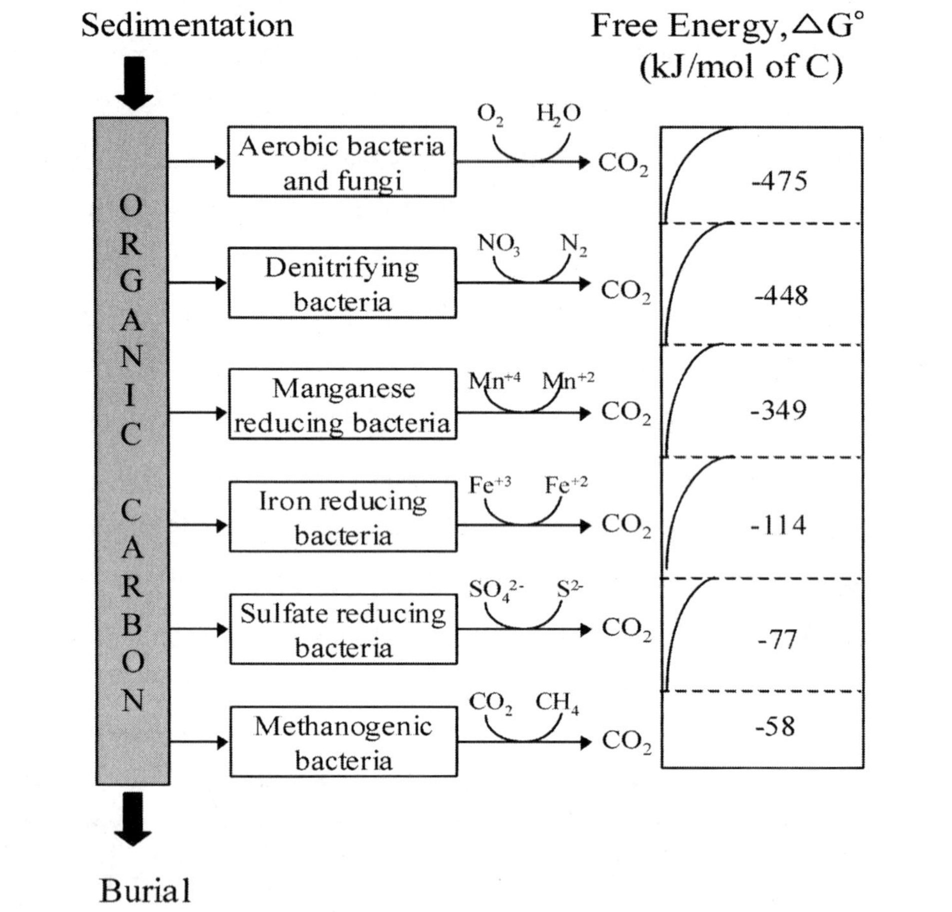

[그림 8.5] **퇴적물의 초기 속성과정**(Park and Jaffe, 1996)

퇴적물 반응의 주동력은 수중의 식물성 플랑크톤이나 기타 유기물이 바닥에 침강한 후에 일어나는 생물분해 현상이다. 먼저 바닥에 침강한 고형유기물(Particular Organic Matters)은 가수분해반응이나 발효반응을 통해 비교적 분자량이 적은 용존유기물(Dissolved Organic Matters)로 변화되고 이것은 다시 여러 종류의 미생물에 의해 무기물로 분해된다[그림 8.5].

미생물에 의해 유기물이 분해되는 과정은 일련의 전자수용체(Electron

Acceptor)를 필요로 하게 된다. 먼저 산소가 있는 곳에서는 유기물이 호기성 박테리아나 곰팡이류에 의해 산화되며 산소가 거의 소모되는 지점부터 질산(Nitrate)이 전자수용체로 이용되고, 다음은 산화망간(Manganese Oxides), 산화철(Iron Oxides), 그리고 황산(Sulfate)이 차례로 이용된다. 마지막으로 분해과정에서 생산된 이산화탄소(Carbon Dioxides)가 전자수용체로 이용되는 메탄형성 과정(Methanogenesis)이 나타나며 분해 가능한 유기물이 모두 소모되거나 이용 가능한 전자수용체가 없어지는 지점까지 이 과정은 계속된다[그림 8.5]. [표 8.1]은 각층에서 일어나는 유기물 분해과정의 이론적 반응식을 제시한 것이다.

이 반응들은 에너지 효율이 큰 것부터 차례로 일어나기 때문에 균질의 퇴적물에서 두 과정이 동시에 일어나지 않는다. 해양 퇴적물에서는 황산이 풍부하기 때문에 분해 가능한 유기물이 이 단계에서 모두 소모되어 많은 경우 메탄

[표 8.1] 전자수용체에 따른 유기물 분해 반응식

전자수용체	반 응 식
O_2	$(CH_20)_{106}(NH_3)_{16}(H_3PO_4) + 106\ O_2$ $\rightarrow 106\ CO_2 + 16\ NH_3 + H_3PO_4 + 106\ H_2O$
NO_3	$(CH_20)_{106}(NH_3)_{16}(H_3PO_4) + 84.8\ NO_3$ $\rightarrow 106\ CO_2 + 42.4\ N_2 + 16\ NH_3 + H_3PO_4 + 63.6\ H_2O$
MnO_2	$(CH_20)_{106}(NH_3)_{16}(H_3PO_4) + 212\ MnO_2$ $\rightarrow 106\ CO_2 + 212\ Mn^{+2} + 16\ NH_3 + H_3PO_4 + 318\ H_2O$
FeOOH	$(CH_20)_{106}(NH_3)_{16}(H_3PO_4) + 424\ FeOOH$ $\rightarrow 106\ CO_2 + 424\ Fe^{+2} + 16\ NH_3 + H_3PO_4 + 318\ H_2O$
SO_4	$(CH_20)_{106}(NH_3)_{16}(H_3PO_4) + 53\ SO_4$ $\rightarrow 106\ CO_2 + 53\ HS + 16\ NH_3 + H_3PO_4 + 106\ H_2O$
CO_2	$(CH_20)_{106}(NH_3)_{16}(H_3PO_4)$ $\rightarrow 53\ CO_2 + 53\ CH_4 + 16\ NH_3 + H_3PO_4$

형성 과정이 나타나지 않는다. 유기물 분해과정에서 생성된 NH_3, Mn^{+2}, Fe^{+2}, $H_2S(HS^-)$, CH_4 등은 공극수(Pore Water)를 통하여 확산되며 산소가 있는 곳에 도달하면 산소와 결합한다. 산소와 결합하여 생긴 질산, 산화망간, 산화철, 그리고 황산 등은 다시 전자수용체로 이용되는 순환과정을 이룬다. 퇴적물 산소요구량(SOD)은 유기물 분해에 직접 이용되는 것과 환원물질과 결합하는 것을 합한 것을 의미한다.

사용되는 전자수용체 중에서 산화망간과 산화철은 고형물질이며 중금속이나 인과 같은 미량물질이 표면에 부착해 있다. 따라서 퇴적물이 혐기성 상태가 되어 이들이 전자수용체로 사용되어 환원되면 미량물질이 용출된다. 특히 식물성 플랑크톤 성장의 제한인자인 인이 재용출되면 수질에 상당한 영향을 미친다.

[그림 8.6]은 인이 제한요소로 광합성에 참여하여 유기물을 만들고 바닥으로 침강되고, 퇴적물 분해과정에서 인이 용출되어 광합성에 참여하여 유기물이 되는 경우를 보여준다. 호수에 유입된 인은 이러한 과정을 거치면서 수질에 큰 영향을 주는 것을 알 수 있다. 그림에서 보듯이 인 1그램(g)은 BOD 142.5 그램과 동일한 효과를 준다. 호수 수질관리에서 인과 퇴적물 관리가 얼마나 중요한지를 알 수 있다.

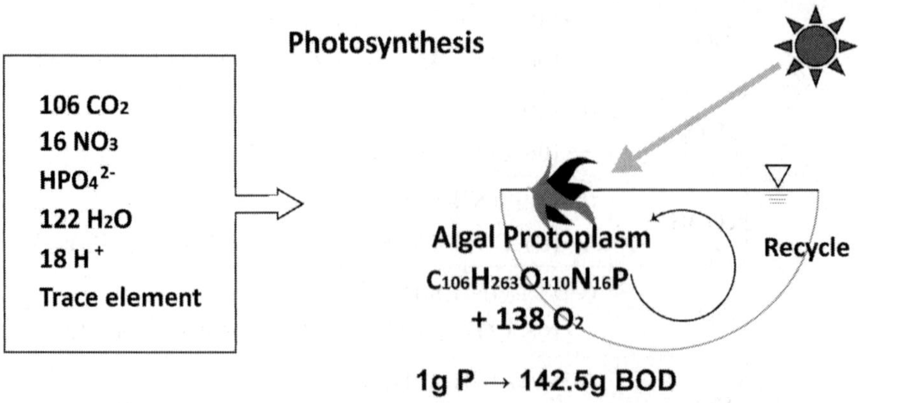

[그림 8.6] 호수 수질에서 인의 중요성

(6) 수질분포

하천과 강은 외부오염원에 의해 상류와 하류 간에 수평적 수질 차이를 보이는 수체인 반면, 호수는 내부오염원에 의해 표수층과 심수층 간에 수직적 수질 차이를 보이는 수체다. 특히 표수층의 광합성과 심수층의 퇴적물 반응은 호수의 수직 수질분포에 결정적 역할을 한다.

[그림 8.7]은 빈영양호와 부영양호에서 나타는 수직적 수질분포를 나타낸 것

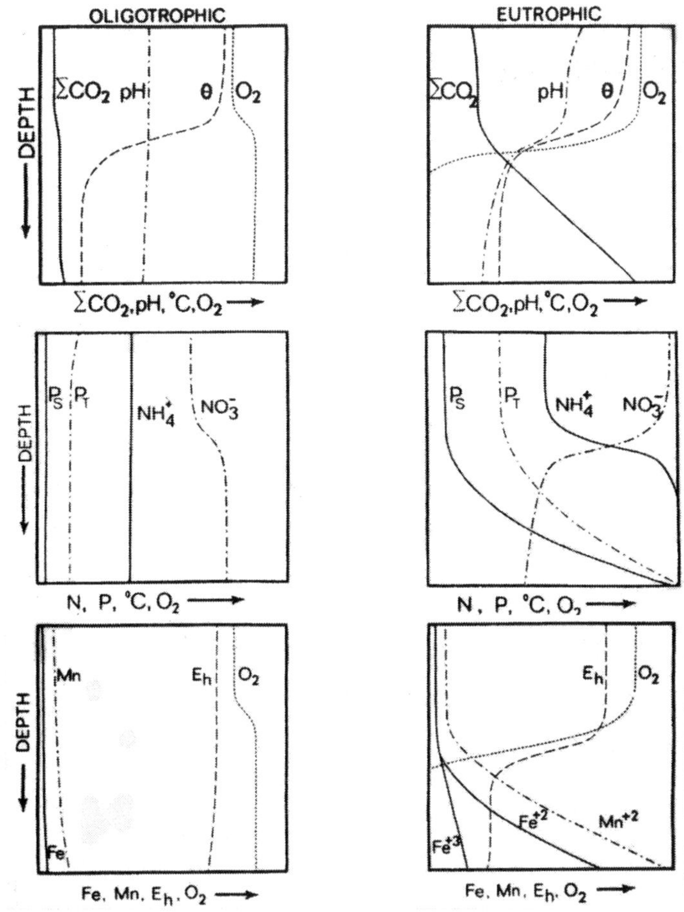

[그림 8.7] 빈영양호와 부영양호의 연직 수질분포

이다. 빈영양호의 경우 광합성으로 유기물 생성이 크지 않고 퇴적물에도 유기물이 거의 없기 때문에 수질의 수직분포에는 큰 차이가 없다. 단지 바닥으로 갈수록 수온이 떨어지고 용해도가 증가하여 용존산소, 이산화탄소, 질산 등이 약간 증가하는 정도다. 하지만 부영양호는 활발한 광합성과 퇴적물로 인하여 수직 분포에 큰 차이를 보인다. 용존산소는 아래로 갈수록 급격히 감소하고 반면에 인과 질소 그리고 이산화탄소 등은 증가한다. 또한 철과 망간도 퇴적물에서 환원 용출되어 높은 농도를 보이게 된다.

8.2 수질모델 원리

호수 수질모델은 수체의 형태에 따라 다양한 차원의 접근이 가능하다. 수체의 크기가 작고 공간적으로 수질의 차이가 없다면 제2장 수질모델에서 설명한 무차원의 완전혼합시스템(CMF 또는 CSTR)을 적용할 수 있다. 또한 수표면적이 좁고 수심이 깊은 호수는 수직 1차원, 수체가 길고 수심이 깊은 호수는 수직 및 길이 방향의 2차원, 수심과 길이 그리고 폭에 이르기까지 모든 것이 깊고, 길고, 넓다면 공간적 3차원 접근으로 대상 호수에 적합한 모델을 개발할 수 있다. 이처럼 공간적 수질변화가 있는 경우에는 7장에서 공부한 유한구획법이 흔히 적용된다.

호수 수질모델은 공간적 차원뿐만 아니라 시간적 차원에서도 강이나 하구 모델과는 상당한 차이가 있다. 앞서 보았듯이 강이나 하구는 수질변화를 이해하고 관리대책을 수립하기 위하여 정상 상태의 모델이 적합하지만 호수는 시간에 따른 수질변화가 주요 관심이기 때문에 시변화 모델이 더욱 많이 사용된다.

호수에서 가장 중요하게 관리되는 수질현상은 부영양화로 인한 식물성 플랑크톤 성장이기 때문에 주요 모델 항목은 인과 엽록소이다. 이러한 항목을 모델하기 위해서는 인의 침강, 식물성 플랑크톤(조류)의 성장, 퇴적물의 인 용출 등이 포함되어야 한다. 또한 수온 성층화와 전도현상, 용존산소 및 영양물질의 수직 분포 등도 주요 관심사이다.

수체에 따라서는 동물성 플랑크톤이나 어류 등과 같은 생태계의 먹이 연쇄과정이 포함되기도 하며 산성비로 인한 수소이온농도(pH)나 알칼리도(Alkalinity) 변화가 주요 모델 항목이 될 수도 있다.

(1) 완전혼합계

호수를 하나의 완전혼합계로 가정하면 수질변화는 다음과 같은 물질수지식으로 표현할 수 있다. 이 가정은 수체의 크기가 작고 성층화가 일어나지 않으며, 퇴적물이나 유입지류, 그리고 오염원에 의한 호수 수질 영향이 거의 없을 경우에 가능하다.

$$W(t) - QC - kCV = V\frac{dC}{dt} \tag{8.3}$$

여기서 W(t)는 시간에 따른 변화가 있는 총 유입부하량이고, Q는 호수로부터 유출 수량, k는 반응계수, V는 체적이다. W(t)와 Q는 [그림 8.8]과 같은 완전혼합계 호수일 경우 다음과 같은 식들로 표현된다.

$$W(t) = Q_r C_r + Q_T C_T + Q_e C_e + PA_s C_p + \frac{S_B}{H} V \tag{8.4}$$

$$Q = Q_r + Q_T + Q_e + PA_s - E_v A_s \tag{8.5}$$

여기서 Q_rC_r는 본류, Q_TC_T는 지류, Q_eC_e는 배출량, S_e는 퇴적물의 재부유 또는 용출에 의한 유입이다.

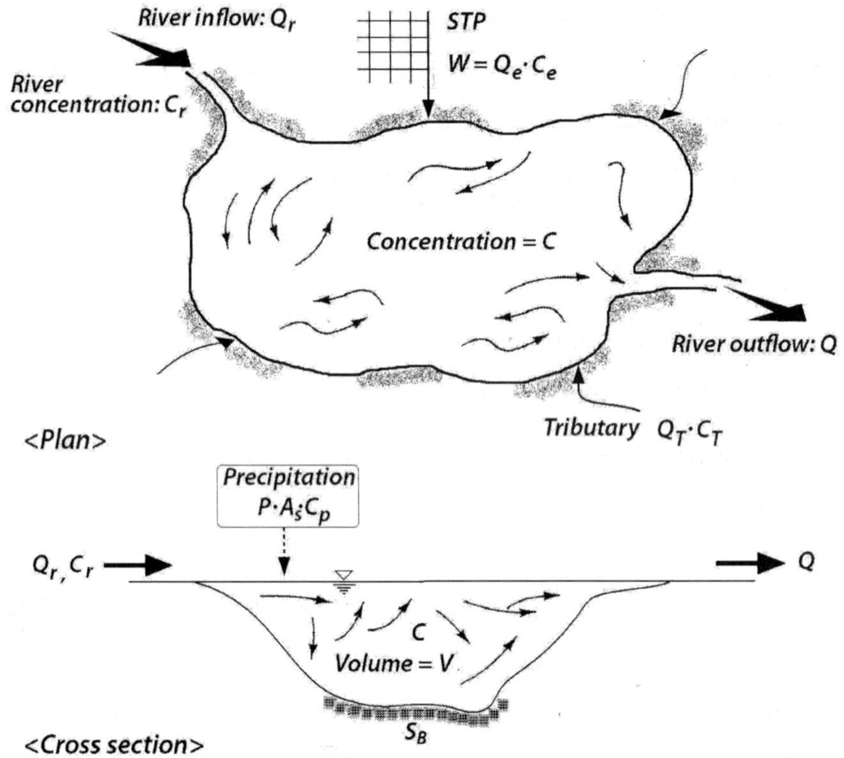

[그림 8.8] 완전혼합계 호수의 물질 이동

완전혼합계의 물질수지식은 유입원의 형태에 따라 다양한 해를 가질 수 있다. 유입수량이 유출수량과 동일하여 체적변화가 없는 경우를 가정하면, 유입원의 형태는 다음 네 가지로 나눌 수 있다.

첫째, 오염물질이 연속적으로 유입될 경우(Continuous Input),

둘째, 오염물질이 없는 맑은 물이 유입될 경우(No Input),

셋째, 오염물질이 주어진 기간 동안에만 들어올 경우(Step Input),

넷째, 오염물질이 순간적으로 들어오는 경우(Spike Input)

첫째, 일정한 농도의 오염물질이 연속적으로 유입될 경우 호수의 수질은 정상 상태를 유지하게 된다. 들어오는 물의 오염물질 농도를 C_i라고 하면 식 8.3은 다음과 같이 표현된다.

$$V\frac{dC}{dt} = QC_i - QC - kVC \tag{8.6}$$

정상 상태일 때 이식의 해는 다음과 같다.

$$C = \frac{QC_i}{Q+kV} = \frac{1}{1+kt_d}C_i \tag{8.7}$$

둘째, $C_r = C_T = C_e = C_P = 0$이 되어 $W(t)=0$가 된다. 따라서 식 8.3은 다음과 같이 표현된다.

$$V\frac{dC}{dt} = -QC - kCV = -(Q+kV)C \tag{8.8}$$

여기서 $K' = Q+kV$라 두면 이 식은 다음과 같다.

$$\frac{dC}{dt} = -\frac{K'}{V}C \tag{8.9}$$

초기농도를 C_0로 두면 다음과 같은 간단한 해를 갖는다.

$$C = C_0 exp(-\frac{K'}{V}t) \tag{8.10}$$

$$C = C_0 exp[-(\frac{Q}{V}+k)t] = C_0 exp[-(\frac{1}{t_d}+k)t] \tag{8.11}$$

이 해는 아래 [그림 8.9]와 같이 체류시간과 사멸계수에 따라 지수적으로 감소하는 세척효과를 갖는 것과 동일하다. 체류시간이 길고 사멸률이 적으면 세척효율이 떨어진다.

셋째, 계단식 유입에서는 식 8.3의 W(t)를 Step Function, $u(t)$으로 표현할 수 있으며, $u(t)$는 다음과 같이 정의된다.

$$u(t) = 1,\ 0 \le t \le t_f$$

$$u(t) = 0,\ t < 0, \text{또는} t > t_f \tag{8.12}$$

식 8.3은 다음과 같이 표현된다.

$$V\frac{dC}{dt} = W \cdot u(t) - (Q + kV)C \tag{8.13}$$

$0 \le t \le t_f$에서 해를 구하면

$$C_w = \frac{W}{Q + kV}\{1 - exp[-(\frac{Q}{V} + k)t]\}$$

$$= \frac{W}{Q(1 + kt_d)}\{1 - exp[-(\frac{1}{t_d} + k)t]\} \tag{8.14}$$

이것은 유입된 물질에 의한 수질 농도를 나타내는 것이며, 만약 유입 이전 $(t = 0)$에 호수의 수질 농도가 $C = C_0$이었다면, 기존에 있었던 물질의 농도는 다음과 같이 변화한다.

$$C = C_0 exp[-(\frac{Q}{V} + k)t] \tag{8.15}$$

따라서 초기에 있었던 것과 유입원에 의한 것을 중첩의 원리(Principle of Superposition)에 의해 합하면 해는 다음과 같다.

$$C = \frac{W}{Q+kV}\{1-exp[-(\frac{Q}{V}+k)t]\} + C_0 exp[-(\frac{Q}{V}+k)t] \quad (8.16)$$

$W = QC_i$이기 때문에 이식은 위의 연속적인 유입에서 구한 해와 동일하다. 즉 계단식 유입은 오염물질이 일정한 양으로 들어올 때, 유입되는 기간에는 연속적 유입과 차이가 없다는 것이다.

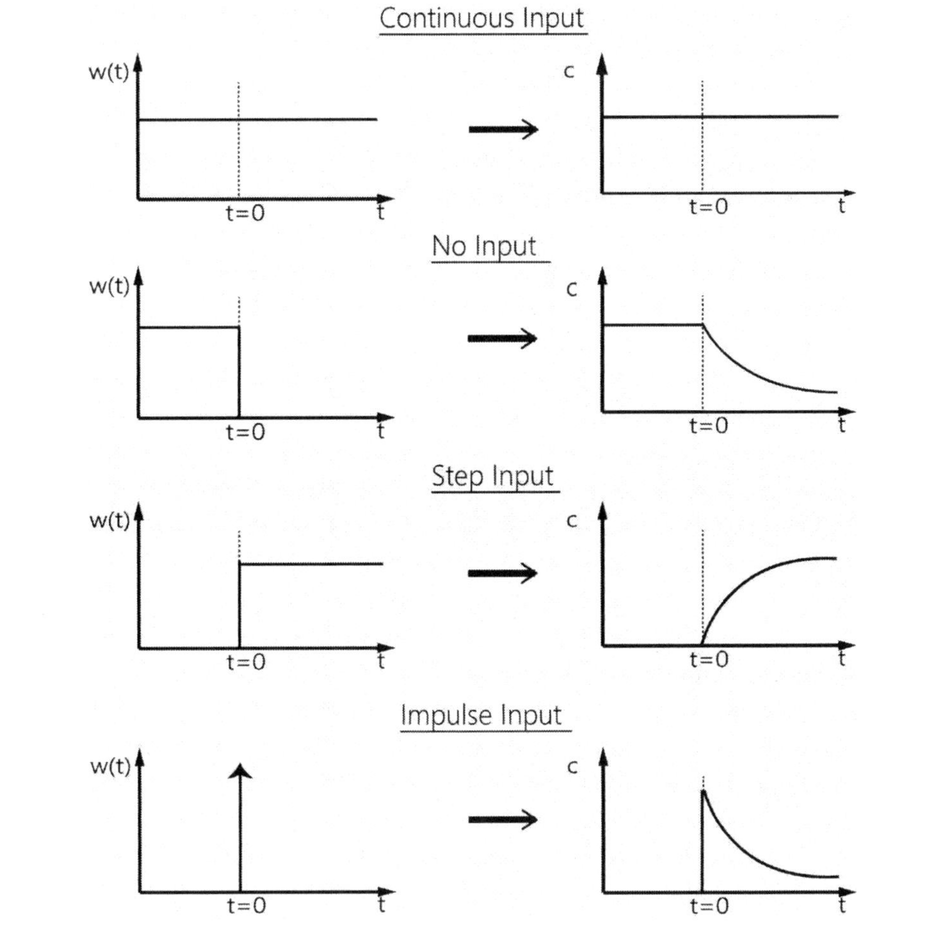

[그림 8.9] 완전혼합계의 부하 형태에 따른 수질 반응

$t > t_f$에서는 다음과 같은 해로 수질농도를 구할 수 있다.

$$C = C_f exp[-(\frac{Q}{V} + k)(t - t_f)] \quad (8.17)$$

여기서 C_f는 t_f에서의 농도이다.

넷째, 충격 유입에서는 식 8.3의 W(t)를 Dirac Delta Function, $\delta(t)$으로 표현할 수 있으며, $\delta(t)$는 다음과 같이 정의된다.

$$\delta(t) = 0, \ t \neq 0$$
$$\delta(t) = 1, \ t = 0 \quad (8.18)$$

식 8.3은 다음과 같이 표현된다.

$$V\frac{dC}{dt} = M \cdot \delta(t) - (Q + kV)C \quad (8.19)$$

해를 구하면

$$C = \frac{M}{V} exp[-(\frac{Q}{V} + k)t] \quad (8.20)$$

초기에 $C = C_0$ 이었다면, 이것과 유입원에 의한 것을 중첩의 원리(Principle of Superposition)에 의해 합하면 해는 다음과 같다.

$$C = \frac{M}{V} exp[-(\frac{Q}{V} + k)t] + C_0 exp[-(\frac{Q}{V} + k)t] \quad (8.21)$$

(2) 직렬호수군

[그림 8.10]처럼 호수가 여러 개로 나열되어 있는 경우를 흔히 볼 수 있다.

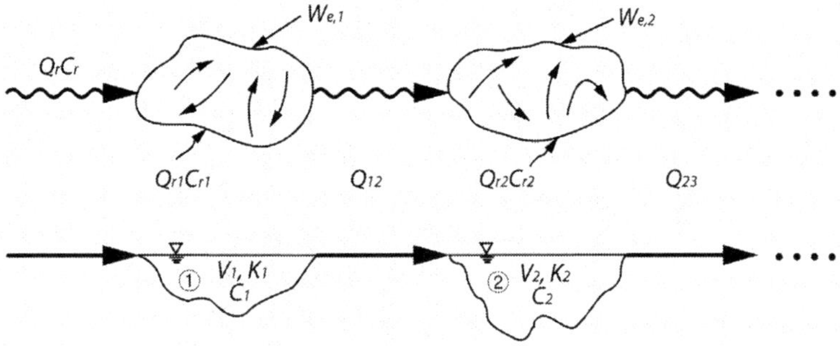

[그림 8.10] 여러 개의 호수가 나열된 경우

하나의 호수도 수체의 특성에 따라 완전혼합 수체들의 나열로 가정할 수 있다. 만약 두 호수가 시간에 따른 체적변화가 없다고 가정하면 각 호수의 수질은 다음과 같은 식으로 표현될 수 있다.

$$W_1(t) - Q_{12}C_1 - k_1V_1C_1 = V_1\frac{dC_1}{dt} \tag{8.22}$$

$$W_2(t) + Q_{12}C_1 - Q_{23}C_2 - k_2V_2C_2 = V_2\frac{dC_2}{dt} \tag{8.23}$$

여기서 부하량 W_1과 W_2는 점 및 비점오염원을 통한 모든 종류의 유입량을 포함한다. 두 호수의 수질이 시간에 따라 변하지 않는 정상 상태라고 가정하면 위의 두 식은 다음과 같이 표현된다.

$$(Q_{12} + k_1V_1)C_1 + 0 = W_1 \tag{8.24}$$

$$-Q_{12}C_1 + (Q_{23} + k_2V_2)C_2 = W_2 \tag{8.25}$$

여기서, $a_{11} = Q_{12} + V_1K_1$, $a_{21} = -Q_{12}$, $a_{22} = Q_{23} + V_2K_2$ 라 두면 다음과 같은 식으로 표현된다.

$$a_{11}C_1 + 0 = W_1 \tag{8.26}$$

$$a_{21}C_1 + a_{22}C_2 = W_2 \tag{8.27}$$

이는 아래 행렬식으로 나타낼 수 있다.

$$\begin{bmatrix} a_{11} & 0 \\ a_{21} & a_{22} \end{bmatrix} \begin{bmatrix} C_1 \\ C_{2_2} \end{bmatrix} = \begin{bmatrix} W_1 \\ W_2 \end{bmatrix} \tag{8.28}$$

이 식의 해는 다음과 같다.

$$C_1 = \frac{W_1}{Q_{12} + V_1K_1} \tag{8.29}$$

$$C_2 = \frac{W_2}{Q_{23} + V_2K_2} + [\frac{Q_{12}}{(Q_{23} + V_2K_2)(Q_{12} + V_1K_1)}] W_1 \tag{8.30}$$

(3) 성층화 호수

[그림 8.11]에 제시된 바와 같이 여름철 수온차로 인한 성층화된 호수에서 층별 유입 및 유출을 고려하여 물질수지식을 구성한다. 표수층은 부하량 W와 상류로부터 유입량 Q가 들어오고 심수층과 함께 확산에 의해 혼합된다. 심수층에는 퇴적물로부터의 부하량과 표수층과 확산에 의해 혼합된다. 각 층에서는 수질반응에 의해 사멸된다.

$$V_1\frac{dC_1}{dt} = W_1 - QC_1 + E'_{12}(C_2 - C_1) - k_1C_1V_1 \tag{8.31}$$

$$V_2\frac{dC_2}{dt} = W_2 + E'_{12}(C_1 - C_2) - k_2C_2V_2 \tag{8.32}$$

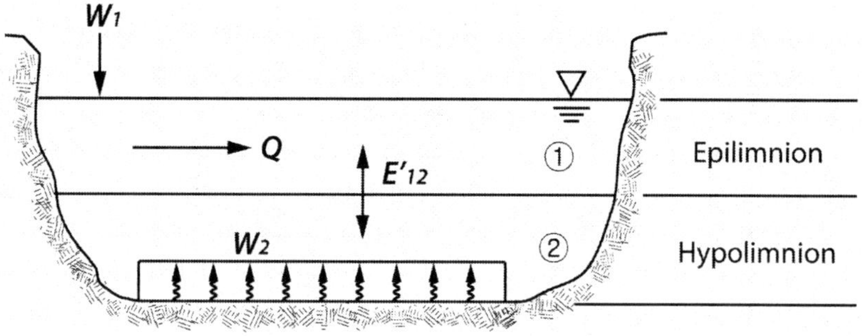

[그림 8.11] 성층화 호수

수직용적확산계수 $E'_{12}[L^3/T]$는 아래와 같다.

$$E'_{12} = E_{12}\frac{A_{12}}{\overline{Z_{12}}} \tag{8.33}$$

여기서, A_{12}는 두 층 사이의 면적, $\overline{Z_{12}}$는 표수층과 심수층 중심 간의 거리이며, 전체 수심의 절반에 해당한다.

정상상태에서 이 식은 다음과 같다.

$$(Q+E'_{12}+V_1K_1)C_1+(-E'_{12})C_2 = W_1 \tag{8.34}$$

$$(-E'_{12})C_1+(E'_{12}+V_1K_2)C_2 = W_2 \tag{8.35}$$

이를 행렬로 표현하면,

$$\begin{bmatrix} a_{11} \, a_{12} \\ a_{21} \, a_{22} \end{bmatrix} \begin{bmatrix} C_1 \\ C_2 \end{bmatrix} = \begin{bmatrix} W_1 \\ W_2 \end{bmatrix} \tag{8.36}$$

그리고 해는 다음과 같다.

$$C_1 = \frac{(W_1 + \beta W_2)/Q}{1+(1-\beta)E'_{12}/Q+k_1 V_1/Q} \tag{8.37}$$

$$C_2 = \beta(C_1 + \frac{W_2}{E'_{12}}) \tag{8.38}$$

$$\beta = \frac{E'_{12}}{E'_{12} + k_2 V_2} \tag{8.39}$$

(4) 침강성 부유물질

수질 항목이 바닥으로 침강하는 부유물질일 경우 사멸계수 대신에 침강계수 또는 침강속도를 사용할 수 있다. 이때 식 8.3은 다음과 같은 형태가 된다.

$$V\frac{dC}{dt} = W(t) - Q \cdot C - k_s \cdot C \cdot V \tag{8.40}$$

$$k_s = \frac{v_n A_s}{V} = \frac{v_n}{H} \tag{8.41}$$

여기서, k_s는 침강계수이고, v_n는 침강속도이며, A_s는 수표면적, H는 수심이다. 연속적 유입원을 가진 정상 상태이고 침강계수를 침강속도로 대체할 경우 식 8.40은 다음과 같은 해를 갖는다.

$$W - Q \cdot C - v_n \cdot C \cdot A_s = 0 \tag{8.42}$$

$$C = \frac{W}{Q + v_n \cdot A_s} = \frac{W/A_s}{Q/A_s + v_n} = \frac{W'}{q + v_n} \tag{8.43}$$

여기서 W′를 표면부하율(Surface Loading Rate), q는 일류속도 또는 월류속도(Over Flow Rate)라 부른다.

만약 성층화 호수라면 두 층의 수질은 다음과 같은 식으로 표현된다.

$$V_1 \frac{dC_1}{dt} = W_1 - Q \cdot C_1 + E'_{12}(C_2 - C_1) - v_n \cdot A_s \cdot C_1 \tag{8.44}$$

$$V_2 \frac{dC_2}{dt} = E'_{12}(C_1 - C_2) - v_n \cdot A_s \cdot C_2 + v_n \cdot A_s \cdot C_1 \tag{8.45}$$

정상 상태를 가정하면 다음과 같이 정리된다.

$$W_1 - Q \cdot C_1 + E'_{12}(C_2 - C_1) - v_n \cdot A_s \cdot C_1 = 0 \tag{8.46}$$

$$E'_{12}(C_1 - C_2) - v_n \cdot A_s \cdot C_2 + v_n \cdot A_s \cdot C_1 = 0 \tag{8.47}$$

식 8.47을 정리하면 다음과 같은 형태가 된다.

$$(E'_{12} + v_n \cdot A_s)C_1 - (E'_{12} + v_n \cdot A_s)C_2 = 0 \tag{8.48}$$

따라서 두 층의 수질은 다음과 같으며, 이는 성층화 호수의 침강성 부유물질 농도는 두 층 모두 동일함을 의미한다.

$$C_1 = C_2 = \frac{W_1}{Q + v_n A_s} \tag{8.49}$$

(5) 호수 내만

호수에는 [그림 8.12]와 같이 하천이 유입되는 곳에 내만이 형성되어 있는 경우가 나타나고, 내만(Embayment)은 물이 정체되고 하천으로부터 유입되는 오염물질로 인해 수질이 다른 곳에 비해 나쁘다. 내만의 수질을 모델할 때 적용될 수 있는 간단한 물질수지식을 다음과 같이 유도할 수 있다.

$$V_1 \frac{dC_1}{dt} = W_e + Q_r \cdot C_r - Q_{1L} \cdot C_1 + E'_{1L}(C_L - C_1) - V_1 \cdot k_1 \cdot C_1 \tag{8.50}$$

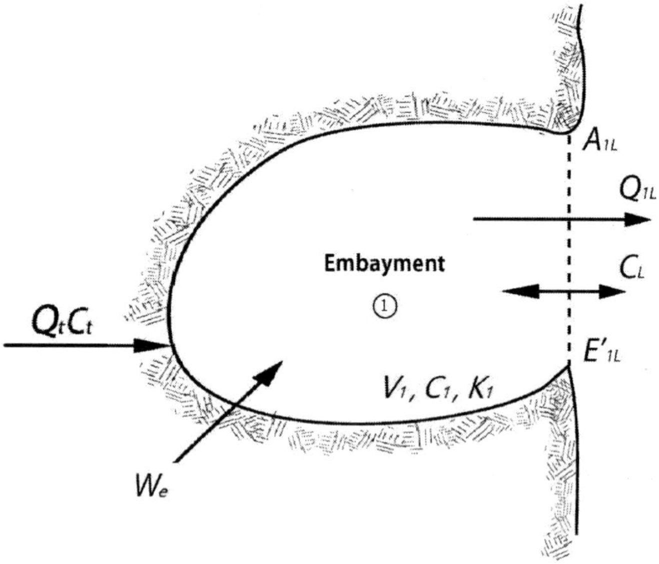

[그림 8.12] 호수 내만에서의 물질 이동

여기서 내만과 호수 간의 용적확산계수는 식 8.50과 같으며 정상 상태를 가정하였을 경우 해는 식 8.51과 같다.

$$E'_{1L} = \frac{E_{1L}A_{1L}}{\Delta x_{1L}} \tag{8.51}$$

$$C_1 = \frac{W_e + Q_r C_r + E'_{1L} \cdot C_L}{Q_{1L} + E'_{12} + V_1 k_1} \tag{8.52}$$

8.3 Vollenweider 모델

호수의 주요 수질문제 중 하나는 부영양화로 인해 발생하는 식물성 플랑크톤의 과잉성장이다. 식물성 플랑크톤이 성장하는데 필요한 영양물질은 탄소,

질소, 인 등으로 이중 탄소는 이산화탄소가 대기로부터 녹아들어가 항상 풍부하게 존재한다. 따라서 질소와 인이 부영양화를 조절하게 되고 둘 중에서 소량 존재하는 것이 제한요소가 된다. 흔히 질소와 인의 비율(N/p 비)이 10보다 클 경우는 인이 제한 요소가 되며 이하일 경우는 질소가 제한요소가 된다.

호수는 대부분의 경우 인이 질소에 비해 소량 존재하기 때문에 제한 요소가 된다. 따라서 호수에서 부영양화로 인한 식물성 플랑크톤 성장을 예측하기 위해서는 인의 농도를 예측하고 이것을 영양상태의 판단 기준으로 삼는다.

Vollenweider는 1968년 외부로부터 유입되는 인 부하량에 의한 호수의 영양상태를 판단할 수 있는 간단한 수식 모델을 제시했다. 이 모델은 다음과 같은 가정에서 출발한다. 1) 인이 제한요소다; 2) 호수는 완전혼합계다; 3) 정상상태를 유지한다; 4) 퇴적물에 의한 용출을 무시한다; 5) 총인으로 영양상태를 판단한다.

(1) 모델 식

그림 8.13과 같은 완전혼합계로 가정된 호수에서 총인(p)의 물질수지식은 다음과 같다.

$$W - Q \cdot p - k_s \cdot p \cdot V = V\frac{dp}{dt} \tag{8.53}$$

여기서 $k_s = \frac{v_s}{H}$이고, 정상 상태로 가정하면 다음과 같이 표현된다.

$$W - Q \cdot p - v_s \cdot A_s \cdot p = 0 \tag{8.54}$$

이 식은 다음과 같은 해를 갖는다.

$$p = \frac{W}{Q + v_s \cdot A_s} = \frac{W/A_s}{(Q/A_s) + v_s} = \frac{W'}{q + v_s} \tag{8.55}$$

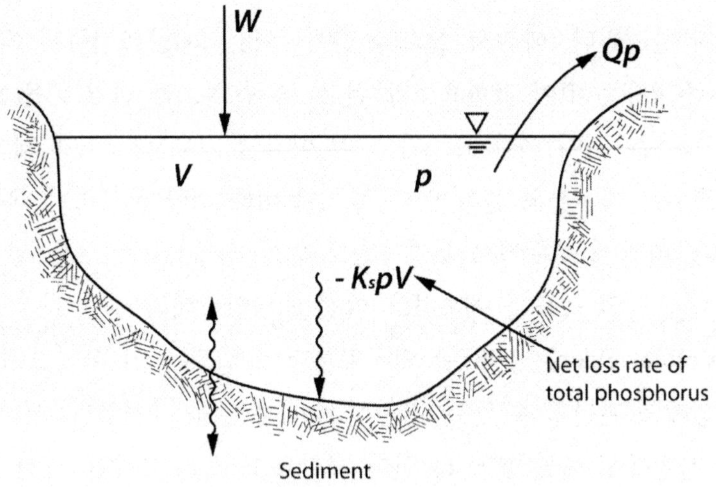

[그림 8.13] 완전 혼합계에서 인의 이동

여기서 다음 관계(식 8.56)를 이용하여 일류속도 q를 체류시간(t_d)의 역수(ρ)로 대체하면 식 8.57과 같이 표현할 수도 있다.

$$\rho = \frac{q}{H} = \frac{1}{t_d} \tag{8.56}$$

$$p = \frac{W'}{q + k_s \cdot H} = \frac{W'}{H(\rho + k_s)} \tag{8.57}$$

Vollenweider는 수많은 호수들로부터 구해진 자료를 통해 다음과 같은 경험식을 구하였다.

$$k_s = \frac{10}{H} \tag{8.58}$$

이 관계를 식 8.57에 적용하여 호수에서 인의 농도를 표면부하율과 일류속도의 함수로 표현하였다.

$$p = \frac{W'}{10 + H\rho} = \frac{W'}{10 + q} \tag{8.59}$$

이 식이 Vollenweider 모델로 불려지고 있으며, 비현실적인 가정과 상당한 오차에도 불구하고 호수에서 유입부하량에 따른 수질 상태를 쉽게 이해할 수 있기 때문에 지금까지 널리 사용되고 있다.

(2) 부하량 분석

Vollenweider 모델은 유입되는 인 부하량에 따른 호수의 영양 상태를 나타내고 있다. 빈영양상태라고 할 수 있는 총인의 기준은 0.01mg/l 이하이고 부영양상태는 0.02mg/l이다.

식 8.59에서 이 기준에 따라 인의 농도와 표면부하율과의 관계식을 구하면 다음과 같다.

$$W'_{10} = 0.01(10 + H\rho)(g/m^2 \cdot yr) = (g/m^3)(m/yr) \tag{8.60}$$

$$W'_{20} = 0.02(10 + H\rho) \tag{8.61}$$

여기서 표면부하율의 단위는 $(g/m^2 \cdot yr)$이다. 이 식을 [그림 8.14]와 같이 그래프로 그리고 대상 호수의 수심, 체류시간, 표면부하율을 구하여 그래프 상의 위치를 찾으면 예상되는 영양 상태를 판단할 수 있다. 그래서 이를 Vollenweider의 부하량 도표(Loading Plot)라 부른다.

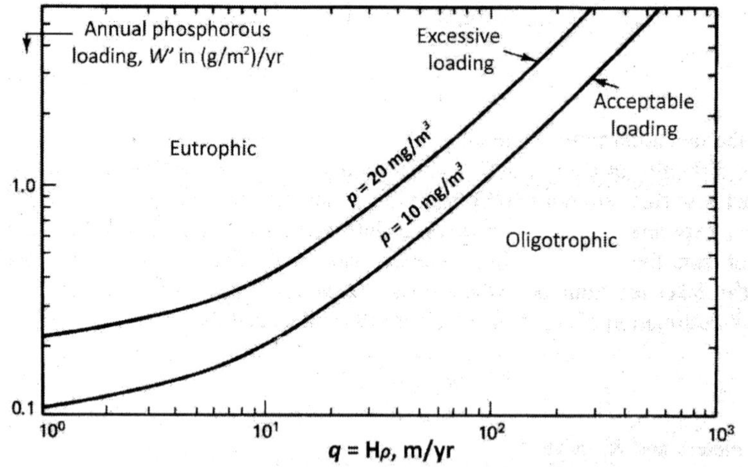

[그림 8.14] Vollenweider의 부하량 도표

(3) 변형된 Vollenweider 모델

Vollenweider는 1976년 관측 자료를 근거로 침강계수를 다음과 같이 체류시간의 역수로 표현하였다.

$$k_s = \sqrt{\rho} \tag{8.62}$$

따라서 Vollenweider 모델은 다음과 같이 변형되어 사용될 수 있다.

$$p = \frac{W'}{H(\rho + k_s)} = \frac{W'}{H(\rho + \sqrt{\rho})} \tag{8.63}$$

$$p = \frac{W'}{H\rho(1 + \sqrt{\frac{1}{\rho}})} = \frac{W'}{H\rho(1 + \sqrt{t_d})} \tag{8.64}$$

호수에서는 총인 농도보다 식물성 플랑크톤이 수질상태를 더욱 직접적으로 표현해 준다. 이러한 이유 때문에 Chapra and Trapchack은 Vollenweider 모델의 총인을 엽록소 농도(Chlorophyll-a)로 표현한 모델을 1976년 발표했다.

이들은 Dillon and Rigler가 1974년 발표한 엽록소와 봄철 총인의 농도, 그리고 봄철 총인(p_s)과 연평균 총인의 농도와 관계식을 이용했다. 또한 호수에서 총인의 침강속도를 Vollenweider가 사용한 10(m/yr) 대신에 그들의 경험적 분석에 따라 12.4(m/yr)를 사용했다.

$$Chla = 0.0731(p_s)^{1.449}, \quad (8.65)$$

$$p = 0.9p_s, \quad (8.66)$$

$$p = \frac{W'}{(q+v_s)} = \frac{W'}{(q+12.4)} \quad (8.67)$$

위의 관계식을 이용하면 조류성장(엽록소)을 다음과 같이 인의 표면부하율과 호수의 월류속도의 함수로 표현할 수 있다.

$$Chla = 1886[\frac{W'}{(q+12.4)}]^{1.449} \quad (8.68)$$

이 식을 표면부하율에 대해 정리하면 다음과 같다.

$$W' = 0.0055(chla)^{0.69}(q+12.4) \quad (8.69)$$

이 식을 이용하여 앞에서 설명한 Vollenweider의 Loading Plot과 같이 엽록소의 농도로 허용부하량을 표현할 수 있다. 일반적으로 여름철 엽록소 농도가 2.7μg/l이하면 빈영양상태를, 9.0μg/l 이상이면 부영양상태를 나타내기 때문에 이를 기준으로 적용하면 다음과 같은 허용 또는 과부하 표면부하율이 구해진다.

$$W'_{acceptable} = 0.011(q + 12.4) \tag{8.70}$$

$$W'_{excessive} = 0.025(q + 12.4) \tag{8.71}$$

여기서 표면부하율(W')의 단위는 $(g/m^2 \cdot yr)$이며 일류속도(q)의 단위는 m/yr이다.

다차원 모델

우리가 관리해야 할 대부분의 호수는 지형과 수리 및 수질 현상이 매우 복잡하여 앞에서 설명한 완전혼합계나 직렬호수군, 두 개의 성층 호수 등으로 모델할 수 없다. 뿐만 아니라 우리나라 호수와 저수지는 수량과 유입 부하량의 계절적 변이가 너무 크기 때문에 Vollenweider 모델도 적용하기 어렵다.

따라서 실제 호수나 저수지의 수질변화를 모델하기 위해서는 수많은 수직 및 수평 구획으로 구성된 다차원 모델을 적용하게 된다. 다음 그림은 팔당호를 다차원 모델을 적용하기 위해 여러 개의 구획으로 나눈 것으로 보여주고 있다(Na and Park, 2005; Na and Park, 2006). 다차원 모델에 관해 보다 자세한 설명은 Thomann and Mueller (1987)나 Chapra(1997)을 참고하라.

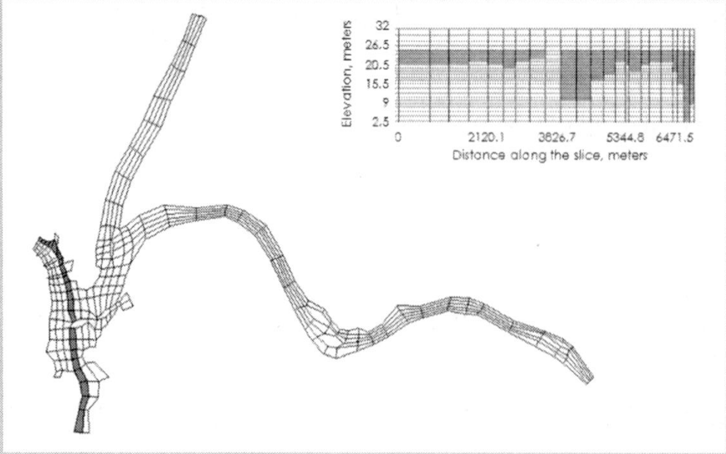

팔당호의 다차원 모델 적용 구획도

8.4 수질관리 방법

호수는 강에 비해 오염원이 비교적 적다. 하지만 오염물질 유입이 많은 경우 물 흐름이 없고 퇴적물의 영향을 많이 받기 때문에 수질을 관리하는데 많은 노력과 비용이 필요하다. 예를 들어 강이나 하구 유역에 위치한 하수처리장에서는 일반적으로 생물학적 2차 처리에 그치는 경우가 대부분이지만 호수로 유입되는 하수처리장은 고도처리 이상의 맑은 수질을 요한다. 특히 호수는 부영양화에 민감하게 반응하기 때문에 인과 질소를 매우 낮은 농도로 처리해야 하며, 상수원이나 위락용으로 사용될 경우 난분해성 유기물이나 박테리아 등도 상당한 수준까지 제거해야 한다.

다음은 호수 수질관리를 위해 널리 적용되는 주요 방법이며, 크게 외부 유입원 방지와 내부 발생원 억제로 나누어진다.

(1) 외부 유입원 방지

1) 점오염원 관리

유역에서 발생하는 생활하수, 축산폐수, 산업폐수 등을 물리, 화학, 생물학적 처리기술을 이용하여 오염물질을 제거한다. 특히 호수 상류는 고도처리기술을 이용하여 영양물질과 난분해성 유기물 등을 매우 낮은 수준으로 처리해야 한다. 처리수가 소량일 경우는 산림 조경수로 사용하거나 토양침투로 처리하여 직접 방류를 없애는 것도 좋은 방법이다. 또한 분류식 하수관거를 이용하여 강우 시 생활하수가 처리되지 않고 누출되는 일은 없도록 해야 한다.

하천과 강은 강우 시 하수가 누출되더라도 우수와 함께 하류로 흘러가 버리지만 호수는 저류되거나 퇴적되기 때문에 처리되지 않고 유입되는 것은 수질에 상당한 영향을 미친다. 소규모 축산폐수나 산업폐수는 수거하여 유역 밖에서 처리하는 것이 바람직하다.

2) 비점오염원 관리

호수에는 많은 비점오염물질이 강우 유출수와 함께 유입된다. 우리나라 호수는 유역의 경사가 심하고 집중 강우가 자주 발생하기 때문에 토사 유출이 심하며 이는 탁수 발생으로 이어지고 있다. 유역이 산림일 경우는 비교적 영향이 적지만 농지나 축산 방목지 그리고 도시지역 등은 상당한 양의 비점오염물질이 배출된다. 특히 도시나 산업지역은 마모된 타이어, 먼지, 쓰레기, 중금속, 유독성 화학물질 등에 이르기까지 매우 다양한 오염물질을 배출한다. 우리나라 호수에 유입되는 부유물질은 50%, 영양물질은 80%가 비점오염원으로부터 유입된다는 조사 보고도 있다. 비점오염원 관리에 대하여 9장에 설명되어 있다.

3) 유역변경

유역에 도시나 산업지역이 위치해 있을 경우에는 점오염원과 비점오염원을 아무리 잘 관리해도 좋은 호수 수질을 유지하기 어렵다. 이러한 이유 때문에 강우 유출수를 포함하여 유역에서 배출되는 모든 수량을 호수 아래로 방류하는 유역변경을 적용하는 곳이 늘어나고 있다.

유역변경은 미국 미시간 호수 유역에 위치한 시카고 시가 1900년대 초에 처음으로 시도했다. 시카고에서 배출되는 생활하수와 강우 유출수가 미시간호로 유입됨으로 인하여 호수의 수질은 악화되었고 이 물을 다시 식수로 사용하여 장티푸스 등 각종 전염병에 시달리다 시카고시는 유역을 변경하게 되었다. 그 후 스위스의 레만호와 미국 시애틀의 워싱턴호 등에도 유역변경이 이루어졌다. 호반에 위치한 도시들이 깨끗한 호수 수질을 원할 때 적용해 볼 수 있는 좋은 방법이다.

4) 유입 하천 관리

호수 수질을 효과적으로 관리하는 또 다른 방법 중 하나는 유입 하천에 소규모 댐(Pre-Dam)을 만드는 것이다. 이 Pre-Dam을 만들면 유입 하천을 따라

들어오는 오염물질이 침강하여 호수로 유입되는 것을 막을 수 있다. 특히 토사나 쓰레기 유입이 많은 곳에는 매우 효과적인 방법이다. 이 방법은 유입 하천에 적절한 장소가 있을 경우 가능하며 정기적으로 Pre-Dam의 퇴적물을 준설하고 쓰레기를 수거해야 한다.

(2) 내부 발생원 방지

1) 퇴적물 준설

내부 발생원 방지를 위해 가장 널리 사용되는 것이 퇴적물 준설이다. 오염된 퇴적물은 호수 심수층의 용존산소를 고갈시키고 조화현상(Algal Bloom)에 직접적인 영향을 주는 인을 용출시킨다. 또한 퇴적물에는 중금속이나 난분해성 독성 유기물 등도 포함되어 있는 경우도 많기 때문에 수질뿐만 아니라 저서 생태계에도 심각한 피해를 야기하기도 한다.

준설에 사용되는 방법은 바닥을 파서 끌어올리는 그랩(Grab) 준설과 진공관으로 빨아들이는 펌프(Pump) 준설이 있다. 모래와 자갈을 준설할 경우 그랩 준설이 이루어지나 토사가 유출되어 수질을 오염시키게 된다. 호수의 경우 수질 오염을 최소화하기 위해서는 펌프 준설이 바람직하다.

2) 퇴적물 안정화

수심이 깊은 호수에서 바닥을 준설하기 위해서는 여러 가지 어려움이 따르며 주변 수질을 오염시키기도 한다. 이러한 단점을 보완하기 위한 방법이 퇴적물 안정화다. 이는 퇴적물에서 오염물질이 수체로 용출되는 것을 사전에 방지하는 방법이다.

호수 바닥이 혐기성 상태로 변하면 산화철이 환원되어 여기에 부착된 인이나 중금속 등이 물로 용출된다. 앞서 설명한 퇴적물 반응을 보면 질산이 유기물 분해의 전자수용체로 사용된 후 산화철이 환원되기 때문에 질산을 풍부하게 공급해 주면 이를 막을 수 있다. 그래서 퇴적물에 칼슘나이트레이트(C_aNO_3)와 같은 산화제를 녹인 액체를 주사하기도 한다. 칼슘나이트레이트와

황토를 혼합하여 알약 형태로 만들고 바깥에 지효제로 코팅하여 호수 바닥에 침강시켜 퇴적물을 안정화시키는 방법도 개발되었다(Na and Park, 2004; Na et al, 2006).

3) 심수층 포기

혐기성 상태의 심수층에 산소를 공급하여 퇴적물로부터 영양물질 용출도 막고 생태계 피해도 줄이는 방법이다. 심수층에 직접 공기를 불어넣기도 하고, 심수층의 물을 수면 위로 끌어올리고 표수층의 물을 심수층으로 넣는 순환 방법이 사용되기도 한다. 후자의 경우 호수 수온에 의한 성층화를 파괴할 수 있기 때문에 보다 효율적이다.

4) 영양물질 침전과 침강

이 방법은 화학물질을 호수에 투입하여 수중의 영양물질(인)을 침전시키는 것으로 하수처리의 화학적 처리와 같은 원리이다. 호수에 명반(Aluminum Sulfate)이나 그 밖의 알루미늄 화합물을 침전제로 사용한다. 이 때 낮아진 수소이온농도(pH)를 중화하기 위하여 알루민산 나트륨(Sodium Aluminate도 함께 투입한다. 황토를 살포하여 인을 흡착시켜 바닥으로 침강시켜 제거할 수도 있다.

5) 조류 제거선

녹조 현상이 심할 때 호수 위를 배가 돌아다니면서 물을 빨아들여 조류를 여과하는 방법이다. 여과한 조류는 배에서 건조하여 포장한 후 초지나 농지에 퇴비로 사용한다. 녹조 비료는 토양에 뿌려지면 천천히 분해되면서 영양물질을 공급하기 때문에 화학비료 보다 좋은 점이 있다. 최근에는 녹조를 화장품 원료, 바이오 플라스틱, 바이오 에너지 등으로 활용하는 시도도 이루어지고 있다.

조류 제거선은 과도한 녹조 현상이 발생하였을 때 상수원이나 양식장에 나타날 수 있는 피해를 일시적으로 줄일 수 방법으로 국내에도 도입되어 활용되고 있다. 녹조 현상이 나타나지 않을 경우에도 이 방법은 쓰레기 수거 등 호수의 부유 오염물질을 제거하는 청소용으로 활용될 수 있다.

6) 살조제 투입

황산구리(Copper Sulfate)와 같은 살조제를 투입하여 과도하게 성장하는 조류를 죽이는 방법이다. 녹조를 제거하는데 물의 투명도가 급속히 개선되는 빠르고 효과적인 방법이다. 그러나 효과가 일시적으로 그치기 때문에 일정한 시간 간격으로 약품투여를 반복해야 하며 죽은 조류로 인한 유기물이 바닥에 퇴적되고 분해되면서 산소를 소모하는 단점이 있다. 이 방법은 수중 생태계에 독성이 나타나지 않을 정도의 미량을 사용해야 하는 주의를 요한다.

7) 생물 조절

생태계의 먹이망을 조절하여 녹조현상을 억제하는 방법으로 앞에서 설명한 방법에 비해 매우 환경 친화적이다. 조류를 많이 먹어치우는 어류(Tilapia, Carp 등)를 호수에 투입함으로써 물고기 양식효과도 얻을 수 있다. 준설이나 약품 투입, 에너지 소모 등이 없고 자연현상을 그대로 이용하는 장점이 있으나 몇몇 경우를 제외하고는 아직 널리 보급될 만한 실질적 효과는 거두지 못하고 있다.

>>> 내용정리

1. 성층화, 전도현상 등과 같은 호수의 수체가 갖는 주요 특성을 설명해보자
2. 우리나라 호수에서 발생하는 주요 수질문제를 알아보자.
3. 호수의 부영양화 현상과 원인을 설명하고 부영양화가 조화현상으로 나타날 수 있는 조건을 알아보자.
4. 호수의 영양상태에 따라 주요 수질의 수직적 분포를 그림으로 그려보자.
5. 호수의 성층화와 전도현상이 수질변화에 미치는 영향을 설명해보자.
6. 퇴적물의 초기 속성작용(Early Diagenesis)을 설명하고 수질에 미치는 영향을 알아보자.
7. 완전혼합계를 가정할 수 있는 저수지에 오염물질이 계단식부하, 충격부하 등으로 유입될 때 나타나는 시간에 따른 수질변화를 그림으로 설명해보자.
8. 성층화된 호수에서 침강성 부유물질의 농도는 표수층과 심수층에서 동일함을 수식으로 증명해보자.
9. Vollenweider 모델을 유도하고 필요한 가정을 설명해보자.
10. 호수 수질관리를 위해 적용되는 주요 방법들을 설명해보자.

제9장

유역관리

제9장 유역관리

토지이용도에 따른 비점오염물질의 발생과 유출, 오염물질의 종류, 축적과 세정 현상, 토사유출, 오염부하곡선 등과 같은 기초지식을 소개하고, 유역모델 및 관리시스템, 유역관리 방법 등을 설명한다.

수질관리 기본원리는 외부 유입원을 방지하고 내부 발생원을 제거하며 자정능력을 극대화하는 것이다. 외부 유입원 중, 생활하수나 산업폐수와 같은 점오염원은 처리기술을 통해 방지할 수 있지만, 비점오염원은 강우 시 유입되기 때문에 관리가 쉽지 않다. 그래서 요구되는 것이 유역을 관리하는 일이다. 다시 말하면, 물 관리를 위해 땅 관리가 필요하다는 것이다. 땅 관리가 이루어지지 않을 경우 많은 오염물질이 강우 시 강이나 호수로 들어간다.

비점오염원은 유역의 토지이용도와 강우현상에 따라 오염물질의 배출 양상이 다르다. 점오염원은 이동경로가 비교적 뚜렷하고, 발생장소 확인이 용이하며, 배출량이나 농도 변화가 크지 않다. 반면에 비점오염원은 오염물질의 이동경로와 발생장소가 모호하고, 강우 시 유출되기 때문에 배출량과 농도 변화가 크며 정량적으로 측정하거나 예측하기가 매우 어렵다.

현재 우리나라는 점오염원의 경우 생활하수나 산업폐수 처리장과 같은 환경기초시설을 대폭 확충하여 관리를 강화하고 있으나 비점오염원은 관리가 미흡하다. 특히 우리나라는 토지이용이 고밀도로 이루어지고 있기 때문에 비점오염원의 비율이 높으며, 발생량의 대부분이 처리되지 않고 자연 수체로 유입되고 있는 것으로 나타나고 있다. 강이나 호수의 부유물질 중 약 50% 정도가 비점오염원에 의한 것이며. 특히 도시 하천의 유기화합물과 중금속은 주로 비점오염원에 의한 것으로 조사되고 있다. 또한 호수로 유입되는 영양물질의 80% 이상이 비점오염원에 의한 것으로 보고된 자료도 있다. 따라서 효과적인 수질관리를 위해서는 비점오염물질의 양을 줄이기 위한 체계적이고 과학적인 유역관리가 필요하다.

미국에서는 1975년경부터 유역관리에 대한 본격적인 연구가 시작되었으며, 이는 점오염원에 대한 철저한 관리에도 불구하고 강이나 호수의 목표 수질이 달성되지 않음을 인식하게 된 것이 시발점이 되었다. 우리나라에서는 1994년도에 처음으로 중앙정부차원에서 비점오염원에 대한 토지이용별 원단위 조사와 전국적인 오염기여도를 조사한 바 있으며, 1997년 수립한 물관리종합대책에서 비점오염원 관리부분이 정부 계획으로 처음 도입되었다. 그 후 국가 물관리 대책에서 비점오염원에 대한 중요성을 인식하고 이에 대한 관리방안을 주요 시책에 포함시키고 있다.

9.1 기초지식

(1) 오염물질의 발생과 유출

유역은 여러 종류의 토지이용이 결합된 모자이크 형태로 이루어져 있으며, 토지이용의 구성형태에 따라 오염물질의 발생 및 유출 특성이 달라진다. [그림 9.1]은 유역에서 일반적으로 나타나는 토지이용 형태로 강우 시 다양한 오염물질이 강이나 호수로 유입되는 것을 보여준다.

산림지역은 일반적으로 안정되어 있으나 단기적으로는 집중호우에 의해서, 장기적으로는 산림 훼손행위에 의해 토양 침식물, 영양물질 등의 오염물질을 유출시킨다. 산림지역에서는 식생, 수종형태, 토양과 모암의 형태, 산림의 손상 등의 자연조건에 따라 오염물질의 발생 및 유출 특성이 달라진다. 어린 나무의 뿌리는 강우 에너지를 견딜 만큼 충분히 자라지 않아 침식에 약하므로 어린 나무가 많은 지역은 큰 나무가 있는 지역보다 많은 오염물질이 배출된다. 또한 침엽수림은 활엽수림보다 유출수량이 적기 때문에 함께 발생되는 오염물질이 적으며, 질소고정 능력이 있는 활엽수가 우세한 산지에서는 질소유출량이 많다.

벌목이나 산불로 인한 산림훼손은 토양의 온도 상승, 건조와 습윤 상태의 빈번한 변화, 미생물의 활동 증가, 고사 식물의 증가 등을 유발하여 오염물질 유출 증가로 이어진다. 또한 강우에 대한 침투 및 차단 능력이 감소하여 표면으로 유출되는 수량이 증가하므로 오염물질의 유출이 증가하게 된다. [그림 9.2]는 산림훼손에 의한 영향을 나타낸 것으로 (a)는 산림훼손 이전, (b)산림훼손 이후다.

[그림 9.1] 유역의 토지이용도와 비점오염물질의 발생과 유출

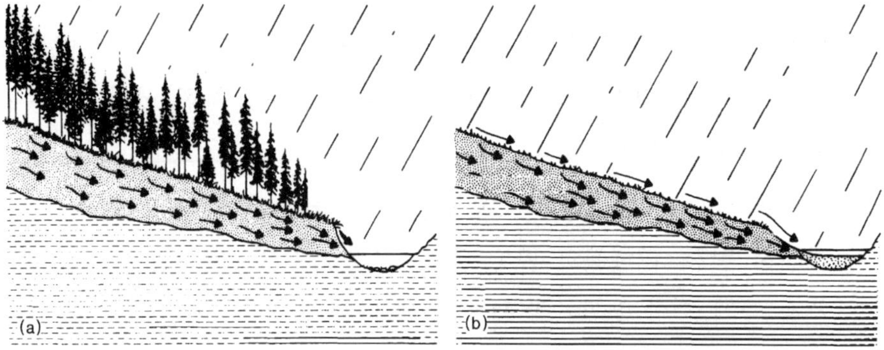

[그림 9.2] 산림훼손에 따른 비점오염물질의 유출

농업지역 오염물질은 대부분 강우와 함께 유출되며, 유출농도는 낮지만 그 발생면적이 넓어 총부하량은 매우 크다. 발생 원인으로는 경작 시 일어나는 표토의 교란, 식생의 제거, 휴경 시기 동안의 토양 방치, 토양개량을 위해 비료나 가축배설물 살포, 관개용수의 공급 등을 들 수 있다.

농업지역의 경우 오염물질 유출량을 크게 좌우하는 것은 토양의 종류다. 입자가 큰 모래나 자갈이 포함된 토양은 침식성과 양이온 교환능이 적고 강우 시 투수성이 좋기 때문에 표면유출에 의해 이동되는 오염물질의 양이 적다. 반면에 양이온 교환능과 침식성이 크고 투수성이 적은 진흙의 경우에는 반대 현상이 나타난다. 영양물질 함량이 높은 유기토양으로 구성된 경우에는 우수유출시 오염물의 함량이 높다. 비료에 의한 오염물질의 발생 및 유출은 비료의 종류보다는 살포 시기가 더 큰 영향을 미친다. 즉 비료를 뿌린 후 비가 온다든지 가축분뇨를 겨울의 언 땅에 살포하는 경우 땅이 녹으면서 또는 봄비에 의해 오염물이 일시적으로 많이 배출될 수 있다. 또한 농작물 종류나 경작형태도 오염물질 유출에 상당한 영향을 미친다.

축산지역에서는 오염물질 처리시설을 갖춘 대규모 축산시설을 제외하고는 대부분의 경우 강우와 함께 다량의 오염물질이 비점오염원의 형태로 유출되며, 경우에 따라서는 점오염원보다 더 높은 농도의 오염물질을 유출시키기도 한다. 유출원인으로는 축사나 방목지에서 부적절한 방법에 의한 가축 배설물의 처리, 방목으로 인한 식생 파괴, 하천이나 호수 주변에서의 가축 방목 및 사육 등을 들 수 있다. 목장이나 초지에서의 오염물질 유출은 가축밀도에도 영향을 받지만 가축의 관리방법에 더 큰 영향을 받는다. 방목형태를 순환방목으로 하면, 식생 복원기간이 확보되므로 오염물의 유출이 다소 줄어든다. 그러나 계속해서 방목하는 경우는 토양의 압축, 식생의 감소, 가축분뇨의 축적 등으로 오염물질의 유출이 증가하며, 초지 재배를 위해 비료를 살포하는 경우에도 유출량이 증가한다. 또한 축사의 노출양상도 오염물질 유출에 큰 영향을 미치며, 지붕으로 씌운 면적이 클수록 오염물질 유출이 줄어든다.

도시지역에서 주거, 상가, 공장 등에서 발생되는 오염물질은 종류가 다양하고 농도가 높다. 즉 도시지역에서 유출되는 오염물질은 단위면적당 오염부하가 다른 토지이용에 비해 크고, 일반적인 오염물질 뿐만 아니라 각종 유독성 물질을 함유하고 있어 수질에 심각한 영향을 미칠 수도 있다. 도시지역의 경우 불투수성 면적 비율이 높아 강우의 대부분이 표면으로 유출되고 지하로 침투되는 양은 극히 적다. 공장이 있는 곳에서는 원료의 야적, 생산제품의 방치 등과 강우에 노출된 시설에서 비점오염물질이 유출된다.

(2) 오염물질의 종류

유역에서 발생하는 오염물질의 종류는 토지이용에 따라 차이가 있으며 [표 9.1]과 같이 요약될 수 있다. 호수 수질관리에서 중요한 역할을 하는 영양물질은 주로 농지나 축산지역에서 발생하는 비료나 가축 배설물 등에서 유출된다. 특히 인은 호수 내 조류성장의 제한물질로 비료의 과다사용과 가축배설물의 농지 처분에 의해 발생한다. 질소는 농경지 유출수에 여러 가지 형태로 존재할 수 있으나 대부분이 질산성 질소다. 질산성 질소는 청색증 유발 물질로 널리 알려져 있으며 최근에는 위암 발생과 관련이 있는 것이 밝혀지고 있다.

[표 9.1] 토지이용별 주요 오염물질

토지이용	주요 오염물질
산지	토양 침식물, 영양물질 등
논, 밭	농약, 영양물질, 토양 침식물, 병원성 미생물 등
축사	병원성 미생물, 영양물질, 유기물, 염분 등
방목지	영양물질, 토양 침식물, 농약, 병원성 미생물 등
도시산업지역	영양물질, 토양 침식물, 중금속, 유독성화학물질 등

영양물질은 존재 형태에 따라 유출경로가 다르다. 입자상 또는 이온물질들은 토양입자에 흡착되어 침식을 통해 유출되며, 수용성 물질들은 강우 유출수나 지하침투를 통해 지표수나 지하수로 들어오게 된다. 또한 가축배설물이나 비료가 직접 강우 유출수에 의해 지표수로 유입되기도 한다. 대부분 입자상으로 존재하는 인은 침식물에 부착하여 이동하는 양이 강우 유출수에 용존된 상태로 이동하는 것보다 많다. 질소의 경우 침식물에 함유된 질소는 대부분 유기질소이기 때문에 유기물 함량이 많을수록 농도가 증가한다.

토양 침식물은 유역에서 발생하는 비점오염물질 중 가장 큰 부분을 차지하며, 특히 유역에서 시행되는 각종 개발 사업은 많은 양의 토양 침식물을 발생시킨다. 하천이나 호수로 유입된 토양 침식물은 바닥에 침강하여 저서생물의 서식처를 파괴하고 빛의 투과를 감소시켜 광합성을 방해한다. 또한 하천의 통수단면과 호수의 저수용량을 줄이고 상수원으로 사용될 때 정수처리 비용을 증가시킨다.

독성물질은 영양물질과 같은 경로를 통해 유입된다. 특히 논 보다 침식이 잘 일어나는 밭에 뿌려진 농약이나 제초제는 상당 부분 토양 침식물에 부착된 형태로 유출된다. 강이나 호수로 들어온 농약은 수중 생물체에 직접적인 독성을 유발하고 먹이사슬을 통해 생물증폭을 일으키기도 한다. 제초제는 식물이 완전히 성장하기 전인 늦은 봄과 초여름 사이에 대부분 살포되게 되는데, 이 시기는 주변에 서식하는 동식물이 유아기에 있기 때문에 생태계에 미치는 영향은 더욱 크다.

질병을 일으키는 병원성 미생물도 여러 형태의 토지이용으로부터 발생한다. 가축의 분뇨는 박테리아와 바이러스의 주된 발생원이며 농지나 도시지역의 강우 유출수에서도 다량의 미생물이 함유되어 있다. 특히, 방목지에서는 병원성 미생물뿐만 아니라 다량의 염분이 유출되는 경우가 많은데, 이는 가축 배설물에 염분 농도가 높기 때문이다. 염분 농도가 높은 물은 금속을 부식시키고 불쾌한 맛을 내기 때문에 식수로 적합하지 못하다.

(3) 오염물질의 축적과 세정

비점오염물질은 계속해서 지면에 축적되고 강우에 의해 세정되어 하천이나 호수로 흘러들어 간다. 특히 도시나 산업지역의 아스팔트와 콘크리트 지면에서는 아래 [그림 9.3]과 같이 물질이 쌓이고 다시 씻겨나가는 과정이 반복되고 있다. 축적과 세정 과정은 일반적으로 포화반응(Saturation Type)과 지수적 감소(Exponential Decay)로 설명되어진다.

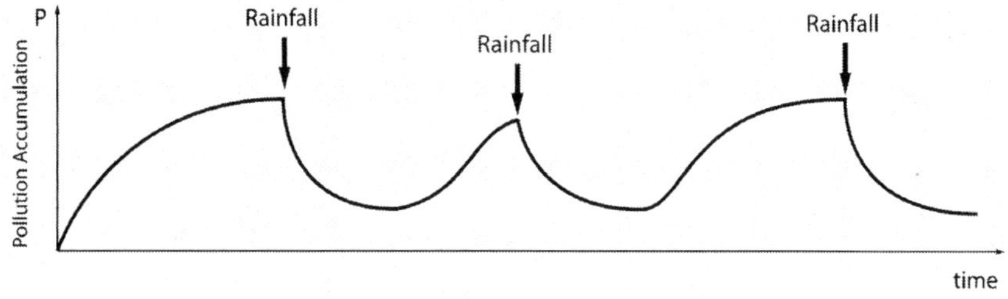

[그림 9.3] 지면에서 오염물질의 축적과 세정

축적과정이 포화반응으로 나타나는 이유는 지면에 일정량 이상의 오염물질이 쌓이게 되면 대기로 재부유하고 바람에 의해 다른 곳으로 이동하기 때문이다. 이 과정은 아래의 Monod Type 식으로 표현될 수 있다.

$$P = P_{\max}\frac{t}{t_{0.5}+t} \tag{9.1}$$

여기서 P는 지면에 축적된 고형물질의 양, P_{max}는 지면에 최대로 축적될 수 있는 양, $t_{0.5}$는 P_{max}의 절반에 도달할 때까지 걸리는 시간이다.

Sartor et al(1974) 지면에 축적된 고형물질이 강우현상에 의해 세척되는 과정을 다음과 같은 1차 반응식으로 표현했다.

$$\frac{dP}{dt} = -k_u P \tag{9.2}$$

이 식을 적분하여 시간 t 동안 유출된 오염물질량을 구하면 다음과 같다.

$$P_0 - P = P_0[1-\exp(-k_u t)] \tag{9.3}$$

여기서 P는 지면에 남아 있는 고형물질의 양, k_u는 불투수면에서의 유출계수, P_0는 지면에 축적된 초기 고형물질의 양이다. k_u는 상수 b와 강우강도 r의 곱(k_u=b · r)로 표현될 수 있다.

지면에 축적된 모든 고형물질이 강우 강도에 따라 세척가능성이 달라지기 때문에 이 식에 세척가능계수 A_0(0~1)를 적용하여 STORM(1975년에 개발되어 지금까지 널리 사용) 모델에서 다음과 같이 변형되었다.

$$P_0 - P = A_0 P_0[1-\exp(-k_u t)] \tag{9.4}$$

이 식은 고형물질 유출량을 계산하는데 사용된다. 오염물질량은 고형물질량을 먼저 계산한 후 오염물질 비율을 곱하여 구할 수 있다.

(4) 토사 유출

산림이나 농지와 같은 투수 지역에서는 강우에 의해 토사가 유출될 수 있다. 특히 토양이 강우에 노출되어 있고 경사가 심할 경우 유출량이 많다. 토사 유출량을 산정하는데 가장 널리 이용되는 것은 USLE(Universal Soil Loss Equation) 식이다. USLE식은 비교적 간단하고 강우 조건, 강우에 의한 침식영향, 식생 형태, 토양 상태 등을 반영하고 있어, 도시지역을 제외한 대부분의 투수 유역에서 널리 사용되고 있다. 식의 구성은 다음과 같다.

$$E = A \times R \times K \times LS \times C \times P \tag{9.5}$$

여기서 E는 연간 토사유출량, A는 유역면적, R은 강우 요소, K는 토양침식성 요소, LS는 지형학적 요소, C는 식생요소 그리고 P는 침식방지 요소다. 실제 유역에서의 토사유출량은 위에서 계산한 식에 유달율(Delivery Ratio)을 곱하여 구한다.

(5) 오염부하곡선

단일 강우사상에서 나타나는 수문곡선(Unit Hydrograph)은 [그림 9.4]와 같이 강우가 시작되면 서서히 수량이 증가하고 강우가 끝나면서 감소하기 시작한다. 반면에 오염물질 농도곡선(Pollutograph)는 강우초기에 매우 높은 농도를 보이고 이어 급속히 감소한다. 강우 유출 수량과 농도의 곱으로 표현되는 부하량 곡선(Loadograph)은 초기에는 높은 농도로 급속히 증가하다 후반에는 농도와 수량 감소로 변화가 없다. 비점오염물질을 제거하기 위해서는 강우현상이 발생한 후 약 30분에서 1시간 동안 유출되는 초기 세척수(First Flush)를 처리하는 것이 좋다.

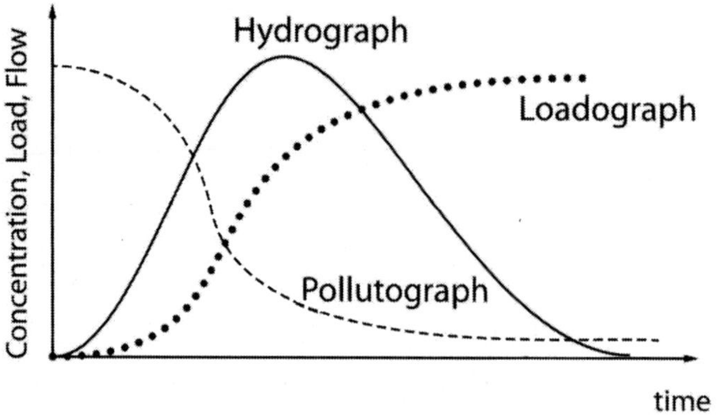

[그림 9.4] 강우현상에 따른 수량과 수질변화

시간에 따라 급변하는 오염물질 농도를 단일 강우사상에 대해 하나의 대표치로 표현한 것이 강우평균농도(EMC : Event Mean Concentration)다. 보통 관측값을 이용하여 다음과 같은 식으로 구할 수 있다.

$$EMC = \frac{\sum_{1}^{n} C_i Q_i}{\sum_{1}^{n} Q_i} \tag{9.6}$$

여기서 C_i와 Q_i는 각각 i번째 관측된 농도와 유량이다.

9.2 유역관리 방법

유역관리를 위해 가장 널리, 그리고 오래전부터 사용되어 온 방법이 토지이용규제다. 유역의 토지이용도가 인접한 하천이나 호수의 수질과 밀접한 관계가 있기 때문에 수질관리를 위해 반드시 필요한 제도다. 과거 폐수처리 기술이 발달하지 않은 시기에는 점오염원 관리를 위해서도 이 제도가 필요했다. 보통 상수원이나 멸종위기종 서식처 등 환경적으로 민감한 지역에 이 제도를 적용하게 된다. 또한 도시나 산업단지 등을 개발할 경우에도 필요하다. 사전에 수질보호나 환경 관련 사항을 종합적으로 검토한 후 필요 시 적용하게 된다.

다른 방법은 비점오염원에도 점오염원과 마찬가지로 방류수 수질기준을 적용하는 것이다. 비교적 고농도의 비점오염물질이 배출되는 주거지역이나 산업지역의 강우 유출수에 대해 적용한다. 방류수 수질기준을 적용하는 경우, 각종 오염물질의 유출에 대한 처리시설 설치가 활성화되며, 동시에 토지이용규제, 발생원 관리 등과 같은 유역관리 대책이 시행될 것이다. 토지이용별 적용될 수 있는 유역관리 방법은 다음과 같다.

(1) 산림유역

산림유역에서는 다른 토지이용 형태에 비해 비교적 적은 양의 유역오염물질이 발생한다. 하지만 산불과 벌채 등의 산림훼손행위는 유역오염물질의 발생과 유출을 증가시켜 주변 수체의 수질을 악화시킨다. 이를 방지하기 위한 적절한 관리방안을 마련해둘 필요가 있다. 산림유역에 적용하는 주요 관리방안은 다음과 같은 것이 있다.

1) 식생복원

식생은 토양침식물의 발생을 저감할 수 있는 효과적인 방법이다. 식물은 강우의 토양 침식력을 분산시키고 지면 유출 속도를 감소시켜 발생량을 줄인다. 또한 식물은 토양에 유기물질을 제공하여 강우의 토양 침투율을 증가시키므로 오염물질의 지면유출을 줄이는 역할을 한다.

2) 수변완충지역 조성

산림지역과 인접 수체 사이에 완충지역을 두는 방법으로 수질과 수중 생태계를 보호하는 효과가 큰 것으로 알려져 있다. 산림지역으로부터 유출되는 토양 침식물과 영양물질 이동을 막고 제방의 안정성을 위해서는 완충지역에 충분한 식생이 유지되어야 한다. 이 지역의 초목은 강우 유출량, 오염물질, 특히 토양침식물을 감소시키고, 잎이 있는 나무는 수면에 그늘을 제공하여 수체 온도를 조절하며, 수생태계의 에너지원으로 작용하는 유기물을 제공하기도 한다. 수질관리 효과를 높이기 위해서는 유역의 경사도, 토양종류, 강우강도, 수체 특성, 바람에 대한 저항력 등을 고려하여 완충지역의 너비를 결정하는 것이 좋다.

3) 벌채관리

벌채로 인한 산림훼손은 산림유역으로부터 발생하는 오염물질의 양을 크게 증가시키기 때문에 적절한 관리방안이 요구된다. 관리방안은 토양 침식물 발생을 최소화하기 위한 것으로 벌채 장소, 목재 운반방법, 각종 장비 설치 등에 대한 관리를 포함한다. 벌채 장소를 선정할 때에는 목재의 가치가 높은 지역이라 할지라도 산사태나 침식의 위험성이 큰 지역은 피해야 하며, 벌채된 목재를 운반할 때는 이동거리를 최소화하고, 벌채장소와 작업방법은 토양과 모암의 형태, 과거 벌채기록 등을 고려하여 계획해야 한다.

4) 산불관리

산불은 유역 오염물질의 발생을 크게 증가시킨다. 특히 수체에 인접하고 있는 급한 경사지와 수변지역에서 발생한 산불, 토양을 덮고 있는 낙엽까지 태워버리는 큰 산불은 수질에 직접적인 영향을 미친다. 따라서 산불방지 대책이 곧 산지 오염물질의 발생을 최소화하는 것으로, 수변완충 지역이나 수변의 급경사지 주위에 방화지대(나무를 베어낸 지대)를 조성하거나 물뿌리개 등을 설치하는 방안이 고려될 수 있다.

5) 화학물질관리

산림지역에서 화학물질 사용은 병충해 방지를 위한 살충제 사용이 대부분이다. 살포되는 살충제는 강우시 유역오염물질로 유출되기 때문에 난분해성 물질이나 과다 사용을 금지되어야 한다. 또한 살포 시기는 강우를 피해야 하며 살포 후 빈 용기의 처분에도 주의가 요구된다. 수변 완충지역은 화학물질 수체 유입 방지에 효과적이다.

(2) 농업유역

농업유역에서 강우에 의해 유출되는 토양 침식물, 잔류 농작물, 농약, 비료 등은 인접 수체의 수질을 악화시킨다. 농업유역 비점오염물질은 농도는 낮지만 발생면적이 넓어 총부하량이 상당 부분 차지한다. 따라서 농지의 오염물질 유출율을 조금이라도 줄이는 것은 인접하는 강이나 호수에 맑은 수질을 유지하는데 매우 중요하다. 농지에서 발생하는 비점오염물질을 줄이기 위해 다음과 같은 방법을 적용할 수 있다.

1) 침식방지형 경작

작물성장에 필요한 영양과 수분조건은 충족시키면서 농지로부터 발생하는 강우 유출수와 토양 침식물의 양을 줄이는 방법이다. 직전에 생산된 농작물의 잔재물을 최대한 남겨두는 방법, 이랑에 농작물을 심어 침식을 방지하는 방법, 수분 침투를 유도하고 풍식을 방지하기 위해 농작물 잔재물을 지면에 두는 방법, 토양을 잘게 부수거나 느슨하게 갈아주어 토양의 투과성을 높이는 방법 등이 적용될 수 있다.

2) 등고선 및 층계식 경작

등고선에 따라 평평한 경작지를 만들어 작물을 심는 등고선 경작과 경사를 완화시켜 거의 수평으로 만든 층계식 경작은 강우시 지면 유출수의 흐름 속도를 줄여 침식량을 저감시킨다. 이러한 방법은 침식을 억제하여 토양을 보전하는데도 효과적일 뿐만 아니라 작물 생산량을 증가시키는데도 도움이 된다. 그 외 비료 살포량도 줄일 수 있는 등 여러 가지 유리한 점이 많은 경작 방법이다.

[그림 9.5] 침식방지형 경작과 등고선 경작

3) 일렬심기

작업의 편리와 농작물의 수확력 향상을 위해 우리나라에서 옛날부터 많이 시행되고 있는 방법이다. 경사와 물 흐름을 고려하여 강우에 의해 발생하는 토양 침식물과 각종 오염물질의 양을 줄일 수 있으며, 일반 농작물 외에 경사가 급한 지역에 있는 과수원, 포도밭 등에서도 등고선 상으로 일렬심기를 함으로써 같은 효과를 얻을 수 있다.

4) 보전경작

작물 성장에 필요한 토양의 지력을 보전하면서 경작하는 방법을 의미한다. 농작물의 종류를 달리하면서 심는 윤작이나 농약이나 비료 사용을 적절히 관리하는 환경 농업이 여기에 해당된다. 지력 향상을 위해 목초나 콩과식물을 윤작에 포함하기도 한다. 환경 농업은 농약과 비료 사용량과 살포방법 개선, 잡초나 병충해 방지를 위한 대체방안 활용, 오염물질(부유물질, 영양물질, 독성물질 등) 유출을 줄이기 위한 농경법 개선 등을 포함한다.

5) 식생조성

지면에 식생을 조성하여 오염물질 유출을 방지하는 방법이다. 식생은 강우

에너지를 분산시킬 수 있을 뿐만 아니라 토양의 투수성을 개선시키고 강우 유출수 흐름을 차단시킨다. 식생 조성을 통한 수질개선의 효과는 매우 크며, 특히 침식물 발생 가능성이 높은 도랑둑, 제방, 공사면, 폐광 등에 적합하다. 대상 지역의 토양, 경사, 강우 등을 고려하고 넝쿨이나 잔디 등과 같이 유출 방지력을 높일 수 있는 식생 종류를 선정해야 한다.

6) 초지 여과대 조성

초지 여과대란 강우 유출수가 흐르는 과정에서 침식물을 여과하는 식생대를 말한다. 이는 침식물이 일차적으로 평면흐름에 의해 운반될 때 적용되며, 지면 유출수에 함유된 각종 오염물질, 특히 농약과 같이 토양입자에 부착된 오염물 제거에 효과적이다. 초지 여과대가 오염물 제거에 영향을 미치는 것은 침투력 향상으로 지면 유출수량이 감소하고, 식생대가 제공하는 수리학적 저항력으로 오염물을 포획하기 때문이다. 여과대의 효율에 주요한 영향을 미치는 것은 너비로서 대상 지역에 따라 다르며 경험에 의존하여 주로 결정된다. 식생의 종류 또한 여과대의 효율에 영향을 미치며 일반적으로 초지가 침식방지에 가장 효과적이다.

7) 침식물 저류조 설치

수로를 가로 지르거나 다른 적합한 장소에 보를 설치하여 침식물을 저류하는 방법이다. 보는 상류에서 내려오는 오염물질이 부착된 침식물을 저장하고 유량을 균등하게 하여 하류지역의 침식을 억제하는 효과도 얻을 수 있다.

8) 표면덮개 사용

작물 잔재물 또는 다른 적합한 물질로 노출된 토양을 덮는 방법으로 보통 식생 조성과 함께 행해진다. 표면덮개는 강우 충격에 대한 완충역할을 함으로서 침식을 감소시킨다. 침식방지형 경작이 어려운 곳에 적용하는 방법이다.

9) 토양 안정제 사용

이것은 식생대 조성이나 영구적인 침식방지 공법이 시행되기 전에 임시적으로 사용하는 방법이다. 폴리비닐아세테이트 현탁액, 비닐-아크릴 중합체 현탁액과 같은 화학물질이 주로 사용되고 있으며, 진흙 토양 안정에는 석회나 시멘트가 사용되기도 한다.

10) 축대 조성

경사가 심한 곳에 둑을 쌓아 강우 유출수를 조절하고 침식을 방지하는 방법이다. 강우 유출수를 영향이 적은 곳으로 배수하여 토양 손실을 줄일 수 있다. 비점오염물질 방지 외에 토양의 수분 공급이나 경작 효율 향상을 위해서 조성되기도 한다.

11) 농로관리

농로는 경운기나 트랙터와 같은 농기계가 빈번하게 왕래하므로 적절히 관리되지 않으면 침식물의 주요 발생원이 될 수 있다. 이를 방지하기 위해 하천수와의 교차점을 최소화하고 강우 유출수나 농업용수로 인한 침식이 발생하지 않도록 해야 한다. 필요한 경우 침식 방지시설이나 침식물 포집 트랩을 설치하는 것이 좋다.

(3) 축산유역

축사나 방목지에서는 토양 침식물, 영양물질, 미생물, 염분 등과 같은 오염물질이 발생한다. 처리 시설을 갖춘 대규모 축사를 제외하면 대부분 강우로 인해 많은 오염물질이 유출되며, 경우에 따라 점오염원보다 훨씬 고농도의 오염물질이 배출되기도 한다. 이를 방지하기 위해 다음과 같은 방법들이 적용된다.

1) 방목지 관리

한 곳에서 많은 가축을 오랜 기간 방목하면 초지가 파괴됨으로 집중호우 시 다량의 토사와 축분이 유출될 수 있다. 이를 줄이기 위해 가축의 수를 조절하거나 순환 방목을 실시하여야 한다. 또한 침식우려가 큰 지역이나 하천이나 호수에 인접한 지역에서는 방목을 금지하여야 한다. 특히 가축이 집중적으로 모일 수 있는 사료나 물 공급 장소는 축분이 토양 정화능력 이상으로 쌓이게 되므로 특별히 관리해야 한다.

2) 가축분뇨 적정살포

가축분뇨를 퇴비화하여 농지에 적절히 살포하면 농작물에 영양소를 공급하고 토양 침식을 감소시키는 등 토양의 질을 향상시킬 수 있다. 하지만 관리가 잘못되면 토양과 수질에 매우 나쁜 영향을 미칠 수 있다. 살포지역을 선정할 때는 위치, 토질, 지형, 인접한 하천이나 호수, 지하수 등을 고려해야 한다. 살포지역은 운송비용과 운반과정에서 발생하는 환경문제를 최소화하기 위해 분뇨 발생지점과 가까워야 한다. 또한 악취 문제를 최소화하기 위해 부근 인구밀도가 낮은 농지에 살포하는 것이 바람직하며, 주거지가 인접한 경우 완충지대를 설치해야 한다. 강우에 의한 침식 가능성이 큰 경사지역이나 투수율이 높은 사질토양에는 많은 양의 퇴비를 처분하는 것은 바람직하지 못하다.

3) 축분 퇴비화 관리

가축분뇨를 야외에서 퇴비화할 경우 적절한 관리가 이루어져야 한다. 특별히 고려해야 할 사항은 지표수와 지하수의 오염을 최소화하는 것이다. 야적장소는 우물이나 샘 그리고 지표수로부터 30m 이상 이격되어 있어야 하며, 비교적 평평하며 불투수성 지면으로 이루어지고 지하수위가 낮은 지역이어야 한다. 퇴비 더미는 상류지역으로부터 물이 흘러 들어가지 않는 위치에 만들어져야 하며, 주위에 도랑을 설치하여 강우 유출수를 우회시켜야 한다. 이 도랑은 퇴비 더미로부터 오염된 폐수를 차집하여 저장 연못으로 수송하는데 사용되도록 해야 한다.

4) 축분 저장 연못 설치

가축 분뇨의 임시저장을 위해 웅덩이를 만드는 것을 말한다. 저장 연못은

분뇨가 발생하는 지점 부근이나 강우 유출수를 차집하기에 용이한 지점에 설치되어야 하고, 경제성, 분뇨 관리계획, 건강, 안전 등을 고려해야 한다. 강우 유출수가 저장 연못에 이르기 전에 가능한 많은 양의 고형물을 침강시켜 제거하는 것이 중요하며, 오염되지 않은 강우 유출수는 우회시켜야 한다. [그림 9.6]은 축분 저장 연못을 활용하여 가축분뇨를 액비로 재사용하는 것을 보여준다. 수질오염을 방지하는 동시에 방목지 식물성장 영양분으로 활용하는 방법이다.

5) 토양흡착지대 조성

강우 유출수에 함유된 오염물질을 토양에 흡착시키는 방법이다. 토지경사, 식생커버, 토양의 여과 및 침투율, 축산폐수의 성분과 양, 지하수 오염 가능성 등을 고려하여 흡착지대 조성에 적합한 지역을 선정하고 처분 계획을 세워야 한다.

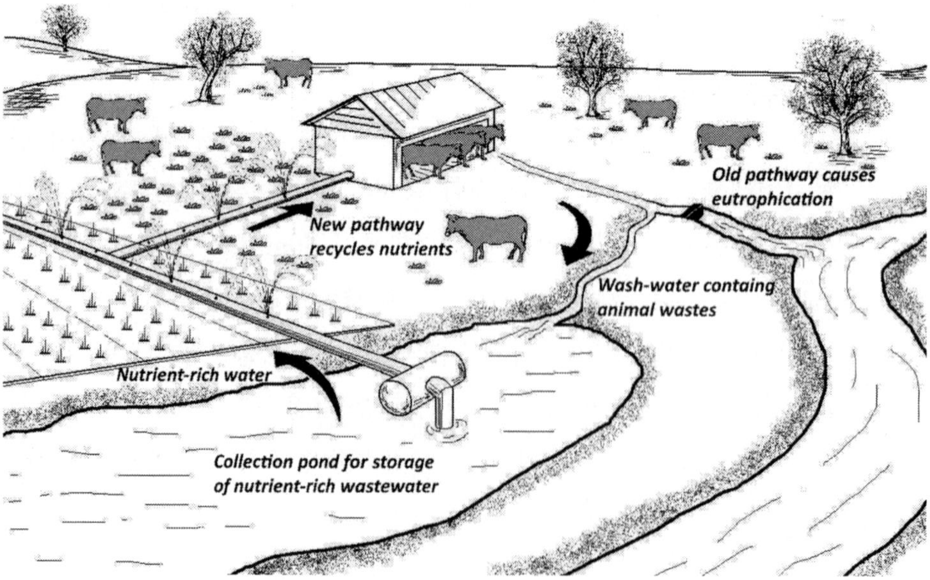

[그림 9.6] 축분 저장 및 적정살포

(4) 도시산업유역

도시산업유역에서는 매우 다양한 오염물질이 고농도로 발생하여 공공수역의 수질을 악화시킨다. 점오염원은 하수처리장과 같은 환경기초시설에 의해 처리되고 있으나 비점오염원은 그대로 유입되는 경우가 많다. 도시산업유역에서 발생하는 비점오염물질을 관리하는 방법은 다음과 같은 것이 있다.

1) 하수관거 개량

점오염원이 비점오염원으로 유입되는 것을 차단하기 위한 방법으로 도시산업유역의 수질관리를 위해 최우선해야할 사항이다. 주 내용은 합류식 하수관거를 우수와 오수가 분리되는 분류식 하수관거로 개량하는 것이다. 분류식 하수관거를 설치하면 강우시 월류된 하수가 공공수역으로 직접 유입되는 것을 방지할 수 있으나, 건설에 많은 비용이 소요되고 공사에 장애요인이 많다. 다른 방법으로는 우수 유출수를 우회시켜 합류식 하수관거에 유입되는 것을 방지하는 방법, 건기시 고형물의 침강을 막기 위해 하수관거의 유속을 일정 수준으로 유지시키는 방법, 그리고 우수와 오수가 유입되는 집수구를 주기적으로 청소하는 방법 등이 있다.

2) 체류지 설치

강우 유출수를 저류했다가 천천히 방류하는 것으로 비점오염물질과 강우 첨두 유량을 줄일 수 있는 좋은 방법이다. 특히 초기 우수에 포함한 높은 농도의 비점오염물질을 침강시키고 동시에 쓰레기도 제거할 수 있다. 일반적인 체류지 구조는 [그림 9.7]과 같으며 유입되는 우수 유출수가 일단 체류지의 용량을 넘게 되면 집수된 우수 유출수는 공공수역으로 배출되거나 임시 우회수로로 배출되게 된다. 침강을 촉진시키고 습지식물에 의한 영양물질 섭취를 장려하기 위해 유입 구조물 부근에 늪지를 조성하기도 한다. 비점오염원 방지 효과가 크기 때문에 일부 선진국에서는 신도시를 개발할 때 환경영향평가 의무 사항으로 포함시키기도 한다.

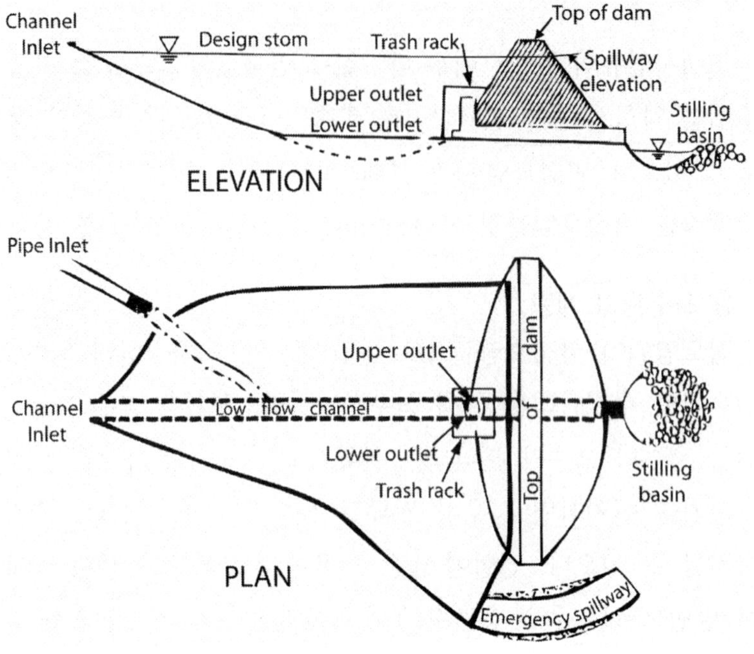

[그림 9.7] 체류지의 일반적인 구조

3) 습지 조성

체류지와 유사한 원리이지만 자연정화 기능을 강화한 것이다. 습지가 조성되면 우수 유출수에 포함된 부유물질, 영양물질, 석유 화합물질, 박테리아 등이 침강, 여과, 흡착, 미생물 분해, 그리고 식물 포집 등을 통해 복합적으로 제거된다. 물이 항상 차있기 위해서는 낮은 투수율을 갖는 적절한 토양조건과 일정한 지하수위가 요구된다. 넓은 토지를 필요로 하는 단점이 있다[그림 9.8].

4) 식생형 시설 설치

식생형 시설은 오염물질 제거뿐만 아니라 동식물 서식처 확보와 경관 조성을 위해서도 설치된다. 지표면이 식생으로 덮여있으면 유출수가 지표면을 흐르면서 유출수 내 오염물질은 식물의 뿌리에 의해 흡수되고, 상부의 표면 식생에 의한 포집 등으로 인해 물리적으로 제거될 수 있다. 유출수가 흐르는 물길에 식생형 시설을 설치하면 침식을 방지할 뿐만 아니라 침식물을 포집하는 두 가지 효과를 동시에 얻을 수 있다. 제거효율은 경사를 감소시키거나 식생 밀도를 증가시켜 높일 수 있다.

5) 유수지 활용

도시홍수를 방지하기 위해 설치된 유수지를 비점오염물질을 줄이는 수단으로 활용하는 것이다. 강우 유출수를 임시로 저장하였다가 천천히 방류하며 부유물질이 침강하여 제거된다. 상부는 강우량이 많을 경우를 제외하고는 일반적으로 건조 상태로 유지된다. 하부는 특별히 침강을 통한 오염물질의 포집을 위해 설계되고 소규모 강우를 저류한다.

6) 다중실 집수조 설치

긴 장방형의 콘크리트 박스로 된 강우 유출수 부유물과 쓰레기를 포획하는 시설이다. 여러 개의 방으로 이루어져 다중실 집수조(Multi-Chamber Catch Basin)라 부르며 저류와 침강 시간이 짧기 때문에 강우 범람 조절에는 기여할 수 없다. 다중실 집수조는 지표면 아래에 설치되고 보통 세 개의 방으로 구성된다. 첫 번째에는 쓰레기가 포집되고 유출수에 포함된 입자가 큰 물질이 가라앉는다. 두 번째로 가서 다시 침강이 진행되고 오일이나 그리스와 같이 물보다 밀도가 낮은 것도 걸러진다. 세 번째는 집수조에서 관거로 가는 통로 역할을 한다.

7) 하수처리시설 활용

비점오염물질 배출이 심한 지역에서는 하수처리시설이 이용하기도 한다. 합류식 하수관거의 초기 월류수(CSO : Combined Sewer Overflow)는 하수처리시설로 가고, 분류식 하수관거도시도 우수가 상수원이나 호수로 유입되는 경우, 초기 우수(First Flush)는 하수처리시설을 활용하는 것이 바람직하다. 우수 유출수의 발생은 매우 불규칙적이기 때문에 처리시설 규모의 결정은 장기간의 시뮬레이션과 통계적인 평가를 거친 후 설계해야 한다.

[그림 9.8] 지면 청소와 주택가 습지 조성

8) 지면 청소

도시 미관을 개선하기 위해 실시하는 청소는 비점오염물질 유출량을 줄이는 데도 상당한 도움이 된다. 이를 위해서는 적기에 실시되어야 한다. 강우전이나 봄철 눈이 녹기 전에 거리에 축적된 먼지, 쓰레기 등의 오염물질을 청소하면 우수 관거 또는 합류식 하수관거로 배출될 비점오염물질을 크게 줄일 수 있다. 지면 청소는 미세먼지를 줄이는데도 상당한 기여를 한다[그림 9.8].

9) 투수 포장

주차장이나 도로에 다공성 포장재를 이용하여 투수 포장을 하게 되면 강우 유출수량을 감소시키고 용존 오염물질과 미세입자를 토양에 침투시켜 비점오염물질을 줄일 수 있다. 다공성 포장재의 침투효과를 지속적으로 유지하기 위해서는 주기적으로 청소를 해 주어야 하며, 하부 토양의 투수능이 충분치 못한 경우 하부에 적절한 투수능 증가시설을 설치해야 한다.

도시산업유역에서는 위에서 설명한 여러 가지 방법들이 함께 사용된다. [그림 9.9]는 도시의 우수관로 일반적 구조와 비점오염물질 처리시설을 보여주고 있다.

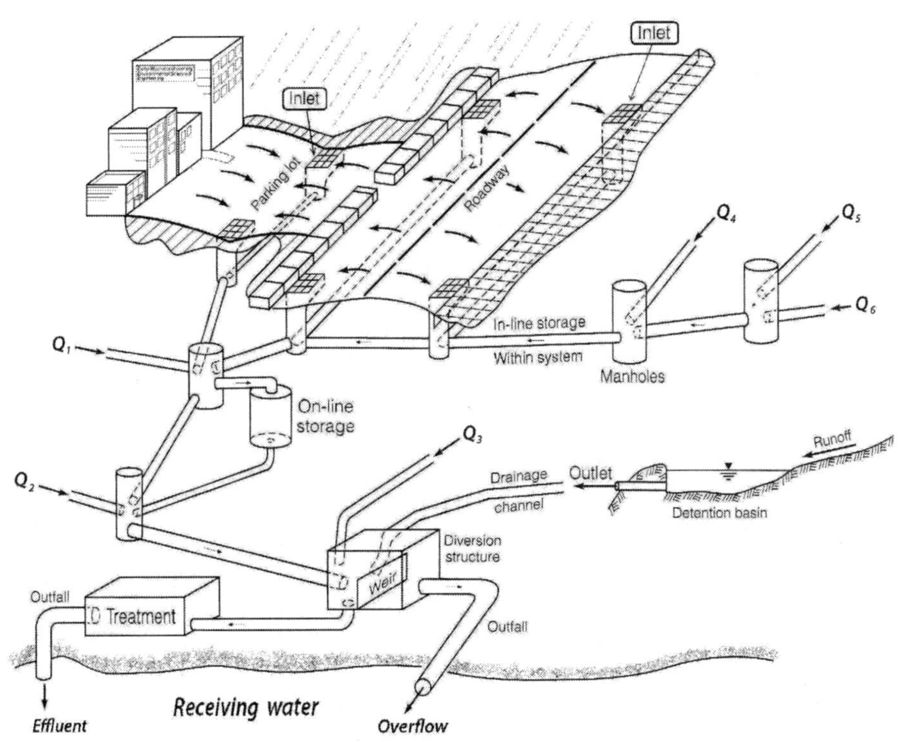

[그림 9.9] 도시의 우수관로 구조와 비점오염물질 처리시설

(5) 기타유역

건설지역은 지면의 식생을 제거하고 토양을 노출시키게 됨으로 일시적으로 다량의 비점오염물질을 발생시키기 때문에 적절한 관리방안이 요구된다. 공사시 유출되는 오염물질를 관리하기 위한 가장 효과적인 방법은 공사 착수단계에서 오염물질 발생을 줄이는 것으로 토양교란 정도와 기간을 최소화하고, 노출된 지면을 최대한 보호하는 것이다. 두 번째 단계는 유입 수체를 노출지면으로부터 우회시켜 강우유출과 토사이동을 억제하는 것이다. 세 번째 단계는 체류지와 같은 오염물질 포집 시설을 설치하여 공사현장에서 오염물질을 침강시키는 것이다.

수변지역에서 침식으로 인해 토사나 유기물 등이 수체로 유입된다. 특히 강우로 수량이 증가할 때 오염물질의 발생은 심하게 나타난다. 골재 채취나 수로변경과 같은 사업도 많은 양의 오염물질을 수체로 직접 유출시킨다. 따라서 수변지역을 적절히 관리하는 것은 비점오염물질 방지에 매우 중요하다. 관리방법으로는 수변지역을 안정화시키고 식생대를 조성하는 것이 있다. 또한 수변에 습지를 조성하면 침식을 방지하고 동시에 부유물질을 침강시키고 영양물질을 제거할 수 있다. 수변에서 공사가 이루어질 경우 오탁 방지막을 설치하거나 수로를 우회시키는 것이 효과적이다.

9.3 유역모델 및 관리시스템

유역에서 발생하는 비점오염물질을 체계적으로 관리하기 위해서는 오염물질의 발생 단계에서부터 공공수역에 유입되는 과정에 이르기까지 정량적 변화를 예측하는 것이 필요하다. 이를 위해 지금까지 다양한 유역모델이 개발되어 왔다. 유역모델은 크게 토지이용도에 기초하여 수체로 유입되는 오염물질을 수식으로 산정하는 수식모델과 다양한 유역 조건과 강우현상들을 고려하고 오염물질 발생과 이동 과정을 프로그램한 컴퓨터 모델로 구분된다. 그리고 지리정보시스템(GIS: Geographic Information System)을 이용하여 유역에 위치한 다양한 오염원과 토지이용도 그리고 지형 등을 공간 데이터베이스로 구축하고 유역모델과 수용수체 수질모델을 연계한 유역관리시스템도 개발되어 활용되고 있다.

(1) 수식모델

오염물질이 유역으로부터 유출되는 양을 예측하기 위한 비교적 간단한 방법은 수식모델 사용이다. 수식모델은 유역에서 일어나는 복잡한 현상을 단순화시켜 비교적 간단한 식으로 표현한 것이다. 현재 활용되는 주요 수식모델은 다음과 같다.

1) 원단위법

원단위법은 유역오염물질의 부하량을 비교적 간단하게 산정하는데 자주 사용되어 온 방법이다. 원단위란 단위시간당 단위면적당 배출되는 오염물질의 양을 말하며, 단위는 보통 비점오염부하량(kg)/면적(ha)/시간(year or day)으로 나타낸다. 사람 또는 가축에 의해 발생하는 오염물질을 계산하기 위해 사용되는 원단위는 단위시간당 단위개체당 배출되는 오염물질의 양을 말하며, 단위는 일반적으로 비점오염부하량(kg)/사람 또는 가축의 수/시간(year or day)으로 나타낸다.

원단위법에 따른 토지이용별 부하량 산정은 대부분 연간 발생량을 추정하는 것으로 강우나 지형 특성 변화를 고려하지 못한다. 따라서 유역에 따른 점 및 비점오염부하량의 발생특성을 비교하거나 부하량 삭감계획을 수립하기 위한 목적으로는 사용할 수 없다. 이러한 단점에도 불구하고 기존자료의 적용편이성으로 인해 널리 이용되고 있다. 우리나라의 경우 1980년대 초부터 원단위를 사용하기 시작하였으나 장기간 실측된 자료가 부족하고 토지이용이 세분되어 있지 않아 적용에 한계가 있다.

현재 사용되는 원단위 산정법으로는 경험식을 이용한 계산법과 유역에서 유량과 오염부하량을 실측하여 산정하는 실측법이 있다. 계산법에 의한 원단위 산정은 투수지역과 불투수지역으로 나누어 계산한다. 투수지역은 USLE 식으로 단위면적당 침식량을 계산하고 여기에 특정오염물질과의 관계를 적용하여 부하량을 계산한다. 불투수지역에는 오염물질 축적률과 소실률을 적용하여 산정한다. 실측법은 조사방법에 따라 크게 세 가지로 구분할 수 있다. 첫 번째는 주로 도시지역 원단위 산정에 이용되는 방법으로 지표면에서 오염물질 총량을 실측한 후 축적률 및 분해율을 적용하는 방법이다. 두 번째는 도시지역을 통과하는 하천의 상류와 하류의 수질을 비교하여 수질의 차이로 환산하여 비점오염물질의 배출원단위를 산정하는 방법이다. 세 번째는 대상 지역의 토지이용별 강우시 배출물질을 직접 채취하여 농도를 측정하는 방법으로 측정회수가 충분하면 매우 신뢰성이 있는 방법이다. 이 방법은 토지이용별로 강우시 유출수량과 오염부하량을 실측하여 단일 강우사상, 월별, 계절별, 또는 연도별 오염물질의 원단위뿐만 아니라 실측한 유량, 강우량, 오염물질 유출량 등과 상호 관계를 회귀식으로 만들어 사용하기도 한다. 오랜 기간 수질 및 수량 연속 측정 자료가 충실한 경우에는 이 자료를 이용해 원단위를 산정할 수 있다. 대상 유역에서 연간 유출된 부하량으로 다음과 같이 원단위를 구할 수 있다.

$$\text{원단위}(\mathrm{kg}/ha/year) = \sum c_i q_i / A \tag{9.7}$$

여기서 c_i는 i번째 농도, q_i는 i번째 유출량, A는 유역면적이다.

2) 단위오염 유출식

단위오염 유출식은 연간 비점오염부하량을 산정하기 위해 원단위를 기본으로 하며, 여기에 토지이용, 인구밀도, 거리청소 상황 등을 추가하여 관계식을 구하는 방법이다. 이 방법은 원단위를 보다 객관화한 것으로 원단위법과 같이 특정지역에만 적용하는 것이 아니라 보다 여러 지역에서 적용가능하며 관계식은 다음과 같다.

$$L = U(i,j) \times P \times PDF \times SWF \tag{9.8}$$

여기서 L은 토지이용 i에서 오염물질 j의 연간배출량, U(i,j)는 토지이용 i에서 오염물질 j의 연간배출농도, P는 연강우량, PDF는 인구밀도지수 (주거지역 $= 0.142 + (0.218)(\text{인구밀도})^{0.54}$, 상업 및 공업지역 = 1, 공원 = 0.142) 그리고 SWF는 도로청소지수(SWF = 1 : 20일 이내에 주기적 청소를 할 경우, SWF<1 : 청소 빈도가 더 클 때)이다.

3) 강우평균농도 모델

강우평균농도(EMC : Event Mean Concentration)를 이용하여 비점오염물질의 유출량을 계산하는 방법이다. 미국 연방도로청(Federal Highway Administration)에서 도로에서 배출되는 비점오염물질 유출량을 산정하기 위해 처음 도입한 방법으로 EMC의 대수정규분포(Log-Normal Distribution)를 가정하고 중앙값과 표준편차를 이용하여 특정지역의 유출량을 다음과 같이 계산한다.

$$M(MASS) = EMC \times MVR \tag{9.9}$$

$$MVR = Rv \times MVP \times ARW \tag{9.10}$$

여기서 M(MASS)는 강우사상당 평균 오염물 유출량, MVR는 평균 강우 유출량, *Rv*는 강우 유출계수, ARW는 도로면적, MVP는 평균 강우량이다.

4) 유출과정 모델

유출과정 모델은 불투수 도시지역 적용모델, 투수지역 적용모델 그리고 관거퇴적부하 유출모델로 나눌 수 있다. 불투수 도시지역에 대한 모델은 도시노면에서 물질의 축적과 소실을 나타내는 공식을 이용해 비점오염 부하량을 산정하는 경우, 초기노면 퇴적 부하량을 노면 청소간격을 고려해 산정하고 얻어진 초기노면 퇴적량과 노면퇴적 부하유출량의 운동식 및 연속식을 사용해서 노면부하 유출량을 산정한다. 단위 면적당 매일 동일한 부하량만큼 퇴적하고, 퇴적된 부하량은 일정한 비율로 감소한다고 가정한다.

투수지역에서의 토양 침식량은 앞에서 설명한 USLE 식을 이용한다. 이 식은 비교적 간단하고 강우, 강우에 의한 침식영향, 식생, 토양 조건 등을 반영하고 있다. 관거퇴적부하 유출모델은 하수도에서 우수 유출수에 동반하는 오염물 발생을 나타내는 모델로서 운동방정식에 강우시 유량의 변동 상태를 나타내는 항을 더한 것이다. 즉 유량과 배수구역내 잔존 부하량이 같아도 유량이 증가상태에 있는 경우와 감소상태에 있는 경우에서는 부하의 유출상태에 차이가 있는 점을 고려한 것으로 유량과 유출부하량의 비선형성을 제시한 것이다.

5) 회귀모델

비점오염량 산정을 위해 사용하는 회귀모델은 수문현상만을 고려한 1차 회귀모델과 유역특성 및 수문상황을 고려한 다중 회귀모델로 구분할 수 있다.

수문현상을 나타내는 선형식으로는 단순회귀식과 log-log 변환식이 주로 이용되고 독립변수로는 강우량과 유출량이 일반적으로 사용된다, 특히 비점오염유출은 강우유출과 상관관계가 높기 때문에 강우량 대신 유효우량을 사용하는 경우도 있으며, 일반식은 다음과 같다.

$$NP = A \times Q + B \text{ 또는 } NP = AQ^{B} \tag{9.11}$$

여기서 NP는 비점오염물의 농도(㎎/ℓ), Q는 유량(㎥/sec), A와 B는 상수이다.

다중회귀모델에서는 공업지역, 상업지역, 비도시지역 면적비율을 유역의 특성과 연평균강우량, 강우강도 등의 수문학적 요소를 이용한 회귀식을 사용한다. 위의 입력 자료는 지역의 통계자료나 기타 도면을 이용해 쉽게 구할 수 있는 자료이며, 미국의 지질조사국(USGS : United States Geological Survey)에서 사용한 모델은 다음과 같은 형태를 띠고 있다.

$$Y = (B_o \times X_1^{B1} \times X_2^{B2}, \ldots\ldots, X_n^{Bn})BCF \tag{9.12}$$

여기서, Y는 우수유출량 또는 비점오염물질, B1, B2, ..., Bn는 회귀계수, X_1, X_2, ..., X_n는 유역의 토지이용, 지형학적 및 기상학적 특성 그리고 BCF는 보정계수(Bias Correction Factor)다.

모델에 포함한 독립변수 중 유역의 특성을 나타내는 것으로는 총 유역면적, 불투수비, 공업지역 면적, 상업지역 면적, 주거지 면적, 비도시적 토지이용 등이 있고, 기후적 특성으로는 단일강우사상당 총 강우량, 연평균 질소강하량 등이 있다.

(2) 컴퓨터 모델

유역에서 발생하는 오염물질의 유출은 강우시, 비강우시, 유역 식생변화 등 유역 상태에 따라 다양하게 변화한다. 따라서 유역의 상황변화와 강우 및 유출 과정을 서로 관련지어 유역오염물질량을 산정하는 모델이 필요하다. 가장 간단한 방법이 원단위법에 의해 유출 부하량을 산출하고 그 다음 오염부하 유달률을 구해 유달 부하량을 구하는 방법이다. 하지만 강우시 유출되는 부하량은 유량에 따라 다르기 때문에 유달률을 일정하게 적용하는 방법은 한계가 있다.

이를 보완하기 위한 것이 수량-수질을 동시에 시뮬레이션 하는 방법이다. 유역을 대상으로 강우-유출 현상을 시뮬레이션 한 후 여기에 침식, 오염물 축적과 유출, 기타 수질변화 요소를 고려한 것으로, 오염물의 발생과 이동과정을 수문학적인 상호작용에 의해 파악한다.

컴퓨터를 이용한 유역모델의 기본 개념은 [그림 9.10]에 제시되었다. 이러한 모델로는 단일강우 사상에 따른 유역영향을 시뮬레이션 하는 모델과 일정 기간 동안의 유출 수량과 오염물을 연속 시뮬레이션 하는 동적모델이 있다.

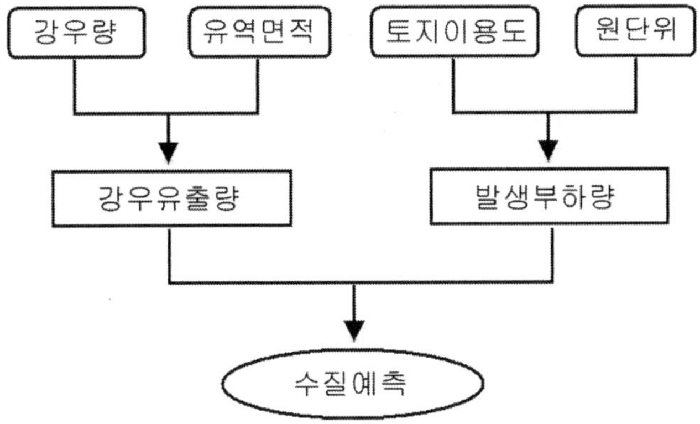

[그림 9.10] 유역모델 개요

앞서 설명한 수량-수질 시뮬레이션은 매우 복잡하며, 특히 일정기간동안을 연속 모사하는 동적모델의 경우는 더욱 복잡하다. 따라서 컴퓨터를 이용한 모델이 1970년대 미국을 중심으로 개발되기 시작하였으며, 이들 모델은 적용대상, 입력자료 요구도, 예측결과 등에 따라 종류가 다양하다. 지금까지 개발된 모델 중 많이 적용되고 있는 유역모델을 정리하면 [표 9.2]와 같으며, 각 모델별 특성을 다음에 기술하였다.

[표 9.2] 적용 가능한 유역모델

모델명	개발 기관	강우 형태	특 성
AGNPS	USDA	단일, 연속	영양물질, 농약, 토사, 화학적 산소요구량(COD) 등을 예측 가능하며, 다양한 토지유형에 대해 처리 가능.
ANSWERS	Purdue Univ.	단일	농경지의 유출현상을 예측, 토지 관리 및 보전정책에 대한 효과를 평가, 토사 및 영양물질 유출 예측
DR3M-QUAL	USGS	단일, 연속	토사, 질소와 인, 금속 그리고 유기물질에 대해 예측 가능, 처리시설, 저수용량, 하수시스템에 대한 분석이 가능.
STORM	HEC	연속	부유물질, 침강성 고형물, 생물화학적 산소요구량(BOD), 분변성 대장균, 정인산, 질소 등을 예측 가능하며, 저수용량, 처리시설에 대한 분석이 가능.
SWMM	EPA	연속	토사를 포함하여 10가지 오염물질을 예측 가능, 처리시설, 저수용량, 하수시스템에 대한 분석이 가능.
SWRRBWQ	USGS	연속	토사, 질소, 인, 농약 등을 예측 가능.
CREAMS	USGS	단일, 연속	농약과 비료에 대한 화학물질모델이 있으며, 영양물질 모델은 농경지에서의 질소 인의 순환 및 유실을 추정 가능.
HSPF	EPA	단일, 연속	농약, 영양물질 및 사용자 정의 물질 등을 예측 가능. 수체 내부 수질까지 동시에 시뮬레이션 가능

1) AGNPS

AGNPS(Agricultural Non-Point Source Pollution Model)는 미국 토양보전청(U.S. SCS: Soil Conservation Service)와 미네소타 주 오염방지청(Minnesota Pollution Control Agency)의 협조로 미국 농업연구원(U.S. ARS: Agricultural

Research Service)가 개발한 유역모델이다. 이 모델은 농경유역으로부터 배출되는 비점오염원을 평가하기 위해 개발되었으며, 다양한 유역관리방안의 효과를 비교하는데 이용될 수 있다. AGNPS는 강우-유출과정에 의해 발생한 오염물질이 유역의 최고지점에서 유역의 배출구까지 흘러가게 된다고 가정하고 있으며, 유역내의 모든 지점에서 유량과 수질을 예측할 수 있다. SCS 유출곡선법과 단위수문곡선(Unit Hydrograph)를 이용하여 유출량을 예측하며, 토양 유실량 예측을 위해 수정 USLE(Modified Universal Soil Loss Equation)을 사용한다. 시뮬레이션이 가능한 수질 항목은 영양물질, 농약, 토사, 화학적 산소요구량(COD)이며, 폐수처리장의 방류수, 하천 둑, 도랑에서의 침식과 같은 점오염원 자료도 입력할 수 있다. 오염물질은 유출수 내에 용존된 상태와 유출된 토사에 부착된 상태로 나누어 계산된다.

모델을 적용하기 위해 토양 특성, 토지이용 형태, 지형자료, 기상자료, 점오염원 자료 등이 요구되며, 지형자료의 자동 계산을 위해 GIS와 연계가 가능하다. 모델적용 결과, 유출수 부피와 최대 유량, 오염물 부하량과 농도, 토사 농도와 크기 분포, 고지대에서의 침식에 대한 자료를 얻을 수 있다. 이 모델은 비교적 좁은 면적의 소유역에서부터 200㎢의 면적을 가진 유역에까지 적용이 가능하며, 비교적 사용이 용이하다.

2) ANSWERS

ANSWERS(Areal Non-point Source Watershed Environment Response Simulation)는 미국 퍼듀대학교(Purdue University)에서 개발한 모델이다. 강우 현상에 기초하여 농경지의 유출 현상을 예측하는 모델이며, 유역의 토지이용, 관리 및 보전정책에 대한 효과를 평가하는데 사용된다. 수문 현상 예측이 가능하고 부유물질과 영양물질 유출 과정을 예측할 수 있다. 하지만 농약이나 눈이 녹아 유출되는 과정은 시뮬레이션이 불가능하다. ANSWERS는 농경지와 건설 공사장의 토양 유실 예측에 이용될 수 있지만 입력 파일 형태가 복잡하다. 유역 지형에 대한 상세한 자료와 토양 및 토지이용에 관한 자료가 유역 요소별로 나누어 입력되고 유량과 농도에 대한 출력 결과가 요소별로 계산된다.

3) DR3M-QUAL

DR3M(Distributed Routing Rainfall - Runoff Model)은 미국지질조사국(USGS: US Geological Survey)에 의해 개발된 유역모델로, 도시 지역에서의 표면 유출수와 오염부하 시뮬레이션이 가능하다. 수질에 영향을 미칠 수 있는 불투수 지역과 투수 강우자료를 이용하여 하천이나 인공수로를 통해 일어나는 유출의 흐름을 지역, 강우분포 등을 고려하여 시뮬레이션이 이루어지며 토사, 인과 질소, 중금속, 유기물질 예측이 가능하다. USLE 식에 기초하여 토양 유실을 계산하며 이동과정은 플럭 흐름을 가정하여 라그랑지안 좌표(Lagragian Scheme)를 사용한다.

4) STORM

STORM(Storage, Treatment, Overflow, Runoff Model)은 미공병단(US Army Corps of Engineers)가 1975년에 개발한 모델로 도시 유역에서 발생하는 유출과정에 대해 시간 단위로 연속적인 시뮬레이션이 가능하다. 수정 합리식을 사용하여 수문학적 과정을 시뮬레이션 한다. 강우/유출 강도와 부피는 면적 가중 유출계수와 SCS 유출곡선 지수법에 의해 계산되며, 침식에 대한 계산을 위해 USLE가 사용된다. 오염물 축적과 유실 식으로 부유물질, 생물화학적 산소요구량(BOD), 분변성 세균, 인과 질소의 농도를 시뮬레이션 할 수 있다. 모델 적용을 위해 SCS Curve Number, 오염물 축적과 유실 과정에 대한 변수, 유출계수와 토양 유형 등에 대한 입력 자료가 요구되며, 시간별 수문곡선과 오염물에 대한 농도-시간곡선을 얻을 수 있다.

5) SWMM

SWMM(Storm Water Management Model)은 미국연방환경보호청(USEPA)에 의해 개발된 모델로, 도시 유역에서 강우에 의해 발생되는 수량과 수질을 시뮬레이션 할 수 있다. 수량과 수질변화 과정의 다양한 범위에 적용하기 위해 몇 가지 모듈(Module)과 블록(Block)으로 구성되어 있다. 유역의 강우 유출량과 대상 지점까지의 오염물질량을 추적하여 수문곡선(Hydrograph)과 시간-농도 곡선(Pollutograph)을 제공한다. SWMM는 부유물질을 비롯한 10가지 오염물질에 대해서만 시뮬레이션 할 수 있으며, 시뮬레이션을 위해 강우강도 곡선(Hyetograph), 토지이용형태, 토양의 특성, 수리학적 인자 등이 입력 자료로 요구된다. 모델 적용 결과, 어느 한 지점에서의 유량, 대상물질의 농도, 수위의 시간별 자료를 얻을 수 있다.

6) SWRRBWQ

SWRRBWQ(Simulation for Water Resources in Rural Basins - Water Quality)는 미농무성(USDA: Department of Agriculture)에 의해 개발된 모델로, 농지 유역에서의 저수지 저장고, 수문 과정, 토사 유출, 농약 이동 등을 시뮬레이션 할 수 있다. 토지이용 형태와 기후, 토양의 특성, 지형 등의 차이를 설명하기 위하여 유역은 최대 10개의 소유역으로 나누어진다. 수정된 SCS 유출곡선 지수법을 사용하여 유출량을 예측하며, 첨두 유출률은 수정된 합리식을 이용한다. 시뮬레이션이 가능한 항목은 퇴적물, 질소, 인 그리고 농약이며, 오염물 이동은 용존 오염물과 부유물에 부착된 오염물로 나누어 계산된다. 모델 적용을 위해서는 기상자료와 토양, 토지이용 등에 대한 자료가 필요하다.

7) CREAMS

CREAMS(Chemical, Runoff and Erosion from Agricultural Management System)은 미농무성이 농촌지역 최적관리를 위해 개발했다. 유출량, 첨두 유량, 투과, 증발산량, 토양 함수량 등에 대해 일단위로 시뮬레이션 할 수 있다. 모델에서 고려되는 수문 현상으로는 지면 유출, 침투, 증발산 등이 포함되며, 강우 에너지와 지표 유출에 의해 토양 침식이 발생하고 유출수에 용해되거나 토양입자에 부착되어 영양물질이 이동하는 것으로 해석한다. 침식량은 USLE 식을, 유출량은 SCS 유출곡선 지수법을 사용하여 예측한다. 화학물질 모듈은 농약과 비료 두 부분으로 나누어지며 영양물질은 농경지에서 질소와 인 순환 및 유실을 추정한다. 작물 성장에 관련된 토양 종류와 토질 자료, 매달 간격으로 측정된 태양복사량 자료 등 많은 입력 자료가 필요하다.

8) HSPF

HSPF(Hydrological Simulation Program - FORTRAN)는 미연방환경보호청(USEPA)이 1980년에 개발하였으며 이후 계속해서 개선해오고 있다. 강우로 인한 비점오염물질 유출과정을 하천내의 수리와 퇴적물-화학물질 상호작용과 결합시켜 시뮬레이션 할 수 있는 유역모델과 하천모델이 결합된 형태를 취하고 있다. HSPF는 1차원적 해석을 통해 유역의 수문학적 특성과 수질을 동시에 시뮬레이션 할 수 있다. 시뮬레이션 가능한 수질 항목은 보존성 물질, 수온, 무기성 토사(모래, 실트, 점토), 용존산소, 생물화학적 산소요구량(BOD), 무기질소(암모니아성 질소, 질산성질소, 아질산성질소), 무기인(인산), 플랑크톤(식물성 플랑크톤, 동물성 플랑크톤, 저서 부착조류), 유기성 질소, 유기인, 유기탄소, 수소이온(pH), 무기성 탄소(이산화탄소, 총 무기성 탄소), 알칼리도 등이다. 강우로 인한 유출 수량과 토사 유출량, 영양물질과 농약 농도의 시간적 변화, 유역의 어떤 지점에서의 수질과 수량의 시간적 변화 등을 모델 결과로부터 얻을 수 있다.

(3) 유역관리시스템

지리정보시스템(GIS)과 유역모델 그리고 수용수체(강, 호수, 하구 등) 모델을 통합한 유역관리시스템이 1990년 이후 개발되어 왔다. 이것은 유역 지형, 토양, 토지이용도, 점오염원, 비점오염원 그리고 환경기초시설 등과 같이 자료를 GIS로 표현하고 유역모델과 수용수체 수질모델을 결합하여 유역과 수용수체를 효과적으로 관리하기 위한 새로운 도구다. 미국을 중심으로 개발되기 시작하였으며, 특히 수질총량관리제도의 도입과 함께 활용도가 증가했다.

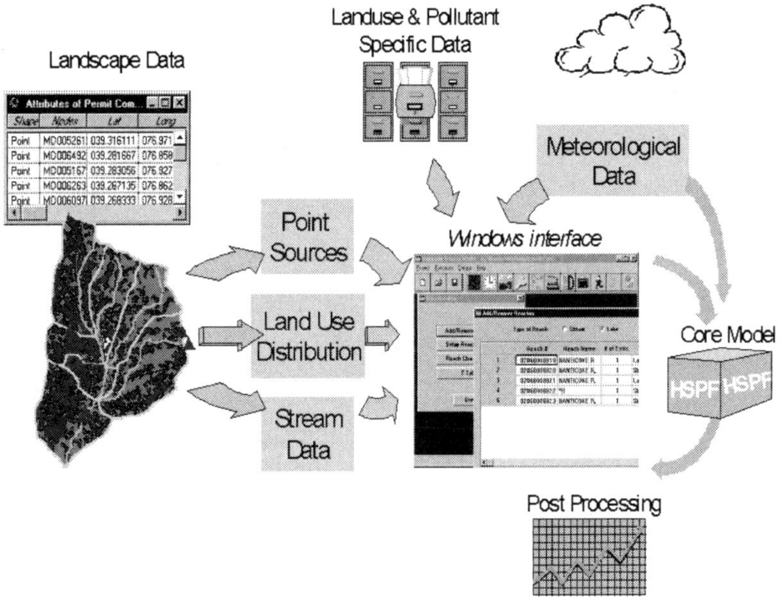

[그림 9.11] 유역관리시스템 개념

1) WMS

WMS(Watershed Modeling System)는 유역 수문현상 시뮬레이션을 위한 것으로 1997년 미국 브리검영대학교(Brigham Young University)의 ECGL (Engineering Computer Graphics Laboratory)의해 개발되었으며 기존 수문모델과 GIS Tool을 사용하고 있다.

WMS는 HEC-1, TR - 20, NFF, 합리식(Rational Equation) 등과 같은 수문 모델을 포함하고 있으며, 유역의 강우유출 과정 분석에 필요한 자료를 얻기 위해 지형모델을 사용할 수 있다. 즉 수치 등고 자료와 GIS 자료의 입력을 통해 전체 유역을 소유역으로 구분할 수 있으며, 결과를 가시화할 수 있다. 뿐만 아니라 유역면적, 경사길이, 경사도, 유출거리 등의 속성 자료를 자동으로 추출할 수 있다. [그림 9.12]는 WMS를 국내 지형에 적용하여 유역을 구분한 결과다.

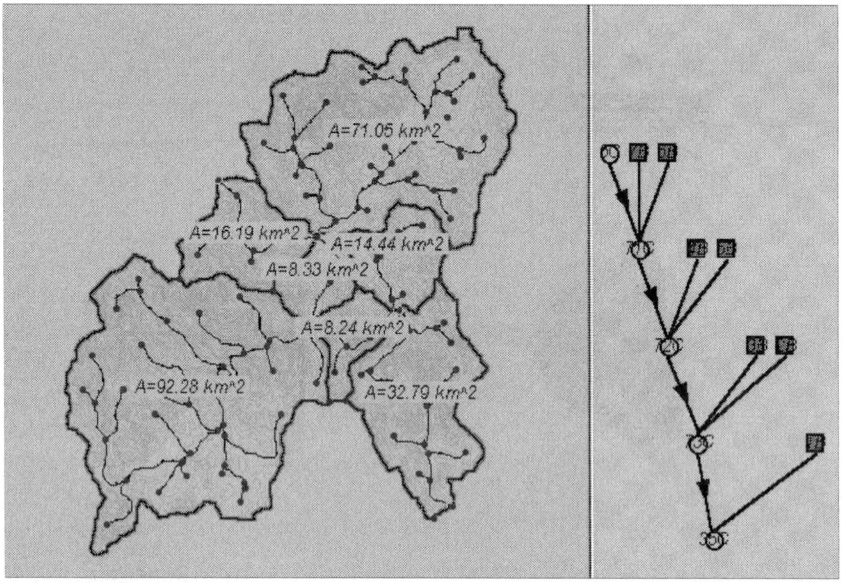

[그림 9.12] WMS를 이용한 유역구분

2) BASINS

BASINS(Better Assessment Science Integrated point and Nonpoint Sources)은 유역과 수질에 기초한 평가와 점오염원과 비점오염원의 통합된 분석이 강조됨에 따라 1996년 미국연방환경보호청(USEPA)가 개발했다. 1996년 9월에 처음 배포된 BASINS은 환경정보의 용이한 조사, 유역과 모델링의 통합된 구조 제공, 점오염원과 비점오염원 관리를 위한 효과적 분석 지원을 목적으로 하였으며, 이는 다양한 오염물질에 대한 수질오염총량제도(TMDL: Total Maximum Daily Loads)의 결정을 지원할 수 있다.

BASINS은 유역과 수질 변화를 분석하는데 필수적인 구성인자들이 상호 연결되어 있다. 주요 구성인자는 1) 미국 전역에 걸친 데이터베이스; 2) 토지이용, 수치등고자료, 유역의 구분 그리고 수질측정자료 등의 국지적 자료를 입력할 수 있는 도구; 3) 수질과 점오염원에 의한 부하를 평가하기 위한 평가

Tools(ASSESS, TARGET, Data Mining); 4) NPSM(Nonpoint Source Model : HSPF), TOXIROUTE 그리고 QUAL2E를 포함한 유역 및 수질모델; 5) 모델 결과를 해석하기 위한 후처리 도구다. BASINS의 데이터베이스와 평가도구는 ArcView GIS 환경 내에 통합되어 있으며, 시뮬레이션 모델은 ArcView에서 생성된 입력파일을 사용하여 Windows 환경에서 실행된다. [그림 9.13]에 BASINS의 구성과 수행기능이 요약되어 있다.

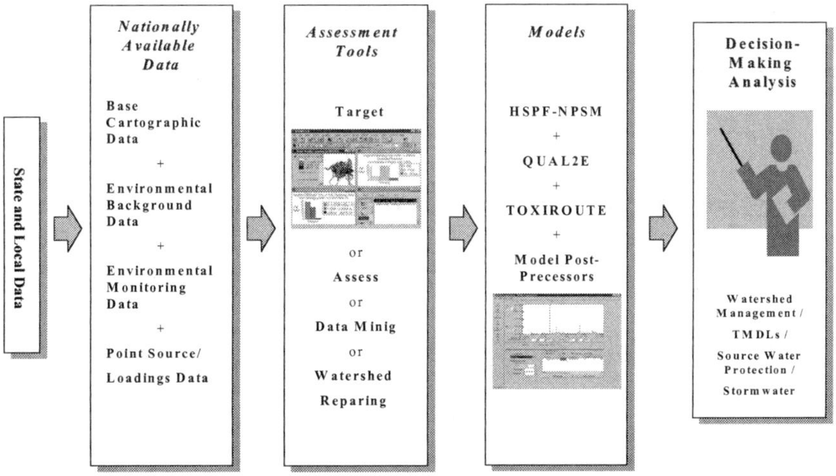

[그림 9.13] BASINS의 구성과 수행 기능

내용정리

1. 토지이용도에 따른 유역오염물질 발생기작과 종류를 설명해보자.
2. 지면에 오염물질이 축적되고 세정되는 과정을 수식으로 표현해보자.
3. USLE(Universal Soil Loss Equation)의 용도를 수식과 함께 설명해보자.
4. Hydrograph, Pollutograph, Loadograph의 관계를 그림으로 설명하고 초기 세척수(First Flush) 처리의 중요성을 설명해보자.
5. 강우평균농도(EMC : Event Mean Concentration)의 활용 방법을 수식과 함께 설명해보자.
6. 산림유역, 농업유역, 축산유역의 관리 방법을 설명해보자.
7. 도시산업유역에서 배출되는 오염물질과 관리 방법을 설명해보자.
8. 유역에서 배출되는 오염물질을 계산하는 방법들을 설명해보자.
9. 현재 활용되고 있는 유역모델의 특징을 알아보자.
10. WMS나 BASINS와 같은 유역관리시스템의 구성 요소와 활용 방법을 알아보자.

제10장

정책 결정

제10장 정책 결정

정책 결정에 필요한 시스템 최적화, 비용편익분석, 비용효과분석 등을 소개한다. 시스템 구성요소의 제한조건과 목적함수에 따라 최적안을 토출하는 방법과 투자비용을 계산하기 위한 회계방법을 설명한다.

강이나 호수와 같은 자연 수체의 수질을 개선하기 위해 많은 예산을 투자하고 다양한 정책을 수립하여 시행하고 있다. 이러한 수질정책을 수립하는 과정에서 반드시 거쳐야 하는 것이 여러 선택 가능한 방법 중 무엇이 가장 효율적인가를 결정하는 것이다. 예를 들어, 수질개선을 위해 생활하수를 고도처리할 것인지 아니면 유역의 비점오염원을 줄일 것인지, 또 처리한 하수는 어디에 어떻게 방류하는 것이 효과적인지를 평가해야 한다.

기술적인 사항과 함께 고려해야 하는 것이 비용 대비 효과를 분석하는 경제성 평가다. 보통 투자를 많이 하면 할수록 좋은 수질을 얻을 수 있다. 하지만 수질관리 측면에서 해야 하는 바른 선택은 주어진 예산으로 가장 뛰어난 개선 효과를 얻는 것이다. 그리고 예산은 초기 투자와 장래 운영 과정에서 들어가야 할 유지관리 비용을 함께 고려해야 한다.

수질관리정책에서 경제성과 효율성을 보다 체계적이고 정량적으로 접근하는 방법이 시스템 최적화(System Optimization)다. 시스템 최적화란 함께 작동하는 여러 요소의 집합체를 정량적으로 분석하여 최적 안을 도출하는 것으로 정책수립에 유용하게 사용될 수 있는 방법이다. 이 방법은 현재 컴퓨터과학에서부터 사회과학에 이르기까지 다양한 분야에서 활용되고 있다.

10.1 시스템 최적화

시스템 최적화는 먼저 대상 시스템과 목적을 설정하고 필요한 여러 대안을 비교 평가하여 최적 안을 선택하는 것이다. 예를 들어, 호수의 수질을 개선하려고 할 때, 먼저 대상 호수의 부피와 수체 특성과 같은 시스템 스펙과 달성하려는 수질 목표를 규명하고, 이를 위한 퇴적물 준설, 하수처리장 건설, 비점오염원 관리 등 여러 대안을 찾아서 수질개선 효과를 비교 평가하여 최적 안을 결정하는 것이다.

(1) 시스템 접근법

대부분의 환경문제는 여러 가지 복합적인 요소를 포함하고 있다. 예를 들어, 생활하수가 유입되고 있는 하천의 경우, 하수 발생원, 하수 수질, 차집 관거, 처리 공법, 방류 지점, 하천에서 이동 및 수질반응, 수생태계에 미치는 영향, 하류 물이용 등 매우 다양한 요소가 관여하고 있다. 따라서 효율적인 수질관리를 위해서는 나열된 모든 요소를 종합적으로 고려하는 시스템 접근법이 요구된다.

시스템 접근법은 먼저 대상 시스템과 달성하려는 목표를 명확하게 규명하여야 한다. 특히 시스템을 구성하는 요소와 경계 등을 정확하게 파악하고 목표를 정량화하는 것이 필요하다. 또한 목표 달성을 위한 여러 가지 대안을 도출하고 대안별 목표 달성도를 평가하는 수학적 최적화 모델을 만들어야 한다. 모델 변수를 결정하고 관계를 수식화하며 최적화 기법을 적용하여 효율이 가장 뛰어난 안을 선택하는 것이다.

시스템 접근법으로 최적 안을 선택하려면 먼저 해결하려는 문제가 분명해야 하고 정량적 목표가 가능해야 한다. 또한 각 변수들 간의 관련성이 수식으로 표현되어야 하며 제시한 대안에 대한 충분한 근거 자료가 있어야 한다.

최적화 모델은 시스템에 포함된 변수들을 각각 $X_1, X_2, \ldots, X_n$으로 설정하고 관련 식으로 표현한다. 이때 각 변수들이 가질 수 있는 값의 한계를 정한다. 예를 들어, X_1이 A 도시에서 배출되는 하수량이라면 최소 10만톤 그리고 최대 15만톤으로 범위가 주어지도록 한다.

최적화 모델의 목적함수는 다음과 같이 최대(Max) 또는 최소(Min)로 주어진다.

$$Max(Min)\ Z = F(X_1,\ X_2,\ \ldots, X_n) \qquad (10.1)$$

각 변수들의 제한사항($g_1, g_2, \cdots, g_m$)은 아래와 같이 변수가 포함된 식에서 (≤, =≥)으로 주어진다.

$$\begin{array}{lccc} g_1(X_1,\ X_2,\ \ldots, X_n) \leq, & =, & \text{or} & \geq b_1 \\ g_2(X_1,\ X_2,\ \ldots, X_n) \leq, & =, & \text{or} & \geq b_2 \\ \vdots & \vdots & & \vdots \\ g_m(X_1,\ X_2,\ \ldots, X_n) \leq, & =, & \text{or} & \geq b_m \end{array} \qquad (10.2)$$

최적화 모델은 식 10.2로 표현된 제한사항을 만족하는 식 10.1의 목적함수를 찾아내는 도구로 정의할 수 있다.

(2) 수질관리 최적화 사례

최적화 모델을 쉽게 이해하기 위해 먼저 수질관리에 적용된 사례를 살펴보자. 이 기법을 환경 분야에 처음 도입한 저서 “환경시스템 최적화(Environmental System Optimization, Haith, 1982)”에 제시한 고전적인 수질관리 시스템 최적화 사례를 여기서 소개한다.

인구 10만에 달하는 A 도시는 하루 4만 톤(m^3)의 생활하수를 생물학적 2차 처리로 정화하여 강으로 보내고 있다. 하지만 여름이 되면 이 강의 용존산소는 기준치(5ppm) 이하로 떨어져 수생태계에 심각한 피해를 주고 있다. 이 도시는 수생태계 보호를 위해 수질개선 대책을 수립하려고 한다. 두 가지 방안을 고려하고 있는데, 하나는 고도처리를 추가하는 것이고, 다른 하나는 하수처리수를 3km 떨어진 곳에 있는 농장에 관개용수를 보내는 것이다. 시 당국은 두 방안을 시스템 최적화 기법을 이용하여 비교 평가하려고 한다.

이 사례에서 고려되어야 하는 시스템 요소는 강과 하수처리장, 농장, 도수관과 저수지 등이다. 달성하려는 목적은 (1)비용을 최소화 하는 것, (2)강에서 용존산소 농도를 기준치인 5.0ppm 이상으로 유지하는 것, 그리고 (3)만약, 농장 관개용수로 사용할 경우 질산성 질소 농도를 지하수 수질기준치 10ppm 이하로 유지하는 것이다. 그리고 최적 안을 도출하기 위하여 검토되어야 할 사항은 (1)고도처리할 경우 강의 용존산소, (2)농장 관개용수로 보낼 경우 지하수 오염과 적정 살포량, 그리고 (3)하수 고도처리 비용이다.

강의 용존산소 예측

하수처리장에 고도처리 시설을 추가할 경우 방류수의 수질은 표 10.1과 같다. 처리수를 방류할 경우 강에서 나타나는 용존산소는 제6장에서 설명한 다음 식으로 예측하였다.

$$u\frac{dC}{dx} = k_2(C_s - C) - k_1 B - k_n N \qquad (10.3)$$

여기서 C는 용존산소, B는 CBOD, N은 NBOD, 나머지 변수는 [표 10.2]를 참고하라. 이 식의 해는 다음과 같다.

$$C(x) = C_s(1 - e^{-k_2x/u}) + C_0e^{-k_2x/u} - \frac{B_0k_1}{k_2 - k_1}(e^{-k_1x/u} - e^{-k_2x/u})$$
$$- \frac{N_0k_n}{k_2 - k_n}(e^{-k_nx/u} - e^{-k_2x/u}) \quad (10.4)$$

[표 10.1] 하수처리장 방류수 수질

안	처리	방류수 수질(mg/liter)		
		CBOD	NBOD	DO
1	생물학적 2차처리(기존)	25	54	2
2	2차 처리(기존) + 여과(추가)	13	50	2
3	2차 처리(기존) + 질산화(추가)	13	10	2
4	2차 처리(기존) + 질산화 및 여과(추가)	7	10	2

식에서 필요한 변수는 관측 자료와 실험 등을 통하여 구했으며 값은 [표 10.2]에 제시하였다. 대안에 따라 강에서 용존산소를 예측하여 최적안 도출에 사용한다.

[표 10.2] 수질예측모델 관련 자료

변수	기호	값
유량	Q_r	110 (10^3m^3/day)
유속	u	7.9 (km/day)
CBOD 분해계수	k_1	0.35 (day^{-1})
재포기 계수	k_2	0.50 (day^{-1})
NBOD 분해계수	k_n	0.20 (day^{-1})
강의 DO	C_r	8.0 (mg/liter)
강의 CBOD	B_r	2.0 (mg/liter)
강의 NBOD	N_r	5.0 (mg/liter)
포화 DO	C_s	8.0 (mg/liter)

처리수 관개

처리수를 관개용수로 사용하기 위해서는 [그림 10.1]과 같이 하수처리장에서 농장까지 도수관을 설치해야 한다. 또한 처리수는 매일 일정량 발생하지만 관개는 적당한 기상 조건이 주어질 경우에만 가능하기 때문에 저장 연못이 필요하다. 따라서 처리수 관개를 위해서는 도수 및 저수, 그리고 살수에 드는 비용이 고려되어야 한다.

하수처리수를 관개할 경우 수량 측면에서 고려되어야 할 사항은 강우량과 증발산량, 그리고 토양 침투량이다. 이러한 것들이 적절히 고려되어 관개수가 범람하거나 토양액상화가 이루어지지 않아야 한다. 동시에 수질 측면에서는 지하수가 오염되지 말아야 한다.

먼저 토양침투량(Percolation)을 계산하면

$$Percolation = rT + P - ET \tag{10.5}$$

여기서 r은 T주 동안 관개수량(cm/wk), P는 T주 동안 강우량(cm), ET (Evapo Transpiration)는 관개수를 살포하는 기간 동안의 증발산량(cm)이다.

물질수지에 기초하여 질산성 질소(C_n)를 계산하면

$$\begin{aligned} C_n &= \frac{nitrogen\ loss\ in\ mg/ha}{percolation\ in\ liters/ha} \\ &= \frac{(0.1Trn - NC)(kg/ha)10^6(mg/kg)}{(rT + P - ET)(cm)10^{-2}(m/cm)10^4(m^2/ha)10^3(L/m^3)} \end{aligned} \tag{10.6}$$

여기서 n은 처리수의 질소 농도, NC는 작물의 질소 흡수량이다.

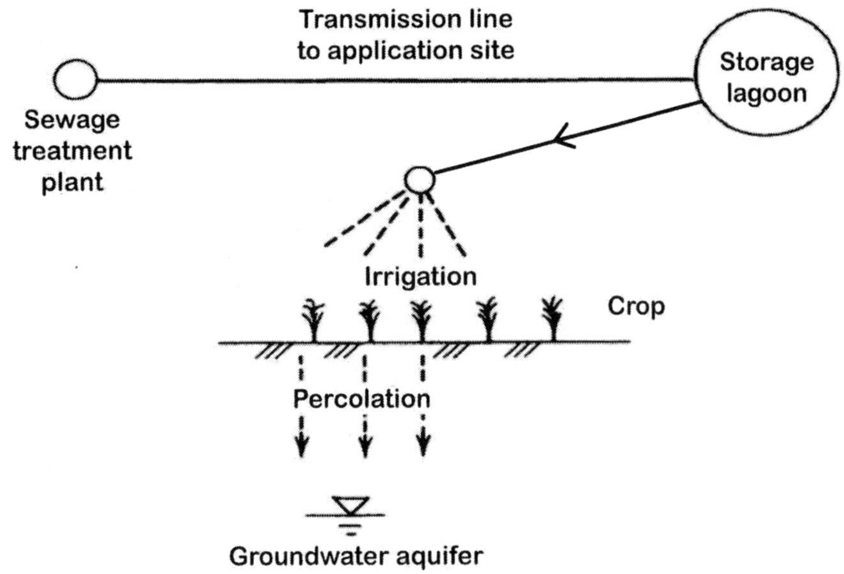

[그림 10.1] 하수처리수 토양 살포 구성 요소

토양으로 침투되는 물의 질산성 질소 농도(C_n)가 지하 대수대에 그대로 남게 될 것으로 가정할 수 있다. 토양 살포에 관련된 변수는 [표 10.3]에 제시되어 있다.

[표 10.3] 토양 살포 변수 값

변수	기호	값
관개기간	T	13 주
처리장 방류수 질소농도	n	20 mg/liter
작물의 질소흡수량	NC	170 kg/ha
강우량 – 증발산량	P – ET	0
최대 토양침투량	$\bar{r}$	14 cm/주

<u>하수처리 비용</u>

하수처리 비용은 평균 하수량의 함수(Q: $10^3 m^3$/day)로 다음 [표 10.4]와 같이 주어진다.

[표 10.4] 하수고도처리(여과 및 질산화 공정) 비용함수

처리 공정	비용($\$10^3$/yr)	
	초기 투자	유지 관리
여과	$3.0Q^{0.93}$	$20.1Q^{0.55}$
질산화	$13.8Q^{0.68}$	$31.8Q^{0.42}$

또한 토지 살포에 필요한 도수 및 저수, 그리고 살수 비용은 다음 [표 10.5]와 같이 주어진다.

[표 10.5] 토양살포 비용함수

구성 요소	비용($\$10^3$/yr)	
	초기 투자	유지 관리
도수관	$7.3LQ^{0.28}$	–
저수지	$1.2Q^{0.78}$	$0.6Q^{0.54}$
관개살포	$(13.1+48/r)Q^{(0.74+0.32/r)}$	$(15.3+57/r)Q^{(0.79+0.28/r)}$
토지 및 경작	0.19A	−0.87A

Q=평균유량($10^3 m^3$/day), L=도수관 길이(km), r=살포강도(cm/wk), A=관개면적(ha)

(3) 최적화 모델과 대안 평가

최적화 모델 개발

[그림 10.2]와 같이 기존의 생물학적 2차 처리에서 나오는 방류수는 여과와 질산화를 추가로 거치면서 강으로 방류되거나 농장 관개수로 살포된다. 여기서 Q_1은 추가 처리 없이 방류되는 하수량, Q_2는 여과, Q_3는 질산화, Q_4는 질산화와 여과 둘 다, Q_5는 토지 살포로 가는 하수량을 의미한다. 또한 A는 토지면적(ha), r은 살포 강도(=$70Q_5/A$)에 해당된다.

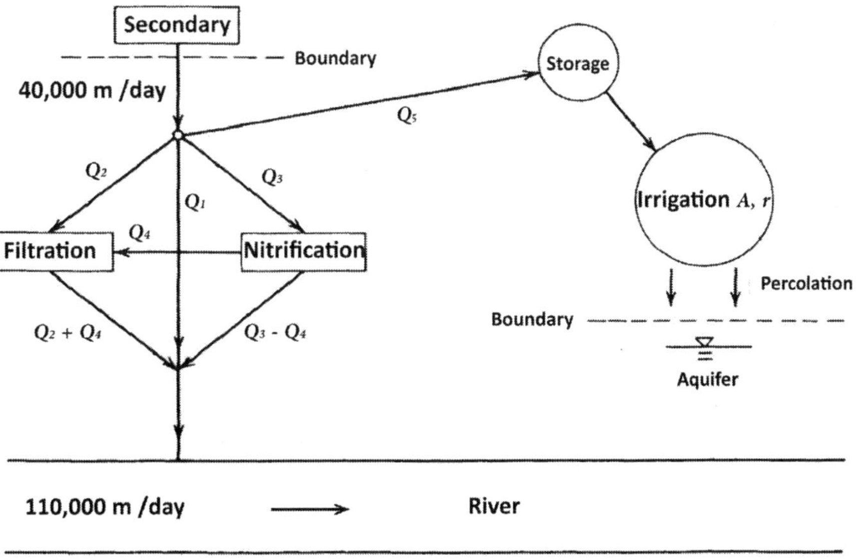

[그림 10.2] 대상 시스템 구성

시스템 최적화 모델은 다음 비용 함수(Z)를 최소화하는 것이다.

Minimize Z

$$
\begin{aligned}
Z = & 3(Q_2 + Q_4)^{0.93} + 6.7(Q_2 + Q_4)^{0.55} + 13.8Q_3^{0.68} \\
& + 10.6Q_3^{0.42} + 21.9Q_5^{0.28} + 1.2Q_5^{0.78} + 0.2Q_5^{0.54} \\
& + (13.1 + \frac{48}{r})Q_5^{(0.74 + 0.32/r)} \\
& + (5.1 + \frac{19}{r})Q_5^{(0.79 + 0.28/r)} - 0.68A
\end{aligned}
\tag{10.7}
$$

그리고 비용 함수는 다음과 같은 제한 조건을 갖는다. 먼저 하수처리수를 방류하면 강에서 용존산소 최소농도가 5ppm 이상이 되어야 하기 때문에 다음 조건을 만족해야 한다.

$$
\begin{aligned}
& C_0 e^{-0.063x} - 2.33B_0(e^{-0.044x} - e^{-0.063x}) \\
& -0.67N_0(e^{-0.025x} - e^{-0.063x}) + 8(1 - e^{0.063x}) \geq 5, \\
& x = 5, 10, \ldots
\end{aligned}
\tag{10.8}
$$

$$C_0 - \frac{880 + 2Q_1 + 2Q_2 + 2Q_3}{110 + Q_1 + Q_2 + Q_3} = 0 \tag{10.9}$$

$$B_0 - \frac{220 + 25Q_1 + 13Q_2 + 13Q_3 - 6Q_4}{110 + Q_1 + Q_2 + Q_3} = 0 \tag{10.10}$$

$$N_0 - \frac{550 + 54Q_1 + 50Q_2 + 10Q_3}{110 + Q_1 + Q_2 + Q_3} = 0 \tag{10.11}$$

또한 토양살포 조건에서 다음 조건을 만족해야 한다.

$$r - \frac{70Q_5}{A} = 0, \quad r \leqq 14, \quad 26r \geqq 170$$

$$\frac{260r - 1700}{13r} \leqq 10, \quad Q_3 - Q_4 \geqq 0, \quad Q_j \geqq 0 \ (all\ j)$$

전체적으로 제한 조건에 포함된 것은 다음 10개 변수다.
(Q_1, Q_2, Q_3, Q_4, Q_5, r, A, C_0, B_0, N_0)

최적화 모델의 해

최적의 대안을 찾기 위해서는 비용 함수(Z)를 크게 두 부분으로 분리하는 것이 필요하다. 하나는 강으로 방류하는 경우로 비용은 Q_2, Q_3, 그리고 Q_4에 의해 결정되며, 다른 하나는 토양살포로 Q_5, r, 그리고 A에 의해 결정된다. 우선 토양살포를 보면 앞에서 주어진 제한 조건에 따라 Q_5, r, 그리고 A는 다음 식을 만족해야 한다.

$$6.5 \leqq r \leqq 13.1 \qquad 0 \leqq Q_5 \leqq 40 \qquad A = \frac{70Q_5}{r}$$

그리고 토양 살포에 관련된 비용함수(Z_1)는 다음과 같이 표현된다.

$$Z_1 = 21.9Q_5^{0.28} + 1.2Q_5^{0.78} + 0.2Q_5^{0.54} + (13.1 + \frac{48}{r})Q_5^{(0.74+0.32/r)}$$
$$+ (5.1 + \frac{19}{r})Q_5^{(0.79+0.28/r)} - 0.68A \qquad (10.12)$$

비용함수(Z_1)에 토양살포 하수처리수량(Q_5), 살포 강도(r), 그리고 토지면적(A)를 달리하면서 비용을 구하면 다음 [표 10.6]과 같다.

[표 10.6]에서 보듯이 비용은 살포 토지면적과 강도에 별 영향을 받지 못함을 알 수 있다.

[표 10.6] 토지살포 대안별 비용

살포유량 Q5(10^3/day)	살포강도 r (cm/wk)	토지면적 A (ha)	토지살포 비용 Z_1 ($\$10^3$/yr)
40	6.5	431	341
	8.0	350	342
	10.0	280	346
	12.0	233	346
	13.1	214	351
30	6.5	323	292
	8.0	263	291
	10.0	210	293
	12.0	175	293
	13.1	160	295
20	6.5	215	233
	8.0	175	231
	10.0	140	231
	12.0	117	231
	13.1	107	231
10	6.5	108	157
	8.0	88	155
	10.0	70	154
	12.0	58	154
	13.1	53	153

다음으로 [표 10.7]처럼 처리수 전량에 대해 단일 안으로 추가 처리했을 경우 강 용존산소 농도와 비용을 비교해 보면 [표 10.8]과 같다.

[표 10.7] 처리수 전량 단일 안 추가

안	처리	처리수량 (10^3m^3/day)					살포강도 r(cm/wk)	토지면적 A(ha)
		Q_1	Q_2	Q_3	Q_4	Q_5		
1	2차 처리	40	0	0	0	0	-	-
2	여과	0	40	0	0	0	-	-
3	질산화	0	0	40	0	0	-	-
4	질산화+여과	0	0	0	40	0	-	-
5	토지 살포	0	0	0	0	40	10.0	280

[표 10.8] 단일 안 평가 결과

안	처리	토양침투 질산성 질소 (mg/L)	거리(x km)당 용존산소 (mg/L)								연간 비용 ($\$10^3$/yr)
			5	10	15	20	25	30	40	50	
1	2차 처리	-	3.6	2.1	1.4	1.2	1.4	1.7	2.7	3.8	0
2	여과	-	4.3	3.1	2.6	2.4	2.6	2.8	3.6	4.4	144
3	질산화	-	5.4	4.8	4.7	4.7	4.7	5.1	5.6	6.1	219
4	질산화+여과	-	5.6	5.3	5.1	5.2	5.3	5.5	6.0	6.4	363
5	토지 살포	6.9	7.2	6.7	6.4	6.3	6.3	6.4	6.6	6.9	346

[표 10.8]에서 보듯이 여과나 질산화 어느 것 하나만으로는 용존산소 5ppm을 만족할 수 없다. 그리고 두 공정 모두 적용하는 것은 용존산소는 만족할 수 있지만 비용이 가장 높다. 먼저 이렇게 검토한 후에 다음 [표 10.9]처럼 여러 선택 안을 비교해 볼 수 있다.

검토 결과를 보면 11번과 13번이 최적안임을 알 수 있다. 14번은 연간 비용은 가장 적지만 20km 지점에서 용존산소농도 5.0 mg/ℓ를 만족하지 못한다. 11번은 토양살포를 하지 않고 하수 전량(40,000 m^3/day)을 질산화 처리하고, 이

[표 10.9] 대안별 예상되는 강의 용존산소와 비용

안	유량($10^3 m^3$/day)					거리 x (km)에서 용존산소 (mg/liter)					연간 비용 ($\$10^3$/yr)
	Q_1	Q_2	Q_3	Q_4	Q_5	10	20	30	40	50	
6	5	0	35	35	0	4.9	4.7	5.1	5.6	6.4	331
7	2	0	38	38	0	5.1	5.0	5.3	5.8	6.3	350
8	0	10	30	30	0	4.7	4.5	4.9	5.4	5.9	327
9	0	5	35	35	0	5.0	4.8	5.2	5.7	6.2	346
10	0	0	40	30	0	5.2	5.1	5.4	5.9	6.3	334
11	0	0	40	25	0	5.1	5.0	5.4	5.8	6.3	319
12	5	0	0	0	35	5.9	5.5	5.6	6.0	6.4	320
13	8	0	0	0	32	5.5	5.0	5.2	5.6	6.1	304
14	9	0	0	0	31	5.4	4.9	5.1	5.5	6.0	298
15	0	10	0	0	30	5.6	5.1	5.3	5.7	6.1	342
16	0	12	0	0	28	5.4	4.9	5.1	5.5	6.0	338
17	0	0	10	0	30	6.1	5.8	6.0	6.3	6.7	387
18	0	0	20	0	20	5.6	5.4	5.6	6.1	6.5	374
19	0	0	30	0	10	5.2	5.0	5.3	5.8	6.3	338

Q_1: 2차 처리, Q_2:여과 처리 추가, Q_3: 질산화 추가, Q_4: 여과 및 질산화 추가, Q_5:토지 살포

중 25,000 (m^3/day)를 여과 공정을 거치게 하여 방류하는 경우다. 13번은 하수 32,000 (m^3/day)을 토양살포하고 나머지는 8,000(m^3/day)을 질산화나 여과 공정을 거치지 않고 그대로 방류하는 경우다.

주어진 사례를 통하여 수질관리에서 시스템 최적화를 적용하는 원리와 방법을 알아보았다. 여기서는 간단한 예를 여러 가정 하에서 검토하였지만 실제 수질관리 정책에서 접할 수 있는 경우는 매우 복잡하기 때문에 컴퓨터 프로그램 과정이 필요하다. 아울러 현장 조사를 통해 많은 실측값이 요구된다.

10.2 비용 계산

시스템 최적화 사례에서 봤듯이 수질정책의 최종 결정 인자는 비용이다. 이는 모든 환경정책에 동일하게 적용된다. 뿐만 아니라 대부분의 공공정책이 주어진 예산으로 실행 가능한 안을 선택해야하기 때문에 여러 대안의 비용을 계산하여 상호 비교 검토하는 과정을 거치게 된다. 특히 수질정책은 대부분 초기 투자가 많이 요구되고 매년 지속적으로 유지관리 비용이 필요하기 때문에 이자율이나 할부금, 그리고 잔존 가격(Salvage Value) 계산과 같은 기초적인 회계 지식이 필요하다.

(1) 돈의 현재와 미래 가치

돈의 현재 가치는 항상 미래 가치보다 크다. 현재 1억은 10년 뒤 1억 보다 훨씬 큰 가치를 갖는다. 여러 사업 안의 비용을 비교하기 위해서는 돈의 미래 가치를 현재 가치로 환산해야 상호 비교가 가능하다. 예를 들어, A안은 초기 투자는 적게 들어가지만 10년 뒤 재투자가 필요한 반면, B안은 초기 투자는 많이 들어가지만 10년 뒤 재투자가 필요 없다면, 그리고 20년 지난 뒤 남아 있는 잔존 가격이 각각 다를 때, A안과 B안의 비용을 비교하려면 돈의 미래 가치를 현재 가치로 환산해야 한다.

돈의 현재와 미래 가치를 환산해주는 지표가 이자율(Interest Rate)이다. 현재의 돈(P, 원금)이 이자율(i)에 해당하는 첫 번째 기간이 지나면 미래 가치(F)는,

$$P+iP=P(1+i) \tag{10.13}$$

또, 두 번째 기간이 지나면,

$$P(1+i)+iP(1+i)=P(1+2i+i^2)=P(1+i)^2 \tag{10.14}$$

만약 n 번째 기간이 지나면 미래의 돈(F)은 다음과 같이 계산된다.

$$F = P(1+i)^n \tag{10.15}$$

달리 표현하면,

$$P = F\left[\frac{1}{(1+i)^n}\right] \tag{10.16}$$

돈의 현재 가치(P)와 미래 가치(F)는 이자율(i), 그리고 시간(n)으로 환산된다. 이러한 관계식은 여러 가지 대안을 비교하는데 매우 유용하게 사용된다.

(2) 할부금 계산

매달 일정 금액을 적립하여 목돈을 만들기도 하고, 집이나 자동차를 구입할 때와 같이 초기 자금을 매달 일정 금액을 할부금으로 갚아 나갈 수도 있다. 이러한 적금과 할부금 계산은 수질관리 정책의 유지관리비용에 동일하게 적용될 수 있다. 예를 들어, 하수처리장을 건설하고 매달 인건비와 유지관리비용이 들어갈 경우, A안은 고급 자동화 기술을 도입하여 초기 투자는 많이 들어가지만 인건비와 유지관리비가 적게 들어가고, B안은 초기 투자는 적지만 인건비와 유지관리비가 많이 들어갈 때, A안과 B안을 비교하기 위해서는 매달 들어가는 비용을 초기 투자로 환산하여 비교해야 한다. 아니면 초기 투자를 매달 비용을 환산하여 비교할 수도 있다.

만약 매달 A만큼 적금을 넣어 미래의 돈(F)가 된다고 가정하면, 첫 달 말일에 저축한 돈 A가 이자율 i로 늘어난 돈은

$$A(1+i)^{n-1} \tag{10.17}$$

그리고 다음 달은

$$A(1+i)^{n-2} \tag{10.18}$$

마지막까지 n번째 저축한 돈까지 모두 합하면 다음과 같다.

$$F=A[1+(1+i)^1+(1+i)^2+.....+(1+i)^{n-2}+(1+i)^{n-1}] \tag{10.19}$$

이 식의 양변에 $(1+i)$을 곱하면

$$F(1+i)=A[(1+i)^1+(1+i)^2+.....+(1+i)^{n-1}+(1+i)^n] \tag{10.20}$$

그리고 아래 식에서 위 식을 빼면 다음과 같다.

$$F(1+i)-F=A(1+i)^n-A \tag{10.21}$$

따라서 적금 A와 미래 가치(F)는 다음의 관계를 갖는다.

$$A=F\left[\frac{i}{(1+i)^n-1}\right] \tag{10.22}$$

여기에 미래 가치(F)에 현재 가치(P)의 관계식 $F=P(1+i)^n$으로 대체하면 다음 식을 얻는다.

$$A=P\left[\frac{i(1+i)^n}{(1+i)^n-1}\right] \tag{10.23}$$

이는 현재 가치(P)와 할부금(A)의 관계식이다. 이러한 식을 이용하여 인건비나 유지관리 비용을 초기 투자로 환산하여 수질정책 비용을 비교할 수 있다.

(3) 대안 비교

수질정책의 최종 결정 인자에 해당하는 비용을 상호 비교하기 위해 돈의 현재와 미래 가치, 할부금, 잔존 가격 등을 환산하는 방법을 앞에서 설명했다. 이제 사례를 통해 이를 활용해 보도록 하자.

한 시골 마을에서 생활하수를 정화하기 위해 소규모 하수처리장을 건설하려고 한다. A안과 B안의 초기 투자, 유지관리비용, 내구 연수, 잔존 가격 등은 [표 10.11]에 제시된 바와 같다. 이자율은 연간 8%로 하며 두 안 모두 자동으로 운영되기 때문에 인건비는 지불할 필요가 없다. B안의 보유 장비는 납세 기준을 넘어 매년 일정액 보유세를 내야한다.

[표 10.11] 소규모 하수처리장 비교 사례

	A 안	B 안
초기 투자(천원)	50,000	120,000
수명(년)	20 year	40 year
잔존가격(천원)	10,000	20,000
유지관리비용(천원)	9,000/yr	6,000/yr
세금(천원)	0	1,250/yr

두 안을 비교하기 위하여 각 항목을 돈의 현재 가치로 환산하면 다음과 같다.

	A	B
1. 초기 투자	50,000	120,000
2. 20년 후 투자	10,725	0
$P = F\ (8\%,\ 20\ yrs) = 50{,}000\ (0.2145) = 10{,}725$		
3. 20년 후 잔존 가격	-2,145	
$P = F\ (8\%,\ 20\ yrs) = 10{,}000\ (0.2145) = 2{,}145$		
4. 40년 후 잔존 가격	-460	-920
$P = F\ (8\%,\ 40\ yrs) = 10{,}000\ (0.046) = 460$		
$P = F\ (8\%,\ 40\ yrs) = 20{,}000\ (0.046) = 920$		
5. 유지관리비용	107,325	71,550
$P = A\ (8\%,\ 40\ yrs) = 9{,}000\ (11.925) = 107{,}325$		
$P = A\ (8\%,\ 40\ yrs) = 6{,}000\ (11.925) = 71{,}550$		
6. 세금	0	14,906
$P = A\ (8\%,\ 40\ yrs) = 1{,}250\ (11.925) = 14{,}906$		
총합	165,445	205,536

A안은 수명이 20년에 불과하기 때문에 B안과 비교하기 위해서는 20년 뒤 재투자를 고려해야 한다. 20년 뒤 5천만원을 현재 가치로 환산하고, 다시 20년 뒤 잔존 가격을 현재가로 환산한다. 여기에 A안과 B안 모두 40년 뒤 잔존 가격을 현재가로 환산하고 매년 지불해야 하는 유지관리비용과 세금을 현재 가치로 환산하여 모두 합하면 비교할 수 있다. 이렇게 계산한 결과 A안이 B안에 비해 좋은 안이라는 것을 알 수 있다.

10.3 비용편익분석

수질관리정책은 시스템 최적화 사례에서 보았듯이 법으로 정해진 기준치를 만족하는데 들어가는 비용을 최소화하는 것이 첫 번째 목적이다. 보다 현명한 방법은 법적 기준치를 만족시키는 정도에 그치지 않고 적은 비용으로 더 좋은 수질을 달성하는 것이다. 다시 말하면 첫 번째 목적을 달성하고, 다음 단계로 고려해야하는 것이 투자 대비 효과를 극대화하는 것이다.

이는 미래에 나타날 수 있는 오염부하량 증가나 가뭄과 같은 자연현상의 악조건에 대비하여 여분의 안정도(Margin of Safety)를 확보할 수 있는 방법이기 때문이다. 뿐만 아니라 법적 기준치 보다 더 좋은 수질을 달성하였을 경우 얻을 수 있는 또 다른 효과도 생각해볼 수 있다. 예를 들어 수질개선사업을 통하여 지역 주민들에게 더욱 쾌적한 친수공간을 제공하고 하류 지역 주민들의 수처리 비용을 절감시키는 것이다.

따라서 수질관리정책은 시스템 최적화를 넘어 투자 대비 효과를 극대화하는 분석이 요구된다. 다시 말하면, 비용 대비 효과를 분석하는 비용편익분석(CBA: Cost Benefit Analysis)이 필요하다. 시스템 최적화와 함께 비용편익분석을 통하여 보다 과학적이고 합리적인 수질관리정책을 수립할 수 있다. 비용편익분석의 첫 번째 목적은 투자 대비 얻을 수 있는 환경적 이익을 돈으로 환산하여 B/C 값으로 정책의 경제적 가치를 평가하는 것이고, 두 번째는 가장 적절한 투자 정도(최적 투자)를 결정하는 것이다.

(1) 편익 계산

투자되는 비용은 앞에서 설명한 방법으로 대안에 따라 돈으로 쉽게 환산할 수 있다. 하지만 환경 편익은 돈으로 환산하기에는 다소 어려운 경우가 발생하기도 한다. 예를 들어 수질개선 사업으로 하류에 수처리 비용이 줄어드는 것과 같은 경우는 편익을 돈으로 환산하기에 용이하지만 생태계 건강성 증가와 같은 경우는 그렇지 못하다. 또한 하류에서 위락이나 낚시 활동 증가, 주민들이 느끼는 쾌적함 등은 매우 어려울 수밖에 없다.

이러한 경우 관련자들을 대상으로 수질개선에 대해 얼마를 지불할 것인가를 묻은 설문조사를 활용하는 지불의사법(Willing to Pay)이 활용되기도 하나 매우 주관적이어서 논란이 많다. 이처럼 환경편익은 돈으로 환산하기 어렵기 때문에 보통 비용편익분석을 비용효과분석(CEA: Cost Effectiveness Analysis)으로 대체해야 할 경우가 발생한다. 예를 들어, 하수처리장을 건설할 때 투자 대비 강에 나타나는 수질개선 정도를 비교하는 것이다. 투자하는 비용은 돈으로 환산하고 나타나는 효과는 수질 지표로 나타나게 된다.

(2) 최적 투자

최적 투자(Optimum Investment)는 비용함수와 효용함수에 의해 결정된다. 비용함수(Cost Function)를 C(x), 효용함수(Benefit Function)를 B(x)라 두면 순효용(Net Benefit)은 다음과 같은 목적함수(Objective Function) U(x)로 표현된다.

$$U(x) = B(x) - C(x) \tag{10.24}$$

최적 투자는 아래 [그림 10.3]과 같이 수질개선에 들어가는 한계비용(Marginal Cost)과 한계효용(Marginal Benefit)이 만나는 곳에서 이루어지게 된다.

$$Marginal\ Cost = \frac{dC}{dx} : \frac{Cost}{Unit\ of\ Investment}$$

$$Marginal\ Benefit = \frac{dB}{dx} : \frac{Benefit}{Unit\ of\ Investment}$$

다시 말하면 투자를 늘려도 더 이상 순효용이 증가하지 않을 경우에 최적 투자가 일어나게 된다. 따라서 U(x)를 비용에 대해 미분하면 0이 된다.

$$\frac{dU}{dx} = 0 \qquad \frac{dB}{dx} = \frac{dC}{dx} \tag{10.25}$$

[그림 10.3]에서 (a)는 수질개선에 투자되는 비용에 따른 오염물질이 제거되고 그로 인해 용존산소는 증가하는 비용함수를 보여주며 (b)는 (a)의 한계비용 그래프다. (c)는 수질(여기서는 용존산소)이 개선되면서 나타나는 효용(생태계개선 등)을 보며주며 (d)는 (c)의 한계효용 그래프다. (e)는 (b)와 (d)를 합한 것으로 한계비용과 한계효용이 만나는 곳에서 최적 투자가 일어나는 것을 의미한다.

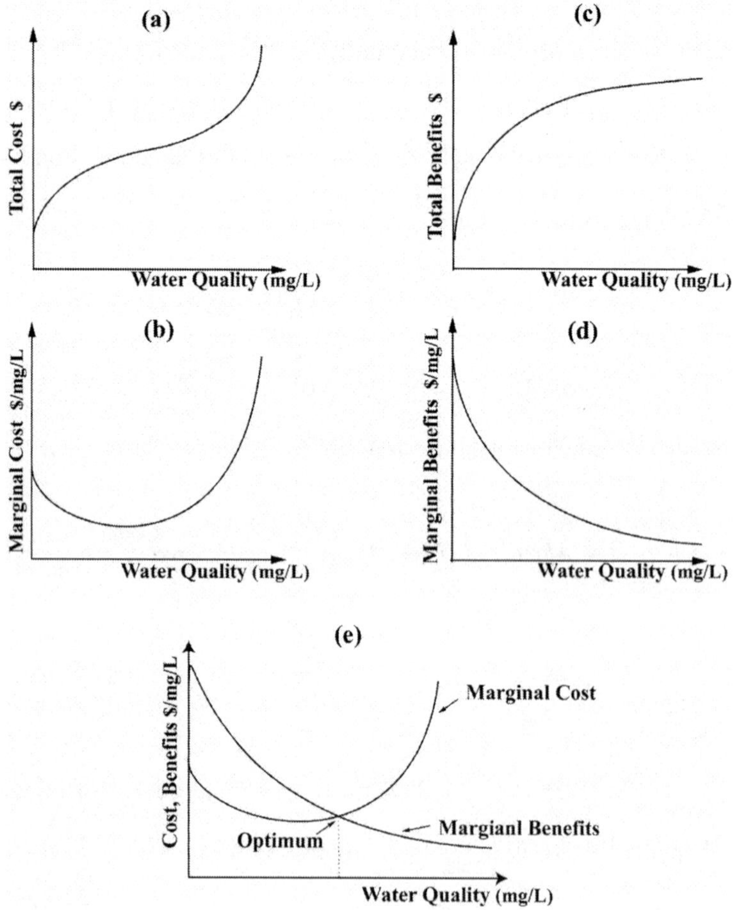

[그림 10.3] (a) 비용곡선, (b) 한계비용곡선, (c) 효용곡선, (d) 한계효용곡선, (e) 최적 투자 결정

(3) 비용효과분석

편익을 돈으로 환산하기 어려운 경우에 적용하는 비용효과분석(CEA: Cost-Effectiveness Analysis)은 환경을 비롯하여 보건, 교육 등 다양한 분야에 활용되고 있다. 비용편익분석은 돈의 단위로 된 편익을 비용으로 나눈 값(B/C)으로 정책결정이 이루어진다. B/C 값이 1.0을 넘을 경우 편익이 비용보다 크기 때문에 투자 가치가 있다는 것이다. 하지만 비용효과분석에서는 효과를 돈의 단위로 환산할 수 없기 때문에 E/C 값의 의미는 B/C 값과 다르다.

비용편익분석에서는 B/C 값 하나로 정책 결정이 이루어질 수 있다. 하지만 비용효과분석에서는 하나의 E/C 값으로는 판단이 쉽지 않다. 몇 개의 대안에 대한 E/C 값을 구한 후 비교해서 최적 안을 찾을 수 있다. 그래서 비용효과분석에서는 다음과 같은 방법을 시도할 수 있다.

첫째, 효과(Effectiveness)를 하나로 고정하고 최저 비용(Least Cost)이 가능한 대안을 찾는 방법이다. 다시 말하면, 달성하려는 목표치를 설정해 두고 여러 가지 대안의 비용을 비교하여 최적 안을 찾는 것이다. 둘째, 비용(Cost)을 고정하고 최대 효과(Most Effectiveness)를 얻는 안을 찾는 것이다. 즉, 주어진 예산으로 여러 가지 대안의 효과를 비교하여 최적 안을 선택하는 것이다. 최적 투자를 위해서는 비용 대비 증분 효과(Incremental Effectiveness)를 분석하는 방법을 사용할 수 있다. 이는 단위 비용(Unit Cost)당 늘어나는 효과(Marginal Effectiveness)를 비교하여 [그림 10.3]과 같은 원리로 최적 투자를 결정하는 방법이다.

[표 10.12]는 비용편익분석과 비용효과분석을 비교한 것이다. 비용효과분석은 일반적으로 편익을 돈으로 환산하지 못하는 비용편익분석 중 한 종류로 분류한다. 보다 구체적인 내용은 관련 도서를 참고하기 바란다.

[표 10.12] 비용편익분석과 비용효과분석

	차이점	방법	적용 대상
비용편익분석 (CBA)	비용(Cost)과 효과(Benefit)를 돈의 단위로 비교 가능	단일 안에 대한 1을 기준으로 한 B/C 값 비교	비용과 효과를 돈으로 환산할 수 있는 모든 경우
비용효과분석 (CEA)	비용(Cost)과 효과(Benefit)를 돈의 단위로 비교 불가능.	두 개 이상의 안에 대한 E/C 값 상호 비교	환경, 보건, 교육 등 효과를 돈으로 환산할 수 없는 경우

편익을 돈으로 환산할 수 없는 수질정책 결정에는 다음 방법을 적용하는 것이 바람직하다. 먼저 시스템 최적화 모델을 통해 수질기준치를 만족하는 최저 비용 안을 결정하고, 허용하는 예산 범위 내에서 비용효과분석으로 최적 안을 찾아내는 것이다. 물, 대기, 토양 등 모든 자연 매체를 대상으로 하는 환경정책의 절대 준수사항은 법적기준(Standards)을 만족하는 것이다. 그리고 여분의 안정도(Margin of Safety)나 변화무쌍한 자연과 예상할 수 없는 미래 변수를 고려하여 시행 가능한 최적 안을 결정해야 한다. 이를 위해 시스템 최적화 모델과 비용효과분석은 좋은 도구로 평가 받고 있다.

›››내용정리

1. 수질관리정책에 시스템 최적화가 필요한 이유를 설명해보자.

2. 수질관리 시스템 최적화 모델에서 목적함수와 제한조건을 설명해보자.

3. 앞에서 공부한 강, 호수, 하구 등과 같은 수질관리가 요구되는 수체를 포함하는 시스템 최적화 사례를 구상해보자.

4. 구상한 시스템 최적화 사례에서 구성요소, 목적함수, 그리고 제한조건을 나열해보자.

5. 시스템 최적화를 통해 최적의 수질관리 도출하는 과정에서 수질모델이 필요한 이유를 설명해보자.

6. 비용 계산에서 돈의 현재 및 미래 가치 전환이 필요한 이유를 설명해보자.

7. 돈의 현재 가치와 미래 가치의 관계식과 할부금 계산식을 유도해보자.

8. 수질관리정책에 비용편익분석(CBA)이 필요한 이유를 설명해보자.

9. 수질관리정책에 비용효과분석(CEA)이 필요한 이유와 비용편익분석(CBA)과 차이를 설명해보자.

10. 수질관리 비용곡선과 효용곡선을 이용하여 최적 투자를 결정하는 과정을 설명해보자.

부록

A. 인류역사와 수질관리

수질관리는 인류의 오랜 역사와 함께해왔다. 좋은 물을 찾고 깨끗하게 관리하려는 노력은 인류사에 남겨진 여러 사료에서 찾아 볼 수 있다. 고대에서부터 오늘 날에 이르기까지 수질관리를 위한 인류의 노력을 사료를 통해 고찰해보자.

1. 성서시대와 고대

고대에도 깨끗하고 안전한 물의 필요성에 관한 인식이 보편화되어 있었다. 성경에도 물의 청결에 대한 여러 언급이 있다. 창세기 29장 8절에는 야곱이 양을 치는 라헬을 만나는데, 양떼들에게 물을 먹이기 위해 우물 입구의 돌을 옮겨야 했다는 내용이 나온다. 아마 돌은 우물을 덮어 물을 시원하고 깨끗하게 유지하기 위해 사용되었을 것으로 추측된다. 열왕기하 2절 19~22절에는 처음으로 물 정화에 대한 사례가 언급되어있다. 예리고 사람들이 예언자 엘리사에게 가서 물이 마시거나 농사짓는데 사용하기에 부적당하다고 불평했다. 엘리사는 그들에게 소금 한 그릇을 담아오라고 했고 그는 그 소금을 샘에 쏟아 부었다. 그러자 그 물은 좋아졌고 사용할 수 있게 되었다. 성경에서 소금의 의미가 명확하지는 않지만, 물을 '치료한다'는 것은 소독이나 처리의 의미를 담고 있다. 후에 예언자 에제키엘(47장 9절) 또한 오염된 물을 '치료하는' 것과 이것이 건강에 미치는 영향에 대해 언급하고 있다. 구약성서 레위기와 신명기에 공중위생에 관한 내용이 기록되어 있다. 이중에는 사람들의 배설물 처리 장소는 주거지에서 멀리 떨어져야 한다는 내용도 기술되어 있다(신명기 23장 12~13절).

그 후, 탈무드 시대와 초기 신약시대(기원전 200년에서 서기 400년까지)에 수질보호를 위해 공중위생 시설이 건축되었다. 바빌론의 탈무드를 보면, 한 겨울에 팔레스타인의 재판관은 관리들을 보내 우물을 파고 손상된 저수지와 수로를 수리하게 했다. 만약 그 지역에 사용할 물이 없다면 수로를 건설했다. 수조와 우물은 깨끗하게 유지되어야만 했고, 거기에 쓰레기 버리는 것도 금지했다. 묘지나 화로, 가죽 벗기는 곳, 도살장 등은 우물로부터 25m 내에는 허용하지 않았다. 신약성서에 오염된 물은 질병을 유발한다는 것이 기록되어 있다. '물의 삼분의 일이 쑥이 되매 그 물을 사용하여 많은 사람이 죽더라'(요한계시록 8장 11절). 깨끗하고, 흐르는 물에서의 세례는 정화의 의미였다. 당시 주민들에게 식수와 관개용수에 대한 특별세가 부과되었다.

그리스 시대에 와서 오늘날 의사의 아버지라 불리는 히포크라테스는 인류역사 최초의 환경서(공기와 물과 장소에 관하여: On Airs, Waters and Places)를 남겼다[그림 A.1]. 그는 여기서 샘물이나 빗물이 고여 있는 물보다 낫다고 기술하고 있다. 또 '낯선 도시에 갔을 때, 가장 주의 깊게 살펴볼 것은 그곳 주민들이 사용하는 물이다.'라고도 했다. 그리스 문화가 공중 보건에 가장 크게 기여한 것은 그들이 사람들의 위생, 특히 규칙적인 목욕을 중요하게 생각했다는 것이다.

공중보건과 수질을 가장 중요하게 생각했던 시기는 로마시대였다. 열심히 취수원을 찾아다니는 활동은 흔히 있었던 일이다. 1세기경 로마는 지하수가 오염되지 않은 주변의 높은 지대로부터 9개의 수로로 물이 공급되었다[그림 A.1]. 수로는 여과를 위한 모래와 자갈뿐만 아니라 부유물 침전지도 일정 간격으로 만들어져 있었다. 로마시대에는 시멘트로 된 큰 저수지가 있었고 이곳으로부터 부유층 가정이나 서민용 일반 분수대로 물을 공급하였다. 3세기말에는 1,300여 개의 분수대가 있었다. 또한, 로마에는 공중위생을 위해 대규모 우수 및 하수 관로가 있었고 늪의 수위를 조절하는 시스템도 갖추고 있었다.

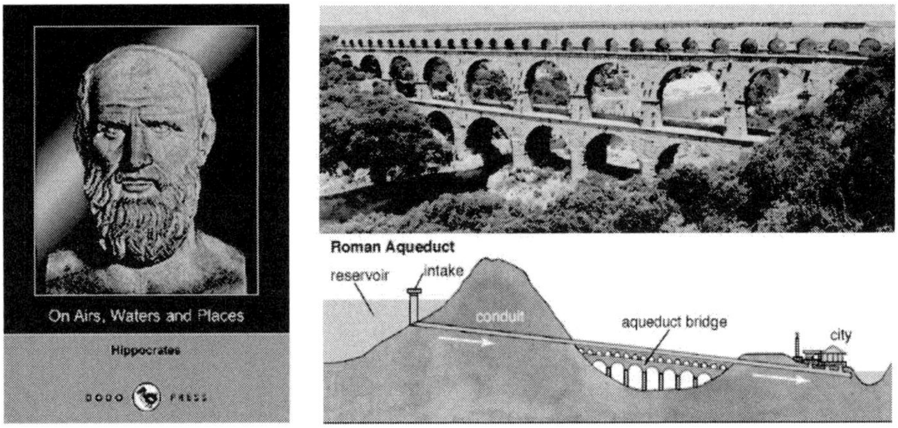

[그림 A.1] 히포크라테스의 환경서와 로마시대의 수로

로마인들은 전쟁터에서도 취수원을 보호하기 위해 노력했다. 서기 375년 로마인 베제티우스에 의해 기록된 문서를 보면 '군인들은 고여 있거나, 썩은 물을 마셔서는 안 되고, 썩은 물을 마시는 것은 독과 같아 마신 사람들 사이에 전염병이 발생한다.'라고 되어있다. 이 문서에는 '여름이나 가을에 군대가 한곳에 장기간 머무르게 되면, 물이 썩고 식수가 더러워져 질병이 발생하게 되는데, 장소를 옮기지 않고서는 이것을 해결하기 어렵다'라고 기록되어있다. 이러한 사실을 알았기에 로마인들은 자신들이 취수원으로 사용하는 늪의 물을 흐르게 하여 전염병을 피할 수 있었다. 늪의 물을 배수하는 것은 오늘날까지 전염병 예방을 위해 사용되는 방법이다.

로마 군사들은 외국을 정복한 후에 물을 공급하기 위한 수로를 건설했다. 일례로 하드리안은 카르타고에서 매일 수백만 갤런의 물을 공급할 수 있는 수로를 80마일이나 건설했다. 아우구스투스 시대에 로마는 프랑스 니메스에 거대한 수로를 건설했고, 그렇게 함으로써 당시 로마인들의 청결하고 위생적인 문화를 세계에 전파하게 되었다.

2. 중세시대에서 18세기까지

로마제국이 몰락하면서 유럽 공중위생의 기본 골격은 회복 불가능 상태가 되었다. 도시의 거리는 쓰레기와 배설물들로 더럽혀져 있었다. 하수설비는 거의 없었고 주택들도 누추했다. 오물은 일상생활의 일부분이 되었다. 개인이나 공중위생은 모두 무시되었고, 질병은 만연했다.

당시 기독교는 질병을 죄에 대한 벌로 그리고 다가올 세상에서 영적인 구원을 위한 수단으로 해석하여, 건강이 나빠지는 것을 구원의 수단으로 보았다. 그래서 목욕도 하지 않고 옷도 세탁하지 않았다. 수도승이나 성직자들은 목욕을 일 년에 한두 번 밖에 하지 않았다. 질병을 예방하고 치료한다는 것은 장려하지도, 환대 받지도 못했다.

중세시대에 수많은 전염병과 흑사병이 창궐하게 된 것은 당연한 결과이다. 실제로 십자군 원정 때 대다수의 십자군들이 성지로 향하는 도중에 병으로 죽었고, 14세기에는 흑사병으로 유럽에서 수많은 사람들이 죽었다. 음식이나 물을 통해 전염되는 장티푸스나 콜레라 같은 설사 병들도 자주 발병하여 수많은 사람들이 죽었다. 많은 질병이 전염성이고 격리시키는 것이 병을 방지할 수 있다는 사실이 점점 알려지게 되었지만, 병의 원인에 관해서는 별다른 지식이 없었다.

중세시대에 이어 르네상스 시대가 도래했고 이 시대는 대략 1300년대부터 1600년대까지 지속되었다. 르네상스 시대는 인간의 존엄성과 개인의 자유가 강조됨으로 인해 과거부터 믿어왔던 사실에 대해 의심할 수 있는 기회를 가질 수 있었다. 이때 많은 고대 문화가 재발견되었으나 대다수의 사람들에게는 삶의 질을 개선시키지 못했다. 넘치는 인구와 전염병, 지저분한 위생과 수질오염은 여전히 계속되었다.

17세기에 와서 과학이 크게 발전하였다. 뉴턴, 갈릴레오, 케플러 같은 과학자들이 이 시대를 빛내고 있었으며, 레벤후크는 현미경을 발명하여 박테리아

[그림 A.2] 중세 시대의 위생 상태와 당시의 질병 개념

와 기생충과 같은 미생물의 세계를 묘사했다. 그러나 이러한 지식들이 공중 보건을 개선시키는 실질적인 수단으로는 활용되지 못했다. 빗물이 고여있는 물보다 더 깨끗하다는 레벤후크의 발견도 일반인들에게는 별 의미가 없었다. 당시만 해도 미생물이 질병을 일으킨다는 생각은 아무도 하지 못했다.

이 시대에는 가연성 물질이 연소될 때 배출되는 것으로 추정한 플로지스톤(Phlogiston)이라는 물질이 여전히 모든 질병의 원인이 되는 것으로 여겨졌다. 전염병은 여전히 만연하고, 위생상태는 원시적인 수준이었으며, 물은 오염된 채 공급되었다. 그래서 당시 사람들은 더러운 물보다 맥주와 포도주를 선호했다.

18세기 전반기에는 과거에 믿어왔던 것을 의심하고 실험하는 경험주의와 합리주의를 강조하는 계몽주의가 확산되었다. 후반기에는 산업화가 시작되어, 공장들이 생겨나고 도시화가 진행되었다. 인구가 밀집되고 위생 상태가 나쁠 때 발생하는 일반적인 질병에 더하여 새로운 병이 나타나기 시작했다.

이 새로운 병은 공장에서 내뿜는 연기로 인한 호흡기 질환과 납과 수은 중독이다. 유독성 폐기물이 공장 옆 개천에 버려졌고, 생활하수와 쓰레기도 강과 바다를 오염시켰다. 이 시기에 이루어진 에드워드 제너에 의한 백신과 같은 의학적 발전이 전염병을 방지하는데 중요한 역할을 했지만, 공중보건과 위생에 대한 포괄적인 접근은 이루어지지 못했다. 수질이나 공중위생에 대한 개념은 19세기에 와서야 비로소 만들어졌고 중요하게 되었다.

3. 19세기

19세기에 와서 공중보건과 위생 개념은 크게 두 가지 이유에서 진전이 이루어졌다. 첫 번째는 19세기 전반기에 나타난 것으로 정부는 시민들의 복지를 위한 도덕적, 윤리적인 책임감을 가진다는 현실주의 사상에 기인한다. 이 현실주의는 18세기에 미국과 영국 그리고 프랑스에서 일어났던 민주주의와 계몽주의의 결과로 나타났다. 영국 철학자 제레미 벤담은 사회와 보건 문제를 위해 정부조직 개편을 주장하였고, 프랑스 철학자 옥타브 미라보는 시민들의 건강은 국가의 책임이라는 주장까지 했다. 새로운 이념의 영향으로 위생에 관한 많은 법률적 심의와 행정적 조치가 이루어졌다.

이 과정에서 가난한 사람들에게 좋은 물을 공급해야 한다는 점이 강조되었는데, 당시 전염병은 가난과 밀접한 관련이 있다는 사실이 알려지고 있었기 때문이다. 이때 런던에서는 템즈 강으로부터 취수한 물에서 부유물질을 제거하기 위해 침전지와 여과장치가 개발되어 사용되기 시작하였다.

19세기에 공중보건과 위생에 대한 새로운 개념이 생겨난 또 다른 이유는 유기화학과 미생물학의 발전이었다. 이는 공중보건과 위생에 대한 연구에 체계적이고 정량적이며 검증이 가능하도록 하는 과학적인 방법을 제공하였다. 루이 파스퇴르와 로버트 콕 같은 과학자들은 물속의 유기물이 박테리아라고 불리는 미생물이고, 이것은 인간이나 동물의 배설물에서 나왔으며 낮은 농도에서도 병을 일으킬 수 있다는 사실을 규명하였다. 또한 물은 많은 미생물의 일시적인 서식지가 되고 사람들 사이에 병을 옮기는 매개체가 되며, 물에서 미생물을 제거하는 것이 전염병을 예방하고 확산을 방지하는 방법이라는 것을 제시했다. 이러한 노력은 공중보건의 발전을 위한 주요한 도약이 되었다.

이러한 지식을 바탕으로, 각 도시들은 위생 방법을 강구하게 되었다. 중요한 이정표가 된 것은 1854년에 발생한 런던 콜레라 사건이었다. 당시 산부인과 의사였던 존 스노우(John Snow)는 콜레라 사망자를 지도 위에 표시하여 런던 브로드 스트리트에 있는 우물이 콜레라의 원인이었음을 증명한 것이다. 그의 주장이 받아들여져, 런던 브로드 스트리트에 있는 우물의 펌프 손잡이를 없애버리자 전염병의 근원이 제거되어 멈추게 되었다.

그 후 곧 런던에서 상수공급위원회가 구성되었고 일정한 정수 기준이 만들어졌다. 물을 취수하는 강 주변의 더러운 웅덩이나 변소를 제거하였고 인간과 동물의 배설물이나 도축장에서 나온 동물사체를 강에 버리는 일을 금지시켰다.

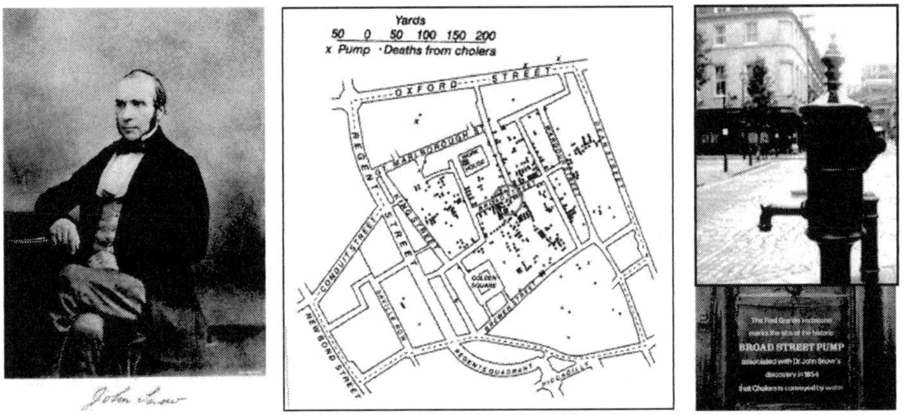

[그림 A.3] 존 스노우와 사용했던 지도(현재 펌프가 모조품으로 그곳에 남겨져 있다)

4. 20세기 전반

19세기 미국에서도 유럽처럼 수질오염으로 인한 수많은 전염병이 만연하였다. 1883년에 뉴올리언즈에서는 대규모 콜레라가 발생하였고, 시카고나 필라델피아에서는 장티푸스가 계속되었다. 20세기가 시작될 무렵, 설사병이 미국에서 세 번째로 많은 사망 원인이었다. 이런 병들이 물을 통해 전염된다는 사실은 정수기술을 발전시키는 원동력이 되었다. 1887년에 미국에서는 처음으로 매사츄세츠주 로렌스 메리맥강에서 취수한 물을 모래로 여과하는 장치가 설치되었다. 사용 즉시 장티푸스 발병률이 급속히 감소했다. 그러자 미국 전역의 많은 도시들이 여과 장치를 도입했다. 1907년에는 미국 33개 도시가 기계식 여과 장치를, 나머지 13개 도시는 모래여과 장치를 사용했다. 또한, 1899년에 의회에서는 하천과 항구에 쓰레기를 버리는 것을 금지하는 '강과 항만에 관한 법률(Rivers and Harbors Act)'을 제정했다.

여과장치가 도입된 후 몇 년 뒤에 염소 소독법이 사용되기 시작하였다. 염소 소독은 내과의사 존 닐(John Neal)에 의해 1908년 뉴저지 주 저지시티에서 처음 시도되었다. 당시 저지시티의 상수원은 강으로 유입되는 생활하수로 자주 오염되었기 때문에 새로운 여과장치를 설치하는 대신에 염소 소독을 시작했다. 그 결과 박테리아 숫자가 현저히 감소하였고 염소소독이 정수에 매우 효과적이라는 것이 입증되었다.

1948년 연방오염규제법(Federal Pollution Control Act)이 시행되었으며, 이 법은 그 후 개정을 거쳐 오늘날 '청정수질법(Clean Water Act)'으로 되었다. 이 법을 통하여 정부는 공공수역에 오염물질을 방류하는 것, 특히 공장폐수나 생활하수를 강력히 규제할 수 있게 되었다. 이 법은 방류되는 오염물질을 최소화하도록 폐수처리를 의무화하였다. 정부가 미생물 수질기준치를 제정하고 폐수처리와 정수과정에서 염소소독이 이루어짐에 따라 수인성 전염병의 원인이 크게 줄어들었다. 장티푸스나 콜레라, 그 외 수인성 전염병의 발생이 급격히 감소하여 드물게 나타나는 현상으로 변했다.

[그림 A.3] 존 닐과 최초의 염소 소독이 이루어진 저지시티 정수장

이러한 과정을 거치면서 20세기 중반에 이르자 사람들은 그 어느 때보다 좋은 수질의 물을 마실 수 있게 되었다.

5. 20세기 후반

20세기 후반에는 먹는 물에 관련하여 두 가지 새로운 진전을 보게 되었다. 첫째는 먹는 물이 건강 증진을 위한 수단으로 사용된 것이다. 이것은 충치예방을 위하여 먹는 물에 불소를 주입하는 것과 같은 것으로 먹는 물을 예방 수단으로 사용한 것이다.

또 다른 진전은 식수원이 화학물질에 의해 오염되고, 그로 인해 인체에 해를 끼칠 수 있다는 것을 인식한 것이었다. 제2차 세계대전 이후 합성화학물질 사용이 급격히 증가했다. 상수원에서 화학물질의 오염정도가 심해지자 이를 처리하는 것이 주요 과제가 되었다. 유해 화학물질의 위협은 처음 물고기와 포유동물에서 나타나게 되었다. 강과 호수에서 흉측한 종양을 가진 죽은 물고기가 발견된 것은 시민들의 관심을 유발하였고 법률제정에 큰 영향을 미쳤다. 해변에 죽어있는 해양 포유동물 또한 시민들의 많은 관심을 불러일으켰다. 독성물질의 악영향에 대한 과학적인 규명, 암에 대한 공포, 화학물질 측정기술의 향상 등으로 1940년대에 제정된 법은 더 이상 먹는 물을 관리하는데 적합하지 않다는 것이 명백해졌다.

이러한 시대적 변화에 부응하여 1974년에 먹는 물 관리법(SDWA : Safe Drinking Water Act)이 제정되었다. 이 법은 당시 상수원과 먹는 물을 관리하는데 역사상 가장 포괄적인 법이었다. 이 법을 제정함으로써 미연방환경보호청이 지표 및 지하 수원을 관리하고 환경기준과 제도를 개선하며 주정부에 대하여 수계관리를 위한 재정적 지원을 하는 등 연방정부의 역할을 새롭게 정립했다. 이러한 사항들의 이행 여부를 감시하는 것도 이 프로그램의 일부였다. 유해물질에 대한 국가 기준치를 제정하고 모든 기술을 적극 활용하여 수질을 관리할 수 있도록 했다.

6. 맺음말

인류는 오래 전부터 물과 질병 간에 어떤 관련이 있다는 사실을 잘 알고 있었다. 그래서 좋은 물을 찾고 깨끗하게 관리하려는 노력은 계속되어 왔다. 그러나 물과 건강과의 관계를 과학적으로 규명하고 관리한 것은 겨우 1백여 년에 지나지 않는다. 지난 수천년 동안 먹는 물에서 인류가 해결해야 할 가장 중요한 문제는 세균으로 인한 전염병을 예방하는 것이었다. 20세기 후반에 와서 먹는 물은 중금속이나 합성 유기물과 같은 유해물질이라는 새로운 도전을 받게 되었고, 이것은 각종 암의 원인이 되었다. 근래에 와서는 먹는 물에서 환경호르몬이 검출되는가 하면 심장병과 불임 그리고 치매에 이르기까지 그 원인이 먹는 물에 있다는 의학적 사실이 규명되고 있다. 이러한 문제들은 전염병이나 암보다도 영향이 더 복잡하고 파악하는데 오랜 시간이 걸린다. 그래서 선진국에서는 먹는 물을 관리하는 새로운 기술과 제도를 서두르고 있다. 이제 깨끗하고 안전한 물을 국민들에게 공급하는 것이 국가가 해야 할 중요한 과제가 되었음을 누구도 부인할 수 없는 시대가 되었다.

B. 수질모델의 역사와 전망

1925년에 발간된 Streeter와 Phelps의 연구보고서는 새로운 학문 분야를 개척하는 시발점이 되었다. 하지만, 당시의 시대적 여건으로는 기술 발전과 활용 범위는 매우 저조했다. 그 후 50년대와 60년대를 거치면서 기존의 Streeter and Phelps 모델에 몇 가지 개선이 이루어졌다. BOD 변화기작에 강 바닥으로부터의 침강과 재부유가 첨가되고, 수중식물의 광합성에 의한 용존산소 증가와 확산을 고려한 새로운 모델이 개발되기도 했다.

1. 발달 과정

1963년에는 오늘날 널리 활용되고 있는 WASP 모델의 기초 이론이 되는 유한구획(Finite Segment)법이 Thomann에 의해 미국 델라웨어 강의 하구를 대상으로 처음 개발되었으며, 1968년에는 오늘날 호수 모델의 시작으로 알려진 Vollenweider 모델이 제안되었다.

미국에서 환경기술의 황금기라 불리는 70년대에 와서 수질모델 분야에서도 중요한 발전이 이루어졌다. 컴퓨터 프로그램을 이용하여 여러 수체에 반복하여 적용할 수 있는 범용모델이 만들어졌으며, 과거 BOD와 DO라는 단편적 수질 범위를 벗어나 수체 내에 일어나는 다양한 생물화학적 반응이 고려된 다인자 생태계 모델이 개발되기 시작했다.

1970년 세계 최초의 컴퓨터 프로그램으로 된 범용 모델인 DOSAGI과 QUALI이 개발되었다. DOSAGI은 TWDB(Texas Water Development Board)에서 개발한 것으로 다양한 유량 및 온도 조건 하에서 용존산소 농도 변화를 쉽게 계산할 수 있도록 기존의 Streeter and Phelps의 수식모델에 질산화

과정에 의한 산소소모량(NOD : Nitrogeneous Oxygen Demand)을 첨가하여 프로그램한 것이다. 이와 동시에 TWDB의 지원으로 F.D. Masch and Associate가 QUALI 모델을 개발하였으며, BOD, DO, 보존성 물질, 온도 등의 변화를 계산할 수 있게 하였다. QUALI 모델은 1차원 수치 모델(Numerical Model)로써 점오염원과 비점오염원에 의한 영향을 모두 포함할 수 있게 되었다.

1973년 Water Resources Engineers, Inc.(지금의 CDM이라는 회사)는 미 연방환경청(USEPA)의 지원으로 이러한 수질현상을 모두 고려한 다인자 하천 생태계 모델 QUALII를 개발하였다. 수질오염 현상이 다양화됨에 따라 그때까지 주요하게 다루어졌던 용존산소 외에 암모니아 독성, 병원성 미생물, 부영양화, 그리고 수중 생물의 역할 등이 모델에 포함되었다. QUALII 모델은 그후 오랜 기간 널리 사용되었으며, 1983년에는 우리나라에도 도입되었다. 한강 수질관리 대책 수립에 미국 Engineering Science사가 처음으로 이 모델을 적용하였다.

1980년대에 들어서면서 미국에서는 점오염원에 대한 총량규제의 필요성이 점차 증가되기 시작하였고, 이를 효과적으로 수행하기 위해서는 활용이 용이한 하천 수질모델이 필요했다. USEPA는 기존의 QUALII 모델을 PC에 활용될 수 있도록 하고 수질 반응 기작에서 몇 가지 단점을 보완하여 QUAL2E를 1985년에 개발하였다. 그후 QUAL2E는 지금까지 전세계적으로 가장 널리 사용되고 있는 수질모델이 되었다. 지난 2002년에는 QUAL2E 모델의 단점이 보완된 QUAL2K라는 모델이 국제학술지에 보고되었다.

한편 USEPA는 Thomann의 유한구획법을 기초로 하여 하구와 항만에서 일어나는 수질변화에 적합하도록 WASP이라는 모델을 1981년에, 유역 모델과 하천 모델을 통합한 HSPF라는 모델을 1980년에 개발하였다. 미국 댐 건설에 중요한 역할을 해오고 있던 미공병단(US Army Corps of Engineers)은 1970년대부터 인공호의 수질 변화를 예측하는데 적합한 모델을 개발해 오고 있다. 1977년의 LARM 모델을 시작으로 1982년에 GLVHT, 그리고 1987년에는 CE-QUAL-W2 등 호수에서 발생하는 온도 성층화 및 전도 현상, 그리고 계절별 조화현상 등을 적절히 표현할 수 있는 모델을 개발했다.

1990년에 들어서면서 미국에서는 비점오염원 규제가 주요한 이슈로 등장하게 되었다. 기존의 점원에 대한 총량규제(Waste Load Allocation)에 비점원 부하량(Load Allocation)을 합하여 대상 수계에 대한 오염총량관리(TMDL : Total Maximum Daily Loads)를 1992년에 시도하게 되었다. 1996년에는 이를 효과적으로 수행하기 위하여 수질모델과 유역모델을 결합한 BASINS라는 유역통합관리 시스템을 개발하였다. BASINS는 수질모델과 유역모델에 지리정보시스템, 데이터베이스, 컴퓨터 그래픽과 인터페이스 등이 첨가되어 수계의 오염원과 수질을 관리하는 새로운 기술로 인정받게 되었다. [그림 B.1]은 지금까지 수질 모델의 발전 과정에서 나타난 주요 사항을 요약한 것이다.

2. 활용 현황

현재 전 세계적으로 널리 활용되는 모델은 QUAL2E(하천), WASP5(하구), HSPF(유역), CE-QUAL-W2(호수) 등이다. 이 모델들은 모두 PC에 활용가능하고 FORTRAN으로 프로그램되었다는 공통점이 있으나 대상 수체와 활용 범위는 크게 다르다. 또한 모델을 구성하고 있는 수질반응 기작과 시·공간적 차원이 모델에 따라 큰 차이가 있다.

이들 모델이 갖는 특징을 약술하면 다음과 같다.

QUAL2E는 1차원 운반확산식에 기초한 수치모델로 점오염원과 비점오염원 유입에 따른 하류방향의 수질변화를 예측할 수 있다. 정상상태를 가정하나 일변화에 따른 수질(온도, DO)의 변화를 시변화 상태로 모델할

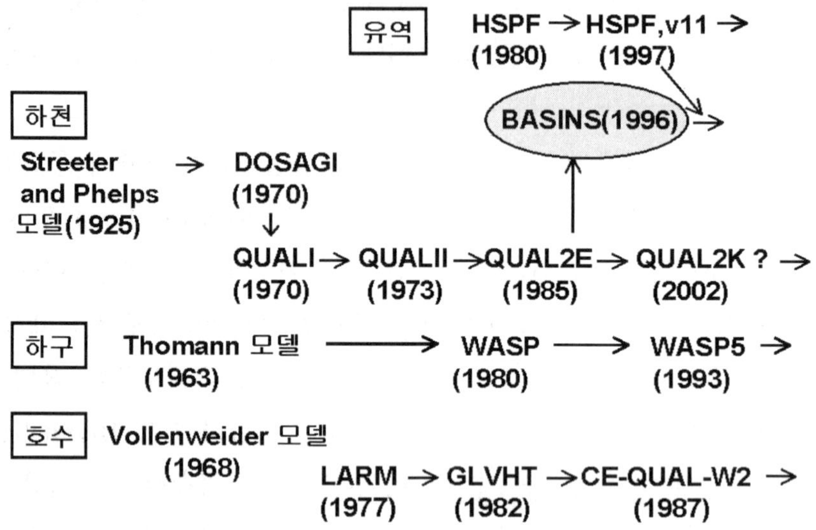

[그림 B.1] 수질 모델의 역사적 발전 과정

수 있다. 예측 가능한 수질항목은 용존산소, 생물학적 산소요구량, 엽록소-a, 유기질소, 암모니아성 질소, 아질산성 질소, 질산성 질소, 유기인, 용존인, 박테리아, 비보존성 물질, 보존성 물질 등 총 15개 항목으로 이용하는 목적에 따라 선택적으로 사용이 가능하다. 또한, 여러 개의 지천을 동시에 시뮬레이션 할 수 있는 장점이 있다.

WASP은 개발 이후 수정과 보완을 거쳐 1993년 수체내 독성물질 거동까지 분석 가능한 WASP5 모형으로 발전되어 왔다. WASP5는 수체와 퇴적물을 포함하는 모델이며, 유한구획법에 기초하고 있다. 이 모델은 하천, 강, 호수, 하구 등 여러 형태의 수체에 적용가능하며, 정상 상태 및 시변화 상태의 수질 변화도 예측할 수 있다. WASP5는 일반수질(DO, BOD, 영양물질)과 독성물질(유기화학물질, 금속 등)에 대한 부모델인 EUTRO5와 TOXI5로 구성되어 있으며, 각 구획간 수체 이동량을 산정하는 DYNHYD5도 포함하고 있다.

HSPF는 강우로 인한 비점오염물질 유출과정을 하천내의 수리와 퇴적물-화학물질 상호작용과 결합시켜 시뮬레이션할 수 있는 유역모델과 하천모델이 결합된 형태를 취하고 있다. HSPF는 1차원적 해석을 통해 하천유역의 수문학적 특성과 수질을 동시에 시뮬레이션 할 수 있다. 시뮬레이션 가능한 수질 항목은 보존성 물질, 수온, 무기성 퇴적물(세가지 퇴적물 유형: 모래, 실트, 진흙), DO, BOD, 무기질소(암모니아성 질소, 질산성 질소, 아질산성 질소), 무기인(인산), 플랑크톤(식물성 플랑크톤, 동물성 플랑크톤, 부착조류), 유기성 질소, 유기인, 유기탄소, pH, 무기성 탄소(CO_2, 총 무기성 탄소), 알칼리도이다. 모델 적용 결과, 강우로 인한 유출 유량과 퇴적물 부하량, 영양물질과 농약 농도의 시간적 변화, 유역의 어떤 지점에서의 수질과 수량의 시간적 변화 등을 얻을 수 있다. 적용 범위가 큰 모델이나 너무 많은 입력 자료를 필요로 하는 단점이 있다.

CE-QUAL-W2는 수직 2차원 모델로 하천에 댐을 설치하여 생긴 폭이 좁고 수심이 깊은 인공 호수에 매우 적합하며 온도, 염분도, 부유물질, 박테리아, 용존 유기물, 조류, 용존산소, 영양염류 등 19개의 수질 항목을 시뮬레이션 할 수 있다. 폭방향으로 균일한 수질을 가정하며 수심과 상하류 방향으로 수질변화를 표현한다. 또한 수지형으로 유입되는 지류를 포함할 수 있으며 호수내 물순환과 수직 수온 분포를 잘 시뮬레이션 할 수 있는 장점이 있다. 인공댐 설치로 형성된 국내 대형 호수나 하구언에 의한 호수 등의 부영양화나 수온 분포 예측에 매우 적합하다.

여기서 설명한 모델은 여러 수체에 적용될 수 있게 만든 범용 컴퓨터 모델이다. 그러나 이 모델들이 모든 수질 현상에 적합한 것은 아니다. 따라서 대상 수체의 수질 현상에 최적인 모델을 적용하기 위하여 항상 새로운 모델이 개발되고 있다.

3. 향후 전망

강의 BOD와 DO 변화를 나타내는 간단한 수식에서 시작된 수질모델은 지금까지 다양한 형태로 발달하여 여러 가지 목적으로 활용되고 있다. 특히, 80년대 이후 과학적인 물관리 정책과 환경영향평가는 보다 정확한 수질모델을 필요로 하였고, 컴퓨터 기술의 발전은 기술적 도구를 제공해 주었다. 또한, 90년대에 시작된 오염총량관리제도와 환경정보화는 오염원 자료를 데이터베이스로 구축하고 고도의 정보통신 기술을 바탕으로 하는 새로운 수질모델을 필요로 하고 있다.

수질모델은 대상 수체의 수리 및 수질 특성, 활용 목적, 요구되는 정밀도 등에 따라 항상 새로운 모델이 개발되며, 현재 널리 활용되고 있는 범용 모델에도 개선되어야 할 많은 문제점이 있기 때문에, 앞으로 자연 수계에서 일어나는 수리 및 수질 변화를 보다 정확하게 재현하려는 모델 개발은 끊임없이 이루어질 것이다. 특히, 현재 사용되고 있는 모델의 문제점으로 지적되고 있는 수체 내에서 일어나는 생물학적인 반응과 퇴적물과 수체간의 물질 이동, 그리고 시공간적으로 변화무쌍한 수리현상 등에 관하여 활발한 연구가 이루어질 것이다.

현재 사용되고 있는 수질 모델의 대부분은 수중 동식물에 의한 수질 변화나 퇴적물에 함유된 유기물이 분해되는 과정에서 소모되는 산소와 영양염류와 유독성 물질의 용출도 적절히 표현하지 못하고 있다. 또한, 시공간으로 급변하는 수리현상을 적절히 표현하지 못하고 있다. 특히, 우리나라와 같이 계절에 따른 수량 변이가 크며 강우시 급격한 수체 이동이 이루어지는 수체에서 이를 고려하지 못하고 있다. 뿐만 아니라 최근 산업폐수와 같은 유독성 물질이 수계로 유입하는 사례가 자주 발생하고 농약이나 매립지 침출수 등도 수질에 중요한 영향을 미치기 때문에 유독성 물질에 관한 수질모델의 필요성이 크게 증가하고 있다.

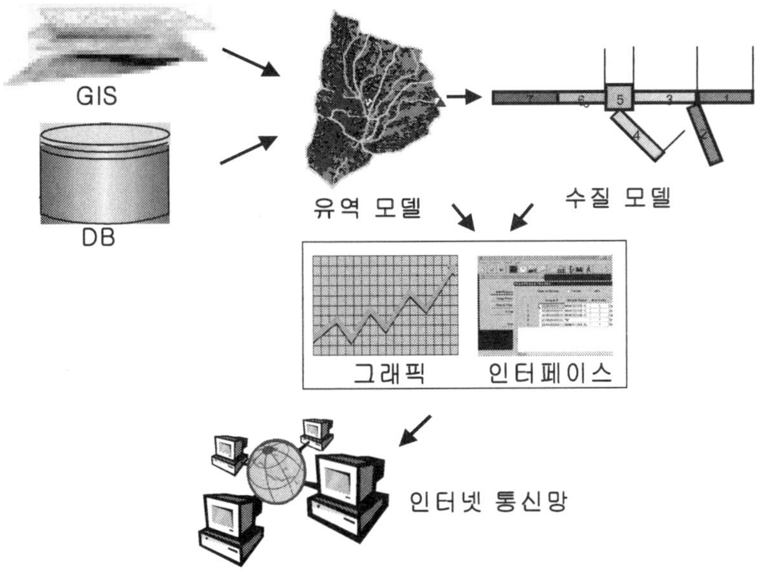

[그림 B.2] **수질모델의 발전과 가상 수계 구축**

유역으로부터 수체로 유입되는 오염 부하량을 보다 정확하게 산출하기 위한 유역 모델이나, 수질 사고로 인한 오염 물질의 확산 범위와 이동 경로를 추적하는 수질 예경보시스템의 추적 모델도 앞으로 활발한 연구가 이루어질 것으로 전망된다. 그 외 생태계의 먹이연쇄 과정에서 일어나는 수중 물질 변화와 유독성 물질의 생물농축 현상을 예측하는 모델, 그리고 도시지역의 상수도 관로와 우수 및 하수 관로에서 일어나는 수질 변화에 관한 모델 등도 향후 주요하게 다루어질 연구 분야이다.

향후 수질 모델 기술은 보다 정확하게 자연 현상을 재현하려는 모델 기작에 관한 연구와 더불어 새로운 대상 수체와 활용 범위를 개척해 가려는 노력이 이루어질 것이다. 또한, 지리정보시스템, 데이터 베이스, 컴퓨터 그래픽과 인터페이스 그리고 인터넷 통신망에 이르는 관련 컴퓨터 기술의 지원을 통한 수계내 오염원과 수질을 통합 관리하고 활용이 용이한 컴퓨터 시스템 개발을 위한 노력이 계속될 것이다. 이러한 기술은 궁극적으로 사이버 공간에 하천이나 호수와 같은 자연 수계를 재현하는 가상 수계 구축 기술로 이어지게 될 것이다.

C. 행정고시 수질오염관리 문제

(1) 2018년 시행

1. 호소의 수질관리에 관하여 다음 물음에 답하시오. (총 10점)

1) 호소의 퇴적층에서 인의 용출현상에 관련된 화학적 수질인자와 그 영향을 설명하시오. (3점)

2) 호소 바닥은 다양한 오염물질이 퇴적되어 장기적으로 내부오염원으로 작용한다. 이러한 퇴적물의 분해 반응을 기술하고, SOD(sediment oxygne demand)에 미치는 영향을 설명하시오. (7점)

2. 하구나 항만과 같은 연안해역의 수질관리에 관하여 다음 물음에 답하시오. (총 10점)

1) 연안해역의 수질 개선 방법을 기술하시오. (5점)

2) 하구의 탁도 최대지역(turbidity maximum zone)과 이 지역이 하구 수질에 미치는 영향을 설명하시오. (5점)

3. 하천에서의 오염현상을 해석하기 위한 Streeter-Phelps 식에 관하여 다음 물음에 답하시오. (단, L: 최종 BOD 농도, U: 평균유속, k_d: 탈산소계수, k_a: 재포기계수, C_s: 포화용존산소농도, C: 용존산소농도, D: 산소결핍량, t: 시간, x: 거리 이다) (총 10점)

1) Streeter-Phelps 식의 지배방정식을 기술하시오. (5점)

2) Streeter-Phelps 식의 해를 구하시오. (5점)

4. 다음 그림은 고형물 침전과정의 플럭스를 표현한 것이다. 이때 침전지로 유입되는 유량 Q_0는 800㎥/hr, 고형물 농도 C_0는 2.4 g/L, 하부에서 인출되는 고형물 농도 C_u는 10 g/L이다. 물음에 답하시오. (총 20점)

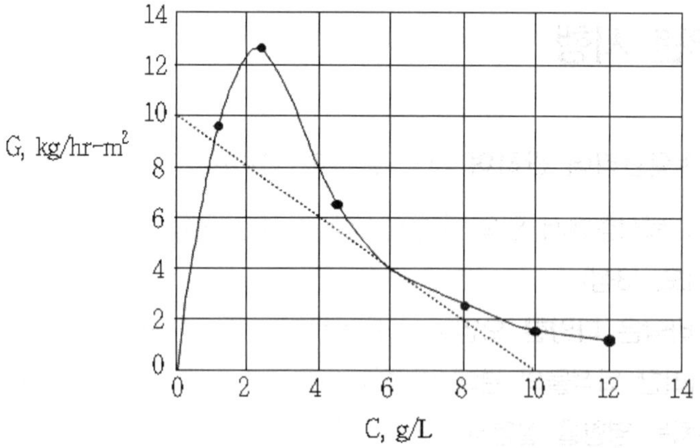

1) 위 플럭스 그림을 작성하기 위한 실험 방법을 설명하시오. (5점)
2) 한계플럭스(G_L), 중력에 의한 플룩스(G_S) 및 고형물 인출에 의한 유체이동 플럭스(G_U) 값을 구하시오. (5점)
3) 침전조 단면적(A), 인출속도(u) 및 유량(Q_u)을 구하시오. (5점)
4) 고형물 인출 농도(C_u)를 증가시킬 경우 침전조 단면적을 증가시켜야 한다. 그 이유를 그림을 이용하여 설명하시오. (5점)

(2) 2017년 시행

1. 우리나라는 4대강에서 취수한 상수를 공급받는 최종수요자를 대상으로 물이용부담금제도를 시행하고 있다. 다음 물음에 답하시오. (총 20점)

1) 물이용부담금제도의 정의와 도입배경 그리고 이 제도가 「환경정책기본법」에 명시된 오염원인자책임원칙과 부합하는지를 설명하시오. 또한 물이용부담금제도를 통해 조성된 수계관리기금의 주요한 다섯 가지 사용처를 기술하시오. (6점)
2) 이수와 배수 정화 기능을 제외한 강의 주요 기능을 네 가지 이상 기술하시오. (4점)
3) 상류와 하류에 여러 개의 도시가 위치해 있어 이수와 배수 정화 기능이 중복되어 물관리의 어려움을 겪고 있는 낙동강의 사례를 통해, 이러한 문제점을 극복하기 위한 기술적 물관리 방법 세 가지를 기술하시오. (5점)
4) 환경부는 하천의 수변구역이 수질관리에 매우 중요함을 인식하고 수변구역을 매수하여 완충지(buffer zone)를 조성하고 있다. 완충지의 효과를 기술하시오. (5점)

2. 최근 사회적으로 논란이 되고 있는 수돗물의 맛/ 냄새 문제와 관련하여 다음 물음에 답하시오. (총 15점)

1) 맛/ 냄새의 종류별 발생원인과 그 특성에 대하여 설명하시오. (8점)
2) 원수 및 정수처리과정에 있어서 주요 저감방법에 대하여 설명하시오. (7점)

3. 다음과같이 서로 연결된 두 개의 완전혼합형 호수가 있다. 물음에 답하시오. (단, W는 오염부하량(g/day), Q는 유량(㎥/day), C는 오염물질의 농도(g/㎥), k는 1차 반응계수(1/day), V는 호수의 체적(㎥)을 나타낸다) (총 15점)

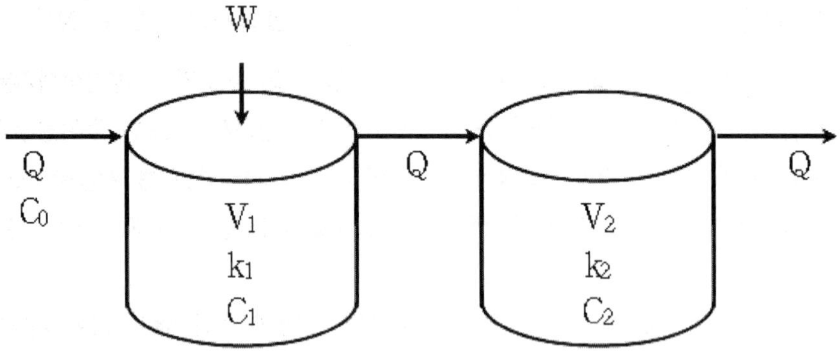

1) 각각의 호수에서 오염물질 농도 C_1과 C_2에 대한 물질수지식을 수립하시오. (4점)
2) 각 호수가 정상상태라고 할 때, 오염물질 농도 C1과 C2를 식으로 나타내시오. (단, 두 호수의 체적은 동일($V_1 = V_2$)하고, 오염물질이 분해되는 1차 반응 소도도 동일($k_1 = k_2$)하며, 유입농도(C_0)는 0g/㎥이다) (6점)
3) 첫 번째 호수가 비정상상태라고 할 때, 오염물질 농도 C_1을 시간(t)에 따른 함수로 나타내시오. (단, t=0일 때 첫 번째 호수의 초기농도는 $C_{1,0}$이고, 유입농도(C_0)는 0g/㎥이다) (5점)

(3) 2016년 시행

1. 산업발달로 인하여 해마다 유해화학물질의 사용과 유통이 급증함에 따라 유해물질의 개별적 관리를 통하여 수환경을 건강하게 유지관리하는 것은 매우 어려운 실정이다. 이에 환경부는 생태적으로 건강한 하천과 유해물질로부터 안전한 물환경 조성을 목표로 생태독성 통합관리제도(Whole Effluent Toxicity)를 시행하고 있다. 다음 물음에 답하시오. (총 16점)

   1) 하/폐수처리장 방류수의 생태독성 측정에 사용되는 시험 생물종은 무엇이며, 이 생물을 시험종으로 사용하는 이유를 3가지 이상 제시하시오. (5점)
   2) 하/폐수처리장 방류수의 생태독성 측정을 위하여 급성독성(acute toxicity) 시험법을 사용한다. 이 시험법으로 방류수의 반수영향농도(EC50, effect concentration of 50%)를 산출하는 과정을 설명하시오. (6점)
   3) 반수영향농도를 이용한 독성값(TU, toxic unit)의 계산방법과 이 방법이 불가능한 경우의 독성값 계산방법에 대하여 설명하시오. (5점)

2. 최근 물부족으로 인하여 지하수를 수원으로 사용하는 경우가 증가하고 있다. 이 경우 색도(color)와 같은 심미적인 문제가 발생할 가능성이 있다. 다음 물음에 답하시오. (총 16점)

   1) 지하수에서 색도를 유발하는 주요 원인을 설명하시오. (5점)
   2) 지하수의 색도 문제를 해결하기 위한 처리 방안에 대해 설명하시오. (6점)
   3) 지하수가 지상으로 이송되었을 경우 pH 변화가 발생할 수 있다. pH 변화 원인에 대해 설명하시오. (5점)

3. 하천오염현상을 해석하기 위한 다음 물음에 답하시오. (총 18점)

1) 하천에서의 오염물질에 대한 물질 이동식을 유도하시오. (5점)
   - ○ 가정1 : 하천은 플로그유동시스템(plug flow system)으로 가정한다.
   - ○ 가정2 : 오염물질은 1차 소멸반응(1st order decay reaction)을 따른다고 가정한다.
   - ○ 가정3 : 유량과 흐름의 단면적은 항상 일정하다.
2) 위의 물질이동식에 대하여 정상상태의 경우 오염물질의 농도를 구하기 위한 해를 유도하시오. (5점)
3) 상기 하천에서 유기물질의 거동을 현장에서 측정한 이동거리에 따른 BOD 측정값을 이용하여 해석하고자 한다. 하천의 평균 유속이 0.4m/s이고 현장에서의 BOD 측정 자료가 다음과 같은 경우 BOD 분해능 계수(탈산소계수)를 구하시오. (8점)

거리 (km)	0	5	10	20	30	50	100	200
농도 (mg/L)	10	9.4	9.1	8.4	7.6	6.4	4.2	1.9

(4) 2015년 시행

1. **수질오염총량관리제는 유역의 각종 오염원을 관리하여 수계의 수질을 개선하고자 시행되고 있다. 다음 물음에 답하시오. (총 14점)**

   1) 유역의 각종 개발사업과 같은 도시화는 다양한 환경수리학적 문제를 야기시킨다. 환경적 및 수리수문학적 영향에 대해 기술하시오. (7점)
   2) 비점오염저감시설의 종류별 오염물질 제거특성을 기술하시오. (7점)

2. **우리나라는 최근 기후변화에 따라 하천 및 호소 내 조류 발생 가능성이 증가하여, 정수처리 장애 및 수돗물 이용 저해 가능성이 커지고 있다. 이와 관련하여 다음 물음에 답하시오. (총 18점)**

   1) 우리나라 조류발생의 특징을 계절과 강우 특성으로 나누어 설명하시오. (6점)
   2) 남조류/녹조류/규조류의 특징 및 정수처리에 미치는 영향을 설명하시오. (6점)
   3) 조류 대량 발생 시 정수처리장의 대응 방안에 대하여 설명하시오. (6점)

3. 수자원으로서 중요성이 강조되고 있는 호소의 수질관리에 관하여 다음 물음에 답하시오. (총 18점)

1) 직렬로 연결되어 있는 정상상태의 두 개의 호수가 있다. 용량 18,000m^3인 첫 번째 호수에 유량 3,000m^3/d와 BOD 15mg/L인 하천수가 유입되고 있다. 두 번째 호수의 용량은 10,000m^3이며, 첫 번째 호수의 유출수가 유입되고 있다. 호수에서의 BOD 분해반응은 완전혼합, 반응차수는 1차 그리고 반응속도상수(k)는 0.35d^{-1}이라 할 때, 각 호수의 유출수 BOD 농도를 구하시오. (7점)
2) 만약 위의 두 개의 호수 사이에 강이 존재하고 강의 길이가 3km 그리고 유속이 0.5m/s라 가정할 때, 두 번째 호수의 최종 유출수 BOD 농도를 구하시오. (단, 하천에서의 반응차수와 반응속도상수는 위와 동일하다) (5점)
3) '수질 및 수생태계 환경기준' 중 하천과 호소의 생활환경기준 항목을 비교하고, 그 차이점이 갖는 의미에 대하여 설명하시오. (6점)

(5) 2014년 시행

1. 하천수질은 유역에서의 오염원 관리에 의해 좌우된다. 따라서 많은 국가들은 유역관리기법 및 제도를 도입함으로써 하천수질을 개선하고자 한다. 다음 물음에 답하시오. (총 15점)

   1) 오염총량관리제도의 목적 및 주요 내용에 대하여 기술하시오. (5점)
   2) 오염총량관리제도의 시행절차에 대하여 기술하시오. (3점)
   3) 오염총량의 산정방법과 문제점 및 개선 방안에 대하여 기술하시오. (7점)

2. 도시개발 등 각종 개발 사업은 유역의 육상생태계, 수질 및 수생태계 등에 다양한 환경적 및 수리수문적 영향을 미친다. 이러한 영향을 저감하기 위하여 환경부는 최근 저영향개발(LID, Low Impact Development)과 그린빗물인프라(GSI, Green Stormwater Infrastructure)를 주요 정책으로 추진하고 있다. 다음 물음에 답하시오. (총 17점)

   1) LID에 대해 설명하고, 시행에 따른 환경적, 개발자적 및 사회적 이점에 대하여 기술하시오. (9점)
   2) GSI에 대해 설명하고, 시행에 따른 환경적, 경제적 및 사회적 이점에 대하여 기술하시오. (8점)

3. 교란되지 않은 자연 상태인 건강한 수생태계는 물리적, 화학적 및 생물학적 요소로 구성된 생태학적 총체성(Ecological Integrity)을 가지고 있다. 특히, 생물학적 총체성은 직접적으로 생태계의 건강성을 평가하는 것으로 물리적 및 화학적 총체성이 뒷받침되어야 한다. 다음 물음에 답하시오. (총 18점)

1) 수생태계의 물리적 및 화학적 총체성을 저해하는 요인들을 각각 5개 이상 제시하시오. (6점)

2) 수생태계의 생물학적 총체성을 설명하고, 생물학적 평가방법에 대하여 기술하시오. (6점)

3) 생물학적 평가에서 사용되는 생물지표로는 부착조류, 저서성 대형 무척추동물, 어류 등이 있다. 이 세 가지가 갖는 생물지표로서의 장단점을 설명하시오. (6점)

(6) 2013년 시행

1. 토양 및 지하수환경 관리를 위한 전산 모형 및 복원 기술에 대하여 다음 물음에 답하시오. (총 15점)

1) MODFLOW 및 MOC3D 모형의 지배방정식, 주요 인자, 특징을 설명하시오. (6점)
2) 복합다계시스템에서 유동 및 오염물질 해석을 위한 모형에 대하여 서술하시오. (4점)
3) 유류오염토양을 복원할 수 있는 기술 중 대표적인 기술에 대해 설명하시오. (5점)

2. 암모니아성 질소가 포함된 폐수가 하천으로 유입될 때, 질산화율은 경과 시간 또는 거리의 함수로 나타낼 수 있다. 다음 물음에 답하시오. (총 20점)

1) 질산화반응식을 단계별로 수립하고 알칼리도 소비량을 계산하시오. (5점)
2) 다음과 같이 표현되는 반응 속도식을 이용하여 질소농도 C를 반감기 $t_{1/2}$와 시간 t의 함수로 나타내시오. (단, C_0는 초기질소농도, k는 반응 속도상수이다) (5점)

$$\frac{dC}{dt} = -kC(C_0 - C)$$

3) 반응속도상수 k는 온도 T 및 활성화에너지 E_a 범위에서 $k_2 = k_1\theta^{(T_2 - T_1)}$로 표현된다. van't Hoff-Arrhenius식을 이용하여 θ를 T의 함수로 구하시오. 또한 수온이 15℃에서 25℃로 증가 시, k가 2배로 증가하는 θ를 계산하고 E_a(kJ/mole)값을 구하시오. (단, ln2=0.69, R=8.31J/mole•K이다) (10점)

3. 정수 처리와 관련하여 다음 물음에 답하시오. (총 15점)

1) 소독제로 염소(Cl_2)를 물에 주입하여 평형에 도달하였을 때 관련되는 평형 반응식들을 나타내고, 차아염소산($HOCl$)과 차아염소산 이온(OCl^-)의 비를 pH와 K_I의 함수식으로 나타내시오. (단, K_I은 차아염소산의 산해리상수이다) (5점)
2) 염소를 이용하여 소독할 때 발생하는 소독부산물인 트리할로메탄(THMs)의 종류 및 생성 억제 방법에 대하여 설명하시오. (10점)

(7) 2012년 시행

1. 다음 그림은 인(P)에 의한 호소의 영양 상태를 나타내고 있다. x축의 H는 호소의 수심(m), τ_w는 호소의 수리학적 체류시간(yr), y축의 L_P는 일 년 동안 호소로 유입되는 인(P)의 단위면적당 유입부하량(g/m^2yr)을 나타내고 있다. 다음 물음에 답하시오. (총 18점)

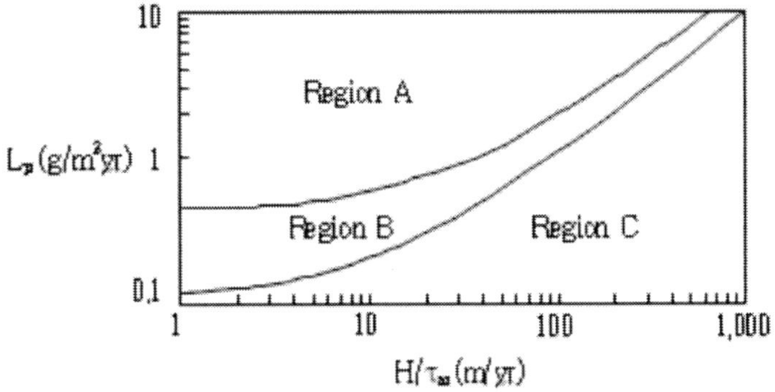

1) 수심이 깊은 호소에서 인(P)의 거동을 설명하시오. (6점)
2) 세 개 권역(Region A, B, C)의 영양 상태를 그림을 중심으로 설명하시오. (6점)
3) 호소가 Region A에서 Region C의 영양 상태로 전환될 수 있는 조건을 나열하시오. (6점)

2. 저수지를 완전혼합형 반응조로 보고 다음의 물음에 답하시오. (단, 초기농도가 C_0인 저수지의 면적은 A, 체적은 V로서 일정하며 상류하천 이외의 유입원은 없고, 유입유량 Q는 유출유량과 동일하다. 유입 농도가 C_{in}인 오염물질은 1차 반응(분해상수 k)으로 분해되며 침강속도는 z이다) (총 20점)

1) 오염물질이 1차 반응에 의해서만 분해될 경우, 시간변화에 따른 저수지의 오염물질 농도 C를 구하는 물질수지식을 수립하시오. (5점)
2) 1)에서 수립한 물질수지식을 이용하여 저수지 농도변화를 시간의 함수로 나타내시오. (5점)
3) 오염물질이 1차 반응에 의해 분해될 뿐만 아니라 침강에 의해서도 수중에서 제거될 경우, 시간변화에 따른 저수지의 오염물질 농도 C를 구하는 물질수지식을 수립하시오.(5점)
4) 3)에서 수립한 물질수지식을 이용하여 정상상태의 농도를 구하시오. (5점)

3. 고랭지 밭에서 토양이 침식되어 유출될 경우 비점오염원이 된다. 다음 물음에 답하시오. (총 12점)

1) 토양침식 방지방안에 대하여 기술하시오. (6점)
2) 침식된 토양이 수계에 유입될 때, 수질에 미치는 영향을 설명하시오. (6점)

(8) 2011년 시행

1. 전국의 하수처리장에서 대량 발생하는 하수슬러지의 해양투기가 금지됨에 따라 효과적 처리와 동시에 폐자원의 재활용을 통한 자원순환이 요구되고 있다. 최근 하수슬러지의 적정 처리와 더불어 대체에너지(바이오가스)를 얻을 수 있는 방법으로 혐기성소화법이 주목되고 있다. 다음 물음에 답하시오. (총 15점)

   1) 생화학적 분해기작을 4단계로 나누어 설명하시오. (5점)
   2) 2단 혐기소화조 공법의 각 단의 특징에 대해 설명하시오. (5점)
   3) 공정의 운전에 미치는 영향인자에 대해 설명하시오. (5점)

2. 수질오염관리를 위하여 지정된 수변구역에 대하여 다음 물음에 답하시오. (총 15점)

   1) 수변구역을 정의하시오. (3점)
   2) 수변구역의 수질보전기능에 대해 설명하시오. (6점)
   3) 수변구역의 수생태보전기능에 대해 설명하시오. (6점)

3. 우리나라의 하천관리 정책은 1960년대 하천개수를 시작으로 본격적으로 추진되었으며, 최근 4대강 살리기 사업과 같은 국가사업이 추진되고 있다. 하천관리정책 및 하천복원방향과 관련하여 다음 물음에 답하시오. (총 20점)

1) 1960년대부터 지금까지 강의 패러다임 변화(하천사업의 시대적 변천 과정)에 대해 연대별로 구분하여 기술하시오. (6점)
2) 강 살리기 관점에서 하천정비 또는 복원의 방향에 대해 3가지 이상 기술하시오. (7점)
3) 하천을 복원하기 위해 필요한 일반적인 작업흐름도와 각 작업상의 고려사항을 기술하시오. (7점)

(9) 2010년 시행

1. 수계(호소, 하천)와 유역의 모델링 및 관리기법과 관련하여 다음 물음에 답하시오. (총 20점)

1) 수계 및 유역관리모형 중 QUAL2E, WASP7, SWAT, SWMM에 대하여 모형별 대표적인 특징 및 장•단점을 간략히 서술하시오. (6점)
2) 수생태계 모형에서 부영양화 및 독성물질 변환 과정의 주요 원리를 서술하시오. (6점)
3) 유역의 오염원 관리에 있어서 유역관리모형의 적용 기법을 제시하시오. (4점)
4) 수질 모델링 시 보정 및 검증의 중요성을 서술하고, BOD 분해능계수를 보정하는 방법을 제시하시오. (4점)

2. 수질오염관리를 위한 비점오염원에 대하여 다음 물음에 답하시오. (총 15점)

1) 비점오염원의 발생 특성을 설명하시오. (5점)
2) 비점오염저감시설의 규모와 용량 결정시 고려해야 할 인자에 대해 설명하시오. (5점)
3) 비점오염물질의 저감 대책으로 수변완충지대를 이용할 경우 환경생태적 효과에 대해 설명하시오. (5점)

3. 지표수의 수질관리를 위한 하수의 고도처리에 대하여 다음 물음에 답하시오. (총 15점)

1) 하수의 고도처리 도입배경을 설명하시오. (3점)
2) 인(P)을 중점적으로 제어 관리하여야 하는 이유를 설명하시오. (5점)
3) 인(P)의 생물학적 처리 방법과 화학적 처리 방법의 장 · 단점을 비교하고 인(P)의 처리효율을 개선하는 방안을 제시하시오. (7점)

(10) 2009년 시행

1. 우리나라에는 약 18,000개의 저수지가 있으며, 이들 저수지는 연간 물 이용량의 50% 이상을 공급하고 있는 중요한 상수원이다. 그러나 많은 저수지는 부영양화와 식물성플랑크톤의 과잉성장(수화 또는 녹조 현상이라고 함)으로 인한 수질오염 문제를 겪고 있어, 지속가능한 맑은 물 공급을 위해서는 정확한 원인분석과 과학적 대책 마련이 필요하다. 저수지 상수원 수질관리에 초점을 맞추어 다음 물음에 답하시오. (총 20점)

   1) 저수지에서 식물성플랑크톤의 성장에 영향을 미치는 인자를 물리적 인자, 화학적 인자, 생물학적 인자로 구분하여 설명하시오. (5점)
   2) 녹조가 발생한 저수지에서 용존 산소의 증가와 감소요인을 설명하시오. (5점)
   3) 녹조발생이 저수지 pH와 수질, 그리고 정수처리 공정에 미치는 영향을 기술하시오. (5점)
   4) 부영양화와 녹조발생 억제를 위한 대책을 물리적, 화학적, 생물학적 방법으로 구분하여 기술하시오. (5점)

2. 2008년 5월 태안 앞바다에서 일어난 대규모 유류유출 사고는 사회적으로 큰 문제를 야기한 바 있다. 해양에서 발생되는 유류오염은 해양생태계뿐만 아니라 수산업에도 막대한 영향을 끼친다. 이러한 유류오염과 관련하여 다음 물음에 답하시오. (총 20점)

   1) 유류가 해양환경에 노출되었을 때 다양한 기작에 의해 이동 및 변환하는데 그 기작의 종류를 6가지 이상 제시하시오. (6점)
   2) 유류에는 수많은 종류의 다양한 유기화합물들이 포함되어 있다. 유기물의 특징 중 분자량과 용해도가 위 1)에 제시된 각 기작에 미치는 영향을 논하시오. (5점)
   3) 유류오염이 해양생태계 특히 해수 내 플랑크톤에 미치는 영향 3가지를 기술하시오. (3점)
   4) 유류오염에 대한 해상 방제기술 종류를 6가지 이상 제시하고, 각 기술에 대해 설명하시오. (6점)

3. 아래 식은 하구에서의 오염물질에 관한 물질수지식을 유량, 단면적, 확산계수, 반응속도가 일정하다고 가정하고 정리한 식이다. 다음 물음에 답하시오. (총 10점)

$$\frac{dC}{dt} = E\frac{d^2C}{dx^2} - U\frac{dC}{dx} - K \cdot C$$

1) 위의 식에서 각 항이 의미하는 현상에 대하여 설명하시오. (4점)
2) 정상상태를 가정하고 보존성 물질인 경우 농도변화를 거리 x의 함수로 표현하시오. (6점)

(단, $x = 0$에서 농도는 C_0라고 가정한다.)

(11) 2008년 시행

1. 하천에 유입되는 점오염원과 비점오염원에 의한 수질변화와 관련하여 다음 물음에 답하시오. (총 20점)

1) 5㎥/sec의 유량이 흐르는 하천에 하수처리장으로부터 10㎥/sec의 방류수가 유입되고 있다. 방류수 합류 전 하천의 BOD가 5mg/L이고, 방류수의 BOD가 20mg/L일 때, 방류지점에서 15km 떨어진 하류에서의 BOD 농도를 계산하시오. (10점) (단, 방류수는 하천에 유입되는 즉시 완전혼합되고, BOD는 1차 반응(분해상수는 0.1day^{-1}, 밑은 e)에 따라 제거되며, 하천의 유속은 0.1 m/sec로 일정하다)

2) 다음 그림과 같이 하천제방을 따라 오염물질이 S[kg/(m · day)]의 부하로 유입될 때, 정상상태 조건에서 하천 내 오염물질의 농도(C) 변화를 거리(x)의 함수로 나타내시오. (10점) (단, 오염물질은 1차 반응으로 분해되고 하천에서의 확산현상은 고려하지 않으며, x=0에서 오염물질의 농도는 C_0, 하천의 단면적은 A, 하폭은 B, 수심은 H, 유속은 U, 분해상수는 k이다)

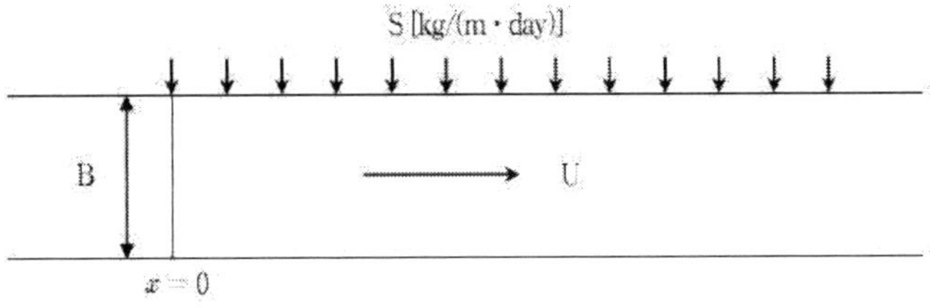

2. 우리나라 수돗물 불신의 주요 이유 중 하나는 오염된 하천이나 호수의 물을 직접 취수하기 때문이다. 이를 개선하기 위하여 최근 강변여과나 하상여과와 같은 간접취수 방법이 대안으로 제시되고 있다. 이와 관련하여 다음 물음에 답하시오. (총 15점)

1) 강변여과법과 하상여과법을 그림과 함께 비교 설명하시오. (4점)
2) 간접취수와 비교하여 일어나는 수질정화 기작(mechanism)을 설명하시오. (5점)
3) 직접취수와 비교하여 간접취수의 장 · 단점을 설명하시오. (6점)

(12) 2007년 시행

1. 수질오염총량관리제도와 과학적 수질예측 도구로 활용되는 수질모델링에 대하여 다음 물음에 답하시오. (총 20점)

   1) 기존 수질정책과 수질오염총량제의 차별성을 설명하시오. (5점)
   2) 목표수질, 기준유량, 안전율, 할당부하량의 의미 및 산정방법을 설명하시오. (10점)
   3) 수질예측 및 평가도구로서의 하천 및 호소에 대한 대표적 모델을 각각 1개씩 열거하고 그 원리, 특징 및 장•단점을 논하시오. (5점)

2. 최근 기상이변에 따른 국지성 호우 등에 의하여 여러 다목적댐에서 탁도가 문제시 되고 있다. 이러한 현상과 관련하여 다음 물음에 답하시오. (총 10점)

   1) 탁수의 발생원인과 문제점을 설명하시오. (3점)
   2) 탁수의 이동 기작과 주요 영향인자를 설명하시오. (3점)
   3) 탁수문제 해결을 위한 유역 및 수역에서의 관리방안을 논하시오. (4점)

(13) 2006년 시행

1. 최근 과거와는 다른 형태의 국지성 집중호우로 인해 막대한 피해가 발생하고 있다. 이러한 현상에 대하여 다음 물음에 답하시오. (총 20점)

1) 지구 온난화 현상과 국내의 국지성 집중호우와의 관계를 설명하시오. (5점)
2) 집중호우가 수자원 및 수환경에 미치는 영향에 대하여 기술하시오. (5점)
3) 집중호우로 인한 인적, 물적 피해를 줄이기 위한 대책을 기술하시오. (10점)

2. 합류식 하수관거 시스템의 특성과 관련하여 다음 물음에 답하시오. (총20점)

1) 합류식 하수관거 시스템의 장점 및 단점을 설명하시오. (8점)
2) CSO의 발생특성과 CSO에 의한 인근수역 오염방지대책에 대하여 설명하시오. (7점)
3) 포장면적이 넓은 도시지역에서 우천 시 발생하는 CSO의 거동을 해석할 수 있는 모델을 한 가지 선정하여 대표적인 입력자료 및 출력자료를 설명하시오. (5점)

(14) 2005년 시행

1. 하천의 상류에 도시하수 처리수가 유입되고, 이 하천의 하류는 상수원으로 이용된다. 다음 물음에 답하시오. (총 15점)

1) 이 하천의 수질관리를 위하여 적용되는 세 가지 수질기준에 대하여 설명하시오. (9점)
2) 이 하천의 수질을 효과적으로 관리하기 위하여 수질관리 모델과 모니터링이 적용된다. 각각의 역할에 대하여 설명하시오. (6점)

2. 최근 우리나라 해안에는 적조발생이 매년 반복 · 심화되고 있다. 다음 물음에 답하시오. (총 20점)

1) 적조발생 기작(mechanism)을 설명하시오. (6점)
2) 남해안에 적조가 빈번하게 발생하는 이유를 쓰시오. (7점)
3) 한반도에 나타나고 있는 지구온난화가 적조발생에 미치는 영향을 기술하시오. (7점)

3. 상류유역이 소도시, 목장(축산), 농지로 이루어진 호수가 있다. 이 호수의 부영양화에 대한 오염총량 관리계획을 수립하려고 한다. 위에서 제시한 오염원별 점원 및 비점원 부하량을 줄일 수 있는 대책에 대하여 기술하시오. (15점)

(15) 2004년 시행

1. 우리나라 수질오염총량관리제도의 개념과 필요성을 기술하고, 문제점과 개선방안을 제시하시오. (30점)

2. 수계의 수질오염을 예측하고 적절한 오염원 관리계획을 수립하기 위해 모델을 많이 활용하고 있다. 이와 관련하여 다음 물음에 답하시오. (총 40점)

   1) 하천 수질모델링을 위한 일반적인 절차를 기술하시오. (10점)
   2) 물질수지방정식에 기초한 지배방정식을 기술하시오. (10점)
   3) 하천 수질모델링에 포함된 일반적인 수질변수를 열거하고, 각 변수간의 상호관계를 그림과 함께 기술하시오. (20점)

3. 비점오염원에 대하여 다음 물음에 답하시오. (총 30점)

   1) 비점오염원의 정의와 특성에 대하여 기술하시오. (10점)
   2) 비점오염원의 발생원별 관리대책에 대하여 기술하시오. (10점)
   3) 비점오염원 관리의 문제점에 대하여 기술하시오. (10점)

(16) 2003년 시행

1. 하천에서의 자정작용에 중요한 역할을 하는 용존산소 시스템과 관련하여 아래 물음에 답하시오. (총 40점)

1) 수중 용존산소에 영향을 미치는 각 환경 인자를 나열하고 설명하시오. (25점)

2) 퇴적물에 의한 산소소비속도를 구하기 위한 측정실험결과가 아래와 같다. 저질 산소요구량(SOD, g/m³day)을 계산하시오. (15점)

Time(min)	0	30	60
DO(mg/L)	8.0	7.0	6.0

(단, 챔버의 크기 : 가로 20㎝, 세로 20㎝, 높이 15㎝의 직육면체, 저질의 두께 : 5㎝)

2. 우리나라 하천 및 호소 수질관리정책의 문제점 및 해결방안에 대하여 논하시오. (30점)

참고 및 인용문헌

Adeney, W.E. and Becker, H.G., "The determination of the rate of solution of atmospheric nitrogen and oxygen in water", Philosophical Magazine 38: 317-338, 1919.

Bowie, G.L., Pagenhopf, J.R., Rupp, G.L., Johnson, K.M., Chan, W.H., Gherini, S.A., Mills, W.B., Porcella, D.B., and Campbell, C.L., "Rates, constants and kinetics formulations in surface water quality modeling", Second Edition, Report ERA/600/3-85/040, U.S. Environmental Protection Agency, Athens, GA, 1985.

Banks, R.B., "Some features of wind action on shallow lakes", Journal of the Environmental Engineering, ASCE, 101(EE5): 813-827, 1975.

Barzilay, J.I., Weinberg, W.G. and Eley, J.W., "The water we drink: Water quality and its effects on health", Rutgers University Press, 180p, 1999.

Broecker, H.C., Petermann, J. and Siems, W., "The influence of wind on CO2 exchange in a wind-wave tunnel", Journal of Marine Research, 36(4): 595-610, 1978.

Brown, L. and Barnwell, T.O. Jr., "The enhanced stream water quality models QUAL2E and QUAL2E-UNCAS: Documentation and user model", Report EPA/600/3-87/007. U.S. Environmental Protection Agency, Athens, GA., 1987.

Butts, T.A. and Evans, R.L., "Small stream channel dam aeration characteristics", Journal of the Environmental Engineering, ASCE, 109(3): 555-573, 1983.

Cha, Y.K. Park, S.S., Kim, K., Byeon, M. and Stow, C.A., "Probabilistic prediction of cyanobacteria abundance in a Korean reservoir using a Bayesian Poisson model", Water Resources Research, 50(3): 2518-2532, 2014.

Cha, Y.K. Park, S.S., Lee, H.W. and Stow, C.A., "A Bayesian hierarchical approach to model seasonal algal variability along an upstream to downstream river gradient", Water Resources Research, 52(1): 348-357, 2016.

Chapra, S. C. and Tarapchak, S. J., "A chlorophyll a model and its relationship to phosphorus loading plots for lakes", Water Resources Research, 12(6), 1260-1264, 1976.

Chapra, S.C., "Surface-Water Quality Modeling", McGraw-Hill Inc., 844p, 1997.

Chick, H., "An investigation of the laws of disinfection", Epidemiology and Infection, 8(1), 92-158, 1908.

Chin, D.A., "Water-resources engineering", Prentice Hall Inc., 750p, 2000.

Choi, J.H., Jeong, S.A. and Park, S.S., "Longitudinal-vertical hydrodynamic and turbidity simulations for prediction of dam reconstruction effects in Asian monsoon area", Journal of American Water Resources Association, 43(6): 1444-1454, 2007.

Churchill, M.A., Elmore H.L. and Buckingham, R.A., "The prediction of stream reaeration rates", Journal of the Sanitary Engineering, ASCE, 88(SA4): 1-46, 1962.

Davis, M.L. and Cornwell, D.A., "Introduction to Environmental Engineering", McFraw-Hill Companies, Inc., 919p, 1998.

DiToro, D.M., "Sediment flux modeling", John Wiley and Sons, Inc., New York, 624p, 2001.

Dillon, P. J. and Rigler, F. H., "The phosphorus chlorophyll relationship in lakes 1, 2", Limnology and oceanography, 19(5), 767-773, 1974.

Dufour, J. M., Farhat, A., Gardiol, L. and Khalaf, L., "Simulation based finite sample normality tests in linear regressions", The Econometrics Journal, 1(1), 154-173, 1998.

Emerson, K., Russo, R. C., Lund, R. E. and Thurston, R. V., "Aqueous ammonia equilibrium calculations: effect of pH and temperature", Journal of the Fisheries Board of Canada, 32(12), 2379-2383, 1975.

Fischer, J., "Modeling of water quality processes in lakes and reservoirs. III", Hydrological Sciences Journal, 24(2), 157-159, 1979.

Fox, C. J., "On the coefficients of absorption of nitrogen and oxygen in distilled water and sea-water, and of atmospheric carbonic acid in sea-water", Transactions of the Faraday Society, 5(September), 68-86, 1909.

Gameson, A.L.H., "Weirs and aeration of rivers", Journal of the Institution of Water Engineers, 6(11): 477-490, 1957.

Haith, D.A., "Environmental systems optimization", John Wiley and Sons, Inc., 306p, 1982.

Helsel, D.R. and Hirsch, R.M., "Statistical methods in water resources", U.S. Geological Survey, 522p, 2002.

Hill, M.K., "Understanding environmental pollution", 2nd Edition, Cambridge University Press, 486p, 2004.

Holler, A.G., "The mechanism describing oxygen transfer from the atmosphere to discharge through hydraulic structures", Proceedings, XIV Congress, International Association for Hydraulics Research, Paper A45: 373-382, 1971.

Horne, A.J. and Goldman, C.R., "Limnology", McGraw-Hill Companies, Inc., 576p, 1994.

Jorgensen, S.E., "Fundamental of ecological modelling", Elsevier, 628p, 1994.

Jorgensen, S.E. and Gromiec, M.J., "Mathematical submodels in water quality systems", Elsevier Science Publishers, 408p, 1989.

Lampert W. and Sommer, U., "Limnoecology: the ecology of lakes and streams", Oxford University Press, Inc., 382p, 1997.

Langbien, W.B. and Durum, W.H., "The aeration capacity of streams", United States Geological Survey Circular No. 542, Reston, Va., 1967.

Lee, H. W., Bhang, K. J. and Park, S. S., "Effective visualization for the spatiotemporal trend analysis of the water quality in the Nakdong River of Korea", Ecological Informatics, 5(4), 281-292, 2010.

Lee, H.W., Kim, H.Y., Choi J.H. and Park, S.S., "A statistical and visual comparison study of water quality changes caused by a large river restoration project", Environmental Engineering Science, 36(1): 23-34, 2019.

Leopold, L.B. and Maddox, T., "The hydraulic geometry of stream channels and some physiographic implications", U.S. Geological Survey, Washington, D.C., Professional Paper 252, 1953.

Manahan, S.E., "Environmental science and technology", CRC Press, 672p, 1997.

Mancini, J. L., "Numerical estimates of coliform mortality rates under various conditions", Journal of Water Pollution Control Federation, 2477-2484, 1978.

Marshall, R.N., Chamberlain, S.G. and Beckers, C.V., Jr., RIBAN. "A generalized model for river water quality management planning", in Proceedings of EPA Conference on Environmental Modeling and Simulation. U.S. Environmental Protection Agency, Cincinnati, 1976.

Martin, J.L. and McCutcheon, S.C., "Hydrodynamics and transport for water quality modeling", Lewis Publishers, 794p, 1999.

Mays, L.W., "Water resources handbook", McGraw-Hill Companies, Inc, 1996.

McCutcheon, S.C. and French, R.H., "Water quality modeling, Vol. I: Transport and surface exchange in rivers", CRC Press, Inc., Boca Raton FL, 334p, 1981.

McCutcheon, S.C., "Water quality modeling", CRC Press, 334p, 1991.

McQuivey, R. S. and Keefer, T. N., "Simple method for predicting dispersion in streams", Journal of the Environmental Engineering, ASCE, 100(4), 997-1011, 1974.

Moran, J.M., Morgan, M.D. and Wiersma, J.H., "Introduction to environmental science, 2 Edition", W.H. Freeman and Company, 709p, 1985.

Na, E.H. and Park, S.S., "A hydrodynamic modeling study to determine the optimum water intake location in Lake Paldang, Korea", Journal of American Water Resources Association, 41(6): 1315-1332, 2005.

Na, E.H. and Park, S.S., "A hydrodynamic and water quality modeling study of spatial and temporal patterns of phytoplankton growth in a stratified lake with buoyant incoming flow", Ecological Modelling, 199: 298-314, 2006.

Na, Y.M. and Park, S.S., "Retardation of phosphate release from freshwater benthic sediments by application of ocher pellets with calcium nitrate", Journal of Environmental Science and Health, A39(6): 1617-1629, 2004.

Na, Y.M., Wang, S.K. and Park, S.S., "A mathematical model to estimate nitrate release from ocher pellets applied to anaerobic benthic sediment", Ecological Modelling, 199: 324-335, 2006.

Nazaroff, W.W. and Alvarez-Cohen, L., "Environmental engineering science", John Wiley and Sons, Inc., 690p, 2001.

Nemerow, N.L., "Scientific stream pollution analysis", McGraw-Hill, 358p, 1974.

O'Connor, D.J., "Oxygen balance of an estuary", Journal of Sanitary Engineering, ASCE, 86(SA3): 35-55, 1960.

O'Connor, D.J. and DiToro, D.M., "Photosynthesis and oxygen balance in streams", ASCE, Journal of Sanitary Engineering, ASCE, 96(SA2): 547-571, 1970.

O'Connor, D.J. and Dobbins, W.E., "Mechanism of reaeration in natural streams", Journal of the Sanitary Engineering Division, ASCE, 82(SA6): 1-30, 1956.

Owens, M., Edwards, R.W. and Gibbs, J.W., "Some reaeration studies in streams", International Journal of Air and Water Pollution 8: 469-486, 1964.

Park, S.S. and Jaffe, P.R., "Development of a sediment redox potential model for the assessment of postdepositional metal mobility", Ecological Modelling, 91: 169-181, 1996.

Park, S.S. and Jaffe, P.R., "A numerical model to estimate sediment oxygen levels and demand", Journal of Environmental Quality, 28(4): 1219-1226, 1999.

Park, S.S. and Lee, Y.S., "A multiconstituent moving segment model for water quality predictions in steep and shallow streams", Ecological Modelling, 89: 121-131, 1996.

Park, S.S. and Lee, Y.S., "A water quality modeling study of the Nakdong river, Korea", Ecological Modelling, 152: 65-75, 2002.

Park, S.S., Na, Y.M. and Uchrin, C.G., "An oxygen equivalent model for water quality dynamics in a macrophyte dominated river", Ecological Modelling, 168: 1-12, 2003.

Park, S.S., Park, J.W., Uchrin, C.G. and Cheney, M.C., "A micelle inhibition model for the bioavailability of polycyclic aromatic hydrocarbons in aquatic systems", Environmental Toxicology & Chemistry, 21(12): 2737-2741, 2002.

Park, S.S. and Uchrin, C.G., "A numerical mixing zone model for water quality assessment in natural streams: Conceptual development", Ecological Modelling, 42(4): 233-244, 1988.

Park, S.S. and Uchrin, C.G., "A stoichiometric model for water quality interactions in macrophyte dominated water bodies", Ecological Modelling, 96: 165-174, 1997.

Park, S.Y., Choi, J.H., Wang, S.K. and Park, S.S., "Design of a water quality monitoring network in a large river system using the genetic algorithm", Ecological Modelling, 199: 289-297, 2006.

Pritchard, D. W., "Dispersion and flushing of pollutants in estuaries", Journal of the Hydraulics, ASCE, 95(1), 115-124, 1969.

Razali, N. M. and Wah, Y. B., "Power comparisons of shapiro-wilk, kolmogorov-smirnov, lilliefors and anderson-darling tests", Journal of Statistical Modeling and Analytics, 21-33, 2011.

Redfield, A. C., "The biological control of chemical factors in the environment", American Scientist, 46(3), 230A-221, 1958.

Reible, D.D., "Fundamentals of environmental engineering", CRC Press, 544p, 1998.

Roesner, L.A., Monser, J.R. and Evenson, D.E., "User's manual for stream quality model(QUAL-II)", U.S. Environmental Protection Agency, Athens, GA., 1977.

Sartor, J. D., Boyd, G. B. and Agardy, F. J., "Water pollution aspects of street surface contaminants", Journal of Water Control Federation, 46(3), 458-467, 1974.

Schornick, J.C. and Smith. R.A., "Preliminary documentation for GENQUA1 model, U.S. geological survey, quality of water branch", Unpublished Report, Reston. VA., 1984.

Sidney, U., Witkop, B., Redfield, B.G. Weissbach, H., "Studies with reversible inhibitors of monoamine oxidase: harmaline and related compounds", Biochemical Pharmacology, 1(2): 160-165, 1958.

Sincero, A.P. and Sincero, G.A., "Environmental Engineering: A design approach", Prentice Hall, Inc., 795p, 1996.

Smith, D.J., "Water Quality for River-Reservoir Systems, The Hydraulic Engineering Center", U.S. Army Corps of Engineers, Davis, CA., 1978.

Streeter, H.W. and Phelps, E.B., "A study of the Pollution and Natural Purification of the Ohio River", Public Health Bulletin No. 146. U.S. Public Health Service U.S. Goverment Printing Office. Washington. D.C., 1925.

Tchobanoglous, G. and Schroeder, E.D., "Water quality: chracteristics, modeling, modification", Addison-Wesley Publishing Company, Inc., 768p, 1985.

Masch, F. D., "QUALI, Simulation of water quality in streams and canals, program documentation and user's manual", Report to Texas Water Development Board, Austin, Texas, 1970.

Thomann, R. V., "Mathematical model for dissolved oxygen", Journal of the Sanitary Engineering, ASCE, 89(5), 1-32, 1963.

Thomann, R.V. and Fitzpatrick, J.J. "Calibration and verification of a mathematical model of the eutrophication of the Potomac estuary", Prepared for Department of Environmental Services, Government of the District of Columbia, 1982.

Thomann, R.V. and Mueller, J.A. "Principles of Surface Water Quality and Modeling and Control", Harper and Row, 644pp, 1987.

Uchrin, C.G., Ahlert, W.K., Park, S.S. and Schneck, S.R., "Waterfall reaeration in the Passaic river (NJ)", Water Resources Bulletin, 21: 475-480, 1985.

Vollenweider, R. A. , "The scientific basis of lake and stream eutrophication, with particular reference to phosphorus and nitrogen as eutrophication factors", Organisation for Economic Cooperation and Development, Paris, 159, 1968.

Vollenweider, R. A., "Advances in defining critical loading levels for phosphorus in lake eutrophication", Memorie dell'Istituto Italiano di Idrobiologia, Dott. Marco de Marchi Verbania Pallanza, 1976.

Wanielista, M., Kersten, R. and Eaglin, R., "Hydrology: Water quantity and quality control", John Wiley and Sons, Inc., 567p, 1997.

Wanninkhof, R., Ledwell, J. R. and Watson, A. J., "Analysis of sulfur hexafluoride in seawater", Journal of Geophysical Research: Oceans, 96(C5), 8733-8740, 1991.

Weiner, R.F. and Matthews, R.A., "Environmental engineering, 4th Edition", Butterworth and Heinemann, 484p, 2003.

Yotsukura, N., "Measurement of time of travel and dispersion by dye tracing", 3(A9), 1968.

Zison, S.W., Mills, W.B., Deimer, D. and Chen, C.W., "Rates, constants, and kinetics formulations in surface water quality modeling", U.S. Environmental Protection Agency Report EPA/600/3-78-105, Athens, GA, 1978.

김은정, 박석순, "한강 수계에서의 다차원 시변화 수리 · 수온 모델 연구", 한국물환경학회지, 28(6): 866-881, 2012

로버트 토만 · 존 뮬러, 이시진 · 박석순 역, "수질모형과 관리", 동화기술, 626p, 2001.

박석순, "환경 재난과 인류의 생존 전략", 어문학사, 336p, 2014

박석순, "환경정책법규 원론", 어문학사, 356p, 2016

박석순, 나은혜, 최지용, "유역관리", (호수의 수질관리, 대한환경공학회 편저), 도서출판 풍남, pp 145~183, 1999.

박석순, 이용석, "생명과학자를 위한 전산모형론(편저)", 동화기술, 515p, 1999.

박석순, 이용석, "정체수계에 위치한 혼합수역의 수질 전산 모델 개발" 대한환경공학회지, 20(9): 939-948, 1997.

박석순, "퇴적물 초기 속성작용과 미량 오염물질의 거동" 대한환경공학회지, 17(9): 825-834, 1995.

박옥란, 박석순, "옥정호의 연직 수온분포에 관한 시변화 모델 연구", 한국육수학회지, 35(2): 79-81, 2002.

스티븐 채프라, 서동일 · 박석순 · 이영수 · 김경섭 · 황병기 역, "수질모델링", 동화기술, 958p, 1999.

스티븐 솔로몬, 추경철 · 안민석 역 "물의 세계사 : 부와 권력을 향한 인류 문명의 투쟁", 민음사, 702p, 2009.

하워드 오덤, 박석순 · 강대석 역, "시스템 생태학", 대우학술총서 466, 467, 도서출판 아르케, 1494p, 2000.

이혜원, 박석순, "비모수 통계기법을 이용한 만경강 유역의 장기간 수질 경향 분석", 한국물환경학회, 24(4): 480-487, 2008.

찾아보기

(ㄱ)

(ㄴ)

(ㄷ)

(ㅁ)

(ㅂ)

(ㅈ)

(ㅊ)

(B)

(C)

(D)

(E)

(F)

(P)

(Q)

(R)

(S)

(T)

(U)

(V)

(W)

(Z)

저자약력

저자 **박석순** : 이화여대 환경공학과 교수, (전)국립환경과학원 원장

미국 럿거스대학교에서 환경과학석사(1983년) 및 박사(1985년) 학위를 받은 후 지금까지 우리나라와 미국 뉴저지 주를 중심으로 하천과 강, 하구와 항만, 호수와 저수지 등의 수질관리에 관련된 수많은 연구 과제를 수행했으며, 주요 학술지에 150여 편의 논문을 게재했다. 환경과 가난, 환경재난, 전자파 유해성 등을 주제로 하는 일반인용 저역서와, 환경정책법규, 수질관리학, 시스템생태학 등에 관련된 학술서를 20여 편 출간했으며, 중앙일간지와 전문지에 180여 편의 환경칼럼을 기고했다. 서울대학교 재학 중 전국대학생 학술대회에서 기초과학분야 최우수상(1979년), 한국연구재단 이달의 과학기술자상(2007년), 대통령 녹색성장 표창(2013년) 등 다수의 수상 경력을 갖고 있다. 럿거스대학교 환경과학과 박사후 연구원와 프린스턴대학교 토목환경공학과 객원교수로 일했으며, 활발한 국제 활동을 통해 1993년 뉴저지 주지사로부터 국제 공동연구 공로패를 받았고, 2009년에는 국제생태계모델학회 기조강연(캐나다 퀘벡)을 했다. 제17대 국립환경과학원 원장, 제11대 (사)한국환경교육학회 회장, 국가교육과학기술자문위원, 대통령녹색성장위원 등으로 활동했으며, 이화여대 연구처장, 산학협력단장, 연구윤리센터장, 기술지주회사 대표이사, 환경문제연구소장 등으로 일했다.

수질관리학 원론

전문가로 가는 입문서

초판 1쇄 발행일 2019년 8월 31일

지은이 박석순
펴낸이 박영희
편집 박은지
디자인 최인노, 최소영
마케팅 김유미
인쇄 · 제본 태광 인쇄
펴낸곳 도서출판 이문학사
서울특별시 도봉구 해등로 357 나너울카운티 1층
대표전화: 02-998-0094 / 편집부1: 02-998-2267, 편집부2: 02-998-2269
홈페이지: www.amhbook.com
트위터: @with_amhoook
페에스북: https://www.facebook.com/amhbook
블로그: 네이버 http://blog.naver.com/amhbook
다음 http://blog.daum.net/amhbook
e-mail: am@amhbook.com
등록: 2004년 7월 26일 제2009-2호

ISBN 978-89-6184-932-6 93530
정가 20,000원

이 도서의 국립중앙도서관 출판예정도서목록(CIP)은 서지정보유통지원시스템 홈페이지(http://seoji.nl.go.kr)와 국가자료종합목록 구축시스템(http://kolis-net.nl.go.kr)에서 이용하실 수 있습니다.
(CIP제어번호 : CIP2019030569)